THE END OF EVERYTHING

宇宙の終わりに何が起こるのか

KATIE MACK
ケイティ・マック
吉田三知世 訳

講談社

宇宙の終わりに何が起こるのか

THE END OF EVERYTHING
(ASTROPHYSICALLY SPEAKING)
by
KATIE MACK

First published by Scribner, 2020

装幀：あざみ野図案室
装画：SPACE SPARROWS

はじめからそこにいてくれた母へ

もくじ

第1章
宇宙について大まかに

あるものは　火に包まれて　世界は終わる　と言う、
あるものは　氷に包まれて　と言う。
これまで　欲望を味わってきた　僕自身の経験から
火を支持する人たちに　賛成だ。
でも　もし世界が　二度破滅しなければいけないとしたら、
僕は　憎しみも　十分知っているので
破滅にとって　氷もまた
大きなものであり
それでこと足りるであろうと　言いたい。

ロバート・フロスト、１９２０年

（『ロバート・フロスト詩集　ニューハンプシャー』所収「火と氷」藤本雅樹訳、春風社）

世界はどのように終わるのかという疑問をめぐっては、歴史を通して、詩人や哲学者たちがさまざまに考え抜き、議論を交わしてきた。もちろん、私たちはいま、科学のおかげでその答えを知っている。

――火で終わるのだ。間違いない、火である。今後50億年ほどのうちに、太陽は膨張して赤色巨星となり、水星は、そしておそらく金星も、軌道全体が呑《の》み込まれるだろうし、地球はマグマで覆われ、生物など皆無の、ただの黒焦げの岩になってしまうだろう。この菌すらいない燻《くす》ぶった燃え殻さえ、やがては太陽の外層に落下して、死にゆく恒星の激しく渦巻く大気の中に、自らを原子としてまき散らしていくことだろう。

そのようなわけで、答えは火だ。問題は解決済みで、フロストの詩の最初の推測が当たっていたのである。

だが、彼は十分に大きくは考えていなかった。私は宇宙論の研究者だ。私は宇宙を、その全体として、最大のスケールで研究する。その観点からすると、この世界など、広大で変化に富んだ宇宙の中に埋もれてしまって、どこにあるかもわからない、ちっぽけで哀れな塵のようなものだ。私が、プロとしても個人としても気になるのは、もっと大きな疑問だ。「宇宙はどのように終わるのか?」というのがそれである。

始まりがあれば終わりもある

宇宙に始まりがあったことはわかっている。約138億年前、宇宙は想像を絶する高密度状態から、一つの火の玉の状態になり、そこから冷えていくうちに、物質とエネルギーが元気に動き回る流体となった。やがてその中に、たくさんの種子ができ、成長して、いま私たちを取り巻いている恒星や銀河になった。惑星が形成され、銀河と銀河が衝突し、光が宇宙を満たした。

そしてついに、ある渦巻《うずまき》銀河の辺縁部で、ごくふつうの恒星の周りを公転している一つの岩石惑星に、生命体、コンピュータ、政治科学、そして、気晴らしに物理学の本を読む、ひょろっとした二足歩行の哺乳類が誕生した。

だが、「次」はどうなるのだろう？　物語の最後には何が起こるのだろう？　一つの惑星の死、あるいは、一つの恒星の死さえも、理屈の上では人類が生き延びられる可能性はあるだろう。この先何十億年も、人類がさらに存続する可能性はある。現在とは似ても似つかない姿になっているかもしれないが、大胆に宇宙の彼方《かなた》まで行って、新しい住み処《すみか》を見つけ、新しい文明を築いているかもしれない。しかし、宇宙そのものの死は決定的である。宇宙のすべてがついには終わってしまうなら、それは私たちにとって、すべてのものにとって、何を意味するのだろう？

「終末論」へようこそ

科学論文にも、古典とされる（そして非常に面白い）ものはあるが、万物の終わりについての研究を指す「終末論」という言葉に私が初めて出会ったのは、宗教について読んでいたときのことだった。

終末論——あるいは、もっと具体的にいえば「この世界の終わり」——は、世界の多くの宗教にとって、神学のさまざまな教えを、具体的な状況にあてはめて説明し、それが何を意味するのかを圧倒的な説得力で信者の心に深く刻ませてくれるものだ。キリスト教、ユダヤ教、そしてイスラム教は、神学上はあれこれ違いがあるものの、世界に最後の再構成が起こり、善が悪に打ち勝ち、神に愛された者たちが報われるという終末観を共有している（これらの報いが、誰に対して、どのように配分されるかの詳細は、宗教ごとに異なる）。

正しく生きる人々が人生を価値ある善いものにしたくても、不完全で不公平で恣意《しい》的な現世は、それを保障してはくれない。最後の審判という約束は、この現実をある種埋め合わせるはたらきをしているのかもしれない。小説が、その最終章の良し悪しで「終わりよければすべて良し」式に一挙に挽回できたり、逆に振り出しまで遡《さかのぼ》ってすべて台無しになってしまったりすることがあるのと同様に、多くの宗教哲学には、世界に終わってもらう必要がある。そして、「正当に」

終わってもらうために、世界にはそもそもの始めから意味があった、とする必要があるようだ。もちろん、すべての終末論が最後の報いを謳《うた》っているわけではないし、そもそもすべての宗教が「時間に終わりがある」と予測しているわけでもない。マヤ文明が2012年12月に世界の滅亡を予測しているという話で大騒ぎになったことがあるが、じつのところマヤ文明の宇宙観は、ヒンドゥー教の伝統と同じく循環的で、特定の「終わり」があるなどとは述べていない。

これらの伝統的文化における「循環」は、単なる繰り返しではなく、次にめぐってくるときには、物事がより良くなっている可能性をたっぷりと孕《はら》んでいる。この世界であなたが被《こうむ》っているすべての苦しみは辛いものだが、心配は要らない、新しい世界が近づいており、その新世界は、現在の不公正によって少しも損なわれていないし、むしろそれによって改善されているかもしれないのだから、というわけだ。

一方、非宗教的な終末の物語は、少しでも意味のあることなど何もない（そして、その虚無が最終的にすべてに優《まさ》る）という虚無主義から、一度起こったことはすべて、まったく同じかたちで、何度も繰り返して起こるという、めまいがするような永劫回帰説《えいごう》（この世界観も、いまでは古典となった、2000年代前半のアメリカのSFテレビシリーズ『GALACTICA／ギャラクティカ』に取り入れられている。ただし、テレビでは哲学的な詳細を掘り下げてはいない）まで、ありとあらゆるものが存在する。じつのところ、一見正反対に見えるこの二つの説は、どちらもフリードリヒ・ニーチェに帰せられている。ニーチェは、宇宙に秩序と意味をもたらしうるあらゆる神の死を宣言したのち、最後の贖《あがな》いが待っていない世界に生きる意味を明らかにしようと苦闘したのだった。

誰もが「存在の意味」を問うけれど……

もちろん、存在の意味をじっくり考えたのは、ニーチェだけではない。アリストテレスから老子、ボーヴォワール、人気SFシリーズ『スター・トレック』に登場するジェームズ・T・カークことカーク船長、そして、1990年代の終わりから2000年代初めにかけて放送されたテレビドラマ『バフィー ～恋する十字架～』の主人公、バフィー・アン・サマーズまで、誰もが、生涯のある時点で「存在とはいったい何だ？」と問うた。そして、本書の執筆時点において、私たちはまだ、意見の一致を見ていない。

特定の宗教や哲学に対して、同意する／しないにかかわらず、この宇宙の運命を知れば、自分の存在について、あるいは、自分の人生をいかに生きるかについての考え方になんらかの影響が及ぶに違いないということは、否定しがたいだろう。自分がここでおこなうことが、最終的に意味があるかどうかを知りたいとき、私たちが最初に問うのは「それは最後にはどうなるの？」だ。そして、この質問に対する答えを見出したなら、それは即座に次の質問をもたらす。

「これはいま、私たちにとって何を意味するの？　宇宙がいつかは死ぬのに、まだ次の火曜日にゴミを出さなければならないの？」

私は、自分なりに神学と哲学の文献を詳しく調べて、そのなかで興味深い事柄を多数学んだが、残念ながらそこに「存在の意味」は含まれていなかった。私がそういう抽象的な疑問に取り組むことに向いていないだけなのかもしれないが。

私を最も強く引きつけた疑問とその答えは、科学的観察、数学、そして物理的証拠によって答えられるものばかりだった。生きることの意味とそのすべての物語が、私のために一冊の本のなかに決定的に書かれているなら、どんなに素晴らしいかと思ったこともあったが、数学的に自分の手を動かして再導出できる真実以外、心から受け入れることはできないのだと、私にははじめからわかっていた。

「不幸な宇宙」の終わり方を求めて

「自分たちは死すべき存在だ」ということを人類が初めてじっくり考えて以来数千年、この命題がもつ哲学的な意味合いは変わっていないが、これに答えるのに使えるツールは変わってきた。今日、すべての実在の未来と究極の運命に関する問いは、完全に科学的なものとなっており、その答えも、ほとんど手が届きそうである。

もちろん、つねにこのような状況だったわけではない。ロバート・フロスト（1874〜1963）の時代、天文学では、宇宙は定常状態にあって、永遠に変化することなく存在しているのだろうかという議論がなおも紛糾していた。私たちが暮らしている宇宙が、安定した居心地のいいところで、安全に年を取っていける場所だというのは魅力的な考え方だ。ところが、ビッグバンと宇宙膨張の事実が発見されると、この宇宙観は排除された。私たちの宇宙は変化している。そして、いかに変化しているかについては、それを正確に理解するための理論と観測法が、ようやく築かれつつあるところだ。ここ数年、いやそれどころか、直近の数ヵ月の展開のおかげで、私たちはついに、これらの理論と観測法を使って遠い未来の宇宙の姿を描くことができるようになった。

私は本書で、その姿をみなさんにご紹介したいと思う。私たちが手にした最善の観測データと矛盾しない宇宙終焉《しゅうえん》シナリオは、ほんの数種類しかない。現在進行中の観測の結果が出れば、そのうちのどれかが確証され、どれかが排除されるだろう。現時点でありうると考えられているこれらのシナリオを詳しく見ていけば、最先端の科学がどのように展開しているかを垣間見ることができるし、人類を新しい文脈のなかで捉えなおすこともできる。その新たな文脈は、完全な破壊＝あらゆるものの終焉を前提にしてもなお、ある種の喜びをもたらしうるものだと私は考える。つまるところ、自分たちは取るに足りない存在だという自覚と、平凡な日常生活をはるかに超えたところに手を届かせる素晴らしい能力とのあいだで、微妙なバランスを取りながら存在している種である私たちは、宇宙の最も根本的な謎を解くために、虚空に手を伸ばすこともできるのだ。

ロシアの文豪レフ・トルストイの小説『アンナ・カレーニナ』の冒頭の一文、「幸福な家庭はどれもみな同じだが、不幸な家庭はみなそれぞれのあり方で不幸だ」を真似ていえば、「幸福な宇宙はどれもみな同じだが、不幸な宇宙はみなそれぞれのあり方で不幸だ」。本書で私は、宇宙について私たちが現時点でもっている不完全な知識をちょっといじるだけで、未来への道は、「収縮して消え失せる宇宙」から、「自らをズタズタに引き裂いて散り去る宇宙」、そして、「逃れることのできない死の泡に徐々に呑み込まれて滅びる宇宙」まで、大きく異なってくることをお話しする。

続く各章のなかでは、宇宙についての私たちの理解が近年いかに進化したかを探り、それが私たちにとって何を意味するのかを模索する。そのなかで、物理学の最も重要な概念にいくつも出会い、それらが宇宙の終末のみならず、日常生活の物理学にも、どのように結びついているかを見ていこう。

知の贅沢

もちろん、一部の人たちにとっては、宇宙の終末はすでに日常的な懸念になっている。宇宙はいつ終わってもおかしくないのだと知ったときのことを、私は鮮明に覚えている。私は、学部生を対象とする天文学のクラスの仲間と一緒に、毎週恒例の、夜のティーパーティーに集まって、フィニー教授のリビングルームで床に座っていた。教授は、3歳になる娘を膝の上に乗せて椅子に腰かけていた。彼は、こう話した。

初期宇宙で突然起こった、空間を引き伸ばす膨張、すなわち宇宙のインフレーションは、依然として謎であり、それがなぜ起こったかや、なぜ終わったかについてはまったくわかっておらず、それがたったいま、ふたたび起こることは絶対にないとは言い切れないのだ、と。何事もないかのように私たちがクッキーを食べ、お茶を飲んでいたそのリビングルームで、突如として、誰も生き残ることのできない急激な空間の膨張が始まったりはしないという保障は、まったくなかったのである。

虚をつかれた思いがした。まるで、足元の床が頑丈で抜けたりしないということすら、もはや信じられなくなったような感覚だ。そのとき私の脳裏に永遠に焼き付けられたのは、宇宙が突如、不安定化したことなど気づきもせずに、そこに座ってもぞもぞと体を動かしているその小さな子どもの姿と、教授が「フッ」という笑いを顔に浮かべたあと、次の話題に移ったことだった。

一人前の科学者となったいま、その「フッ」という笑いの意味が私にもわかる。これほど強烈で止《と》めるのは不可能な一方で、数学的には正確に記述できるプロセスをじっくり考えることには、屈折した面白さがあるのだ。私たちの宇宙が迎えうる未来はどれも、入手可能な最善のデータに基づいて詳しく説明され、計算され、実際にそうなる可能性に応じて評価されてきた。宇宙の急激な膨張が、いまこの瞬間に新たに起こるかどうかを確実に知ることはできないかもしれないが、もしも起こるとすれば、その方程式はもう準備できている。ある意味、これはきわめて肯定的な考え方である。つまり、ちっぽけで無力な人間は、宇宙の終末に影響を及ぼす（あるいは、終末をもたらす）ことはできないとしても、少なくともそれを理解する努力を始めることはできるのだ。

多くの物理学者が、宇宙の広大さと、強大すぎて理解できない力とに、少し無感覚になってしまう。すべてを数学に帰してしまい、方程式をいくつかこねくりまわして、日々の仕事をこなしてもいいわけだ。しかし、万物の脆弱《ぜいじゃく》さと、そのなかで自分がいかに無力であるかを認識したときの、ショックとめまいに似た感覚は、私の心に深い印象を残した。

恐ろしいと同時に希望にあふれてもいる、その宇宙的な視点へと努力して進んでいくことには、一種特別なものがある。それは、生まれたばかりの赤ん坊を抱いたときに、命の危うさと、そこに潜在的に存在する、まだ想像されたことすらない偉大さとの微妙な均衡を感じることにも似ている。宇宙から帰還する宇宙飛行士は、それまでとはまったく違う世界観をもって戻ってくるといわれている。いわゆる「概観効果」だが、上空から地球を見るという経験をした彼らは、私たちの小さなオアシスがいかに壊れやすいものか、そして、私たちは一つの種として、おそらくは宇宙で唯一の思考する存在として、いかに一つにまとまらねばならないかを強く認識するのだという。

私にとっては、最終的に宇宙が被る破壊を考えることが、まさにそのような経験にあたる。時間の最も遠い彼方について思いめぐらすことができ、それについて筋道を立てて語るためのツールをもっていることは、知の贅沢である。

「宇宙の終末」を定量化する

「ほんとうに、このままでずっと行けるんだろうか?」と問うとき、私たちは暗に、自分自身の存在の正当性を確認しているのだ。それを際限なく未来へと延長し、実績を評価し、自らのレガシーを吟味しているわけである。「究極の終わり」を受け入れることは、私たちにコンテクスト、意味、そして希望さえも与え、逆説的ながら、日々のちっぽけな気がかりから一歩離れると同時に、いまこの瞬間のなかでいっそう充実した生き方ができるようにしてくれる。もしかすると、これが私たちが探し求めている「意味」なのかもしれない。

私たちが「答え」に近づきつつあることは間違いない。政治的な観点からいって世界がいますぐに崩壊しそうであろうがなかろうが、科学の観点からすれば、私たちは黄金時代に生きている。物理学においては、最新の一連の発見と、新しいテクノロジーを活《い》かしたツールと新しい理論的ツールのおかげで、以前は不可能だった飛躍が可能になっている。

もう数十年にわたって、「宇宙の始まり」についての理解を私たちは精緻化させてきた。ところが、「宇宙の終わり」についての科学的探査は、いまようやくそのルネサンスを経験しているところだ。強力な望遠鏡や衝突型粒子加速器（コライダー）から出てきた最新の結果はこれまで、ワクワクするような（つねに、ものすごくワクワクするものではなかったとしても）新しい可能性を示唆してきたし、また、はるか遠い未来の宇宙ではどんなことになりそうかという見通しを修正してきた。

宇宙の終末論は現在、目覚ましい前進を遂げている分野であり、奈落の縁に立ち、究極の暗黒を覗き込む機会を私たちに提供してくれているのである。しかも、ご承知のとおり、奈落の縁も暗黒も、すべて定量可能なものとして扱える。

物理学の一分野としての宇宙論の研究は、意味そのものを見出すことではなく、むしろ根本的な真実を明らかにすることを目的としている。宇宙の形状、その内部の物質とエネルギーの分布、そしてその進化を司《つかさど》る力を正確に測定することにより、実在の深部構造を知るための手がかりを見出す。実験室の中での実験こそが物理学の進歩をもたらす——ついそう考えがちだが、自然界を支配する根本的な法則について私たちが知っていることの多くは、実験そのものからではなく、実験の結果と、天空の観測結果との関係を理解することからもたらされてきた。

たとえば、原子の構造を特定するためには、放射線の実験の結果を、太陽光のスペクトルのパターンと比較しなければならなかった。ニュートンが確立した万有引力の法則は、角材が斜面の上を滑り落ちる際にはたらくのと同じ力が、月や惑星をその軌道上に留《とど》めていると断じた。この法則はやがて、アインシュタインの一般相対性理論という、重力理論の改訂版をもたらした。一般相対性理論の妥当性は、地球上での測定ではなく、水星の軌道の奇妙な変動と、皆既日食中の恒星の見かけ上の位置ズレという観測事実によって検証されたのだった。

宇宙論と素粒子物理学を結びつける

私たちはいま、過去数十年間の、地上で最高の実験室における多数の厳密な試験の結果として構築された素粒子物理学の模型に欠陥があることを見出している最中だが、その手がかりは天空から得られた。他の銀河——私たちの天の川銀河と同じく、数十億もしくは数兆個の恒星が集まったもの——の運動や分布の研究が、素粒子物理学の理論には欠陥があると指し示しているのである。

どうすればこれらの欠陥を解決できるかはまだわからないが、宇宙の探究がその一助となることは間違いないだろう。宇宙論と素粒子物理学とを結びつけることで、時空の基本的形状を測定したり、実在を構成する要素の一覧表を手にしたりして、恒星や銀河が出現する以前まで時間を遡って、生物としてのみならず、物質そのものとしての私たちの起源へとたどっていくことが、すでに可能になっている。

もちろん、この関係は双方向的だ。最新の宇宙論が極微のものを対象とする素粒子理論の理解に役立つ情報を提供するのと同様に、素粒子の理論と実験は、最大の尺度における「宇宙のからくり」についての洞察を提供する。この上から下、そして下から上への情報の流れが結びついて、物理学の本質を形成していく。SFなどのポップカルチャーによって、科学とは、要するにユウレカ・モーメント（「これだ！」と叫びたくなるような発見の瞬間）であり、目を見張るような考え方の反転だと、あなたは信じるようになったかもしれないが、私たちの理解が前進するのは、むしろ、既存の理論を取り上げ、極限まで推し進めて、その理論がどこで破綻《はたん》するかを見守ることによってである。

ニュートンがボールを斜面に転がしたり、惑星が天空を少しずつ動いていくのを観察したりしていたとき、彼は、太陽の近傍での時空のゆがみや、ブラックホール内部の想像を絶する重力を扱える重力理論が人類に必要になるなどとは、少しも予想できなかっただろう。1個の中性子に及ぶ重力の効果を測定しようと誰かが思う日がくるとは、彼は夢想だにしなかったに違いない（この測定は、実際に中性子を対象物にぶつけておこなう。まず中性子を絶対零度の間近まで冷却し、次にジョギングのスピードにまで減速し、そしてへら状の板の上でピンポン玉のように上下に跳ねさせる。この実験はさらに、全宇宙の膨張を加速させている謎めいたダークエネルギーについても情報を提供してくれる。物理学はなかなか大胆なのだ）。

ありがたいことに、宇宙はほんとうにものすごく大きいので、観測すべき極端な環境をたくさん提供してくれる。もっと素晴らしいことに、宇宙全体が一つの極端な環境にあった初期宇宙について研究する能力も与えてくれるのである。

宇宙を研究する楽しみ

本書に登場する用語について、かんたんに説明しておこう。一般的な科学用語としての「宇宙論（cosmology）」は、宇宙全体としての研究を指し、宇宙の始まりから終焉まで、その構成要素が時を経ていかに進化したか、そして、それを支配する基本的な物理学を含む。「天体物理学（astrophysics）」においては、宇宙論の研究者とは、きわめて遠方にある対象物を研究するすべての人を指す。なぜなら、①それは宇宙のきわめて多様な対象を見つめることを意味し、そして②天文学では遠方にあるものは、時間的にも遠い過去のものだからである。というのも、これらの対象物からやってきて私たちに届く光は、きわめて長い時間にわたって旅してきた——場合によっては数十億年も——からだ。一部の天体物理学者は、宇宙の進化や初期宇宙の歴史そのもののズバリをテーマに研究しており、また別の者たちは遠方の天体（銀河や銀河団など）とその性質を研究している。

「物理学」においては、宇宙論はもっと理論的なものでもありうる。たとえば、物理学科（天文学科ではなく）に所属する宇宙論研究者のなかには、時間や空間が量子力学的に不確定になってしまう、1000億分の1の1000億分の1の1000億分の1の1000億分の1秒のあいだ（いわゆる「プランク時代」）にあてはまったかもしれない素粒子物理学の新しい方程式を研究している者もいる。他の者たちは、アインシュタインの重力理論を修正し、より高次元の空間にのみ存在しうるブラックホールのように、いまのところまったくの仮説でしかない物体に対応しうる理論を構築しようとしている。

なかには、私たちの宇宙とはまったく異なる、完全に仮説上の宇宙——形状、次元、歴史がまったく異なる宇宙——を研究している者たちもいる。その動機たるや、いつの日か私たちにも関係があることが発見されるかもしれない理論の数学的構造についての洞察を得るため、である（このような理論を多数生み出すのは弦理論の研究者だ。弦理論とは、重力理論と素粒子物理学を新しい方法で統一することを目指す理論の総称だが、それを生み出すための研究の大部分は現在、「実在の」世界とはなんの関係もなく、それを数学的に模倣したものに依存している。弦理論の話に加わっているとき、私はしばしば、手を挙げて、こんな計算は私たちの宇宙には少しも関係ないじゃないですかと、はっきりといいたい衝動を抑えなければならなくなる。もしかすると、私が弦理論の話に初めて参加したときに陥《おちい》ったような混乱に、その場にいる誰かが陥っているかもしれないと思うからだ）。

要するに、宇宙論は、大勢のさまざまな人々にとって、多くのさまざまな意味をもっているということだ。銀河の進化を研究する宇宙論研究者は、場の量子論がいかにしてブラックホールを蒸発させるかを研究する宇宙論研究者と話していて、まったくちんぷんかんぷんに感じてしまうかもしれないし、場の量子論の研究者のほうも同様だろう。

私はといえば、これらのさまざまな宇宙論すべてが大好きだ。「宇宙論こそ、自分が目指すべきものだ」と初めて気づいたのは、10歳ぐらいのころ、スティーヴン・ホーキングの本やレクチャーとの出会いを通してのことだった。彼は、ブラックホールやワープした時空やビッグバン、そして、まるで脳がバク転しているみたいな気分になる、さまざまなことを話していた。いくら聞いても、聞きたりなかった。

ホーキングが自身を宇宙論研究者とよんでいると知ると、それこそ自分がなりたいものだと心に決めた。何年もかけて、私は関連するすべての分野について調べた。物理学科と天文学科のあいだを行ったり来たりしつつ、ブラックホール、銀河、銀河間ガス、ビッグバンの詳細、ダークマター、そして、宇宙が突然消えてしまうかもしれないという可能性について学びながら（もちろんこれは、私が研究したことのあるなかで最も楽しいものの一つで、だからこそ本書が書かれている。このテーマがなぜこれほど好きなのか、私自身にもわからない。悪い兆しかもしれない）。

いま思えば安穏と、自分の興味の向かうままに費やした青春時代には一時、実験素粒子物理学にまで手を出した。原子核物理学の実験室でレーザーを使って遊び（記録にどう書いてあろうが、当時の失火は私の責任ではない）、ゴムボートを漕いで、地下に設置された高さ約40メートルのタンクからなるニュートリノ検出器（訳注：著者は高校時代に日本のスーパーカミオカンデで研修を受けた経験がある）をぐるりと周回した（そのときの爆発事故も、私の責任ではない）。

現在の私はもっぱら理論家だが、それはおそらくみんなのためにいいことだろう。つまり私は、観測や実験、あるいはデータの解析はおこなわないということだ。ただし、今後の観測や実験でわかるかもしれないことは、しばしば予測している。

私はおもに、物理学者たちが「現象論」とよぶ領域で研究をおこなっている。現象論とは、新しい理論の構築と、それらの理論が実際に検証される部分との中間にある研究といえるだろう。言い換えれば、根本的な理論に取り組む人々が宇宙の構造について仮定する事柄と、観測天文学者や実験物理学者が彼らのデータの中に見たいと望むものとを結びつける、独創的な新しい方法を見出すのが私の仕事なのだ。つまり私は、すべてのことについて多くを学ばなければならない（そして、なにしろ私たちは宇宙について研究しているのだから、「すべてのこと」というのは、い、ヽ、ヽ、ほんとうにすべてのことである）わけで、これが実に楽しいのである。

五つのシナリオ

本書は私にとって、宇宙がこの先いったいどうなるのか、これらすべてのことはいったい何を意味するのか、そして、これらのことを問いかけることによって、自分たちが住んでいる宇宙について何がわかるのかという疑問を、自分が深く掘り下げるための絶好の機会だ。これらの疑問のどれについても、誰もが認めうる唯一の答えはまだ存在しない——すべての存在の運命という問いは、未解決で、さかんに研究がおこなわれている領域であり、そこでは、データの解釈をほんの少し変更しただけで、引き出される結論が劇的に変わることもあるからだ。

本書では、プロの宇宙論研究者たちのあいだで、いままさにおこなわれている議論のなかで、特に目立つものという基準で選んだ五つの可能性を取り上げ、現在の最善の証拠を詳しく検討し、これら五つの終末シナリオそれぞれにとって有利な証拠なのか、逆に不利な証拠にあたるのかを見ていこう。

五つのシナリオは、それぞれまったく異なるかたちの終末を見せる。その理由は、それぞれが異なる物理的プロセスに支配されるからだが、どれもある一つの点では一致している。――「終末は必ずくる」という点だ。

たくさんの文献を読んできたが、現在の宇宙論関連の文献で、宇宙は変化することなく永遠に存続すると真剣に示唆するものに出会ったことはない。少なくとも、事実上すべてを破壊するような転移が起こって、少なくとも宇宙の観察可能な部分は、どんな組織化された構造にも居住不可能になることになっている。そのため、私はそれを「終末」とよぶことにする（これを読んでいるかもしれない、ランダムな量子ゆらぎの一時的な高まりで、意識をもった存在であるみなさんには恐縮だが）。

シナリオのなかには、宇宙はなんらかの方法で自らを更新する、あるいは、自らを繰り返すという可能性を示唆するものもいくつかある。しかし、「一つ前の宇宙」にいたときのかすかな記憶がなんらかのかたちで持続しうるのかどうかについては、激しい議論が現在おこなわれているところであり、また、宇宙の終末から逃れるに類するようなことが原理的に可能なのかどうかについてもそうである。最も可能性が高そうなのは、「観測可能な宇宙」とよばれる、私たちが存在している小さな島の終末は、ほんとうに終末だということだ。どうしてそうなるのかについても、本書でお話しししたい。

どなたにも同じように理解していただけるように、第2章では復習として、誕生から現在にいたるまでの宇宙を概観する。第3章からは、その宇宙が破壊される話へと移り、以降の五つの章のそれぞれで、起こりうる終末の異なるかたちを一つずつ取り上げて詳しく見ていく。その終末がどのように始まるのか、どのように見えるのか、そして、実在に関する物理学の知識が変化したことで、どの仮説からどの仮説へと移行しつつあるのかを詳しく論じる。

まずは「ビッグクランチ」から始めよう。これは、現在の宇宙膨張が逆転するのなら起こるであろう、劇的な宇宙崩壊だ。続く二つの章では、ダークエネルギーによってもたらされる終末を2種類論じる。一つは、宇宙が永遠に膨張を続け、徐々に空っぽになり、暗くなっていくもの（熱的死）、そしてもう一つは、宇宙が文字どおり自らズタズタに千切れていくものである（ビッグリップ）。

その次に登場するのは、「真空崩壊」による終末だが、これは、「死の量子の泡」（正式な専門用語では、「真の真空の泡」とよぶ。公平にいって、こちらもなかなかおどろおどろしい）が自発的に発生し、それが宇宙全体を呑み込んでしまうというものだ。そして最後に、「サイクリック宇宙論」という、現時点ではまだ仮説段階にある領域に踏み込む。ここでは、空間の余剰次元に関する諸理論も論じるが、そのような理論では、私たちの宇宙が並行宇宙と衝突して消滅する可能性がある……しかも、繰り返し何度も。

第8章では、これらの話すべてを、現在最先端で研究している数名の専門家が提供する最新情報と突き合わせ、どのシナリオが現時点で最も確からしく思えるか、そして、最新式の望遠鏡と実験から何がわかり、疑問を一気に解決できると期待されるかを検討していこう。

この無慈悲な広大さのなかで小さな命を生きている私たち人類にとって、これが何を意味するかは、またまったく別の問題だ。最終章となるエピローグでは、さまざまな考え方を提示し、さらに、私たちがもっている「感覚」というものが、私たち自身の終焉を超えて持続するなんらかのレガシーになりうるかどうかについても考えてみよう（あらかじめお伝えしておくと、あまり輝かしい話ではない）。

宇宙の終わりの姿は火なのか、氷なのか、それとも、何かもっとまったく風変わりなものなのか——私たちはまだ知らない。わかっているのは、それは計り知れないけれど、美しく、ほんとうに素晴らしい場所であり、時間を割いて検討してみる価値が十分にあるということだ。まだできるうちに、そうしよう。

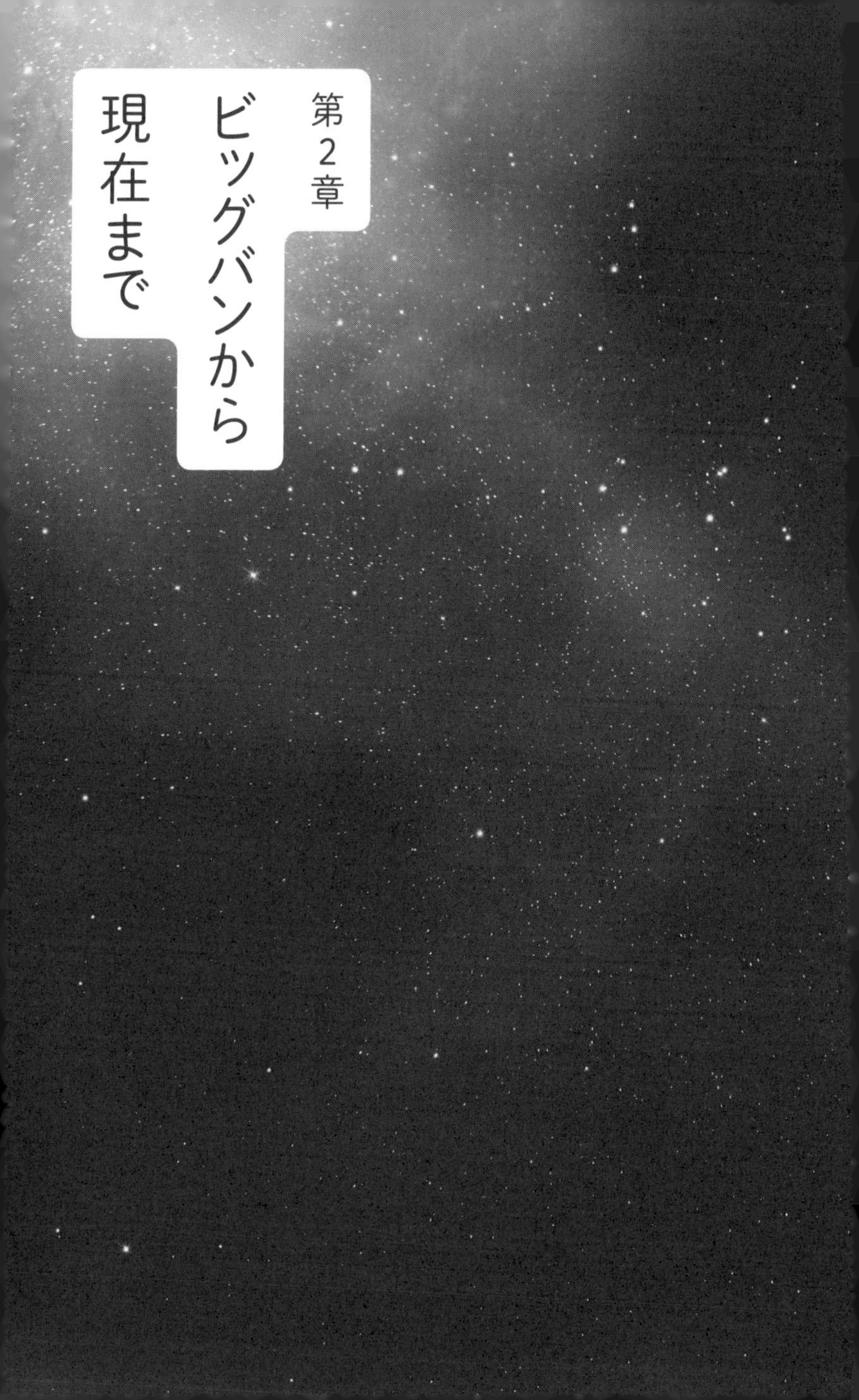

第2章 ビッグバンから現在まで

始まりは終わりを暗示し、終わりを求める。

（アン・レッキー『叛逆航路』赤尾秀子訳、東京創元社）

私は、タイムトラベルの物語が好きだ。描かれているタイムマシンの物理学にはついついケチをつけたくなるし、ストーリーの中で出現するさまざまなパラドックスにはいくらでも反論できそうだ。そうやって、「間違ってますよ」と片付けるのはかんたんだが、過去と未来を開放して、それを知り、それに介入できるようにする〝技〟を、どうやってかはともかく、見出せるかもしれないと考えるのはなかなか魅力的である。

そんな〝技〟が実在していれば、この「いま」という、未知の運命に向かって容赦なく突進する暴走列車から降りることができる。線形的な時間は、あまりに制約的で、浪費的にすら感じる——どうして時間というもののすべて、これらのさまざまな可能性のすべてが、時計の針が2〜3度先に進んだだけで、永遠に失われなければならないのだろう? 時間という厳格な制約に、もはや慣れっこになってしまったのだとしても、それを嬉々《きき》として受け入れなければならないわけではない。

幸い、ここで宇宙論が役に立つ。もちろん、実際的な意味においてではない——私たちは、物理学のなかでも難解な部類に入る一分野について話をしていることには変わりなく、昨日電車に置き忘れた傘を宇宙論が取り戻してくれるわけではない。「役に立つ」というのは、あなたの暮らしは少しも変わらないが、存在に関する他のすべてのことは永遠に変わってしまう、という意味においてである。

「遠い銀河の現在」を見ることはできない

宇宙論研究者にとって過去とは、「失われてしまって決して手が届かない領域」などではない。それは実際の場所であり、宇宙の観察可能な領域で、私たちが出勤日のほとんどを過ごすところだ。私たちは静かにデスクの前に座ったままで、数百万年、あるいは数十億年も昔に起こった天文学的事象の展開を見守ることができる。そしてこのからくりは、宇宙論だけのものではなく、私たちが暮らしている宇宙の構造に本来備わっている性質なのだ。

それはつまるところ、「光が進むには時間がかかる」という事実からきている。光速は途方もなく速い——およそ秒速30万キロメートル——が、決して瞬間移動ではない。日常的な言葉で説明すると、こうなる。懐中電灯をつけると、そこから出てくる光は、1ナノ秒ごとに約30センチメートル進むが、その光が、あなたが照らしている相手から反射して、あなたの下に戻る際にも、まったく同じように時間がかかる。実際、あなたが何かを見ているとき、あなたが見る像は、対象物から反射して目に届いた光にすぎないのだが、その光は目に届くころにはすでに少し古くなっている。

カフェで、あなたとは反対側の隅に座っているあの人は、あなたの視点から見ると、数ナノ秒の過去にいる。その人の表情が物憂《ものう》げでファッションセンスが流行遅れなのも、それで少しは納得できるかもしれない。あなたが見るすべてのものは、あなたからすれば、〝過去〟にあるのだ。あなたが月を見上げるとき、１秒と少し前の月の姿を見ている。それが太陽なら、８分以上前の姿だ。そして、夜空に見える恒星は、数年から数千年前の遠い過去の姿である。

光速が有限であるために生じるこのような遅れについては、もうすでにお気づきかもしれないが、それが意味するところは重要だ。それは、天文学者としての私たちにしてみれば、空をじっくり見ることで、宇宙の進化が起こるのを観察できるという意味なのである。誕生直後の初期から、現在にいたるまで。

天文学で「光年」（約９兆５０００億キロメートル）という単位が使われるのは、それが非常に大きくて便利だからというのみならず、観察している対象物からの光が、どのくらいの時間をかけて宇宙を伝わってきたかを教えてくれるからでもある。

10光年離れた恒星は、私たちの視点からは10年昔の姿である。１００億光年離れた銀河は、１００億年昔の姿だ。宇宙は約１３８億歳にすぎないので、その１００億光年離れた銀河は、宇宙がまだ若かったころの状態を教えてくれる可能性がある。その意味で、宇宙を遠くまで見ることは、私たちの過去を覗《のぞ》き見ることに等しい。

ここで、もしもいわなかったとしたら、私の怠慢になってしまう重要な注意点を申し上げておく。理屈からして、私たちは自分自身の過去を見ることは絶対にできないというのがそれだ。光

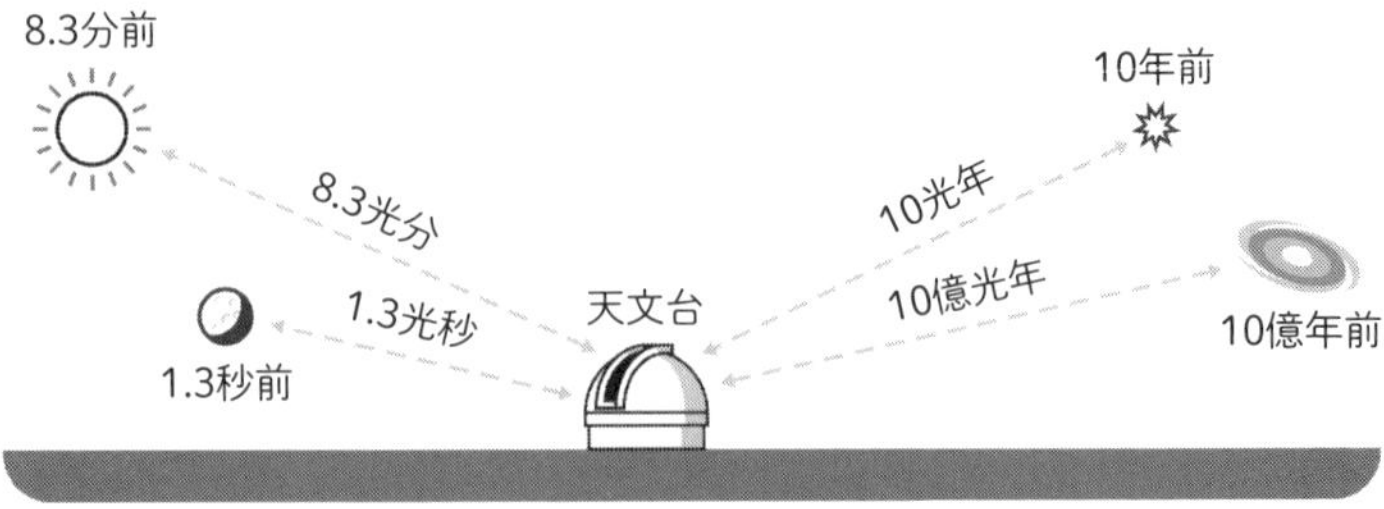

図1：光の伝播時間　距離を「光秒」「光分」「光年」で表すことがある。この表現によって、光が私たちに届くのにどれだけの時間をかけて伝播しているのかが明瞭になり、その天体を見るときに私たちがどれだけ遠い過去を見ているかもはっきりするからである（なお、この図は実際の相対距離をまったく反映していない）

速が有限であるがゆえに遅れが生じるということは、対象物が遠いほど、それは時間的にも遠い過去にあるということであり、この関係は厳密だ。

つまり、私たちは「自分自身の過去」を見ることができないのみならず、「遠く離れた銀河の現在」を見ることもできないのである。何かが遠ければ遠いほど、宇宙の時間軸の上でも、それは遠い過去にある。

「宇宙原理」とは何か

私たちが、遠くにある他の銀河の遠い過去しか見ていないのなら、私たち自身の過去について何か役に立つことを学ぶにはどうすればいいのだろう？

その答えは宇宙論の中核であり、きわめて重要であるため、「宇宙原理」とよばれている一つの原理に帰着する。宇宙原理をごくかんたんに説明すると、「実際的な目的においては、宇宙は基本的にどこでも同じである」という考え方である。

これが、人間の尺度で成り立たないことは明らかだ――地球の表面は、遠方の宇宙や太陽の中心とはまったく異なっており、それはじつに重要である。しかし、すべての銀河を、面白い個々の特徴などがまったくない〝ただの点〟として数え上げる天文学的な大きさの尺度においては、宇宙はどの方向にも同じに見え、まったく同じものでできている（SFでは、このことを無視するのがたいへん好まれている。『新スター・トレック』の初期の放送では、2～3秒のあいだにうっかり10億光年も移動し、青いエネルギーがチラチラ光る奈落の底のようなところに行ってしまったが、それを見ていた私は、そんな場所が実在するなら、間違いなく望遠鏡で見えるはずだと思った）。

この考え方は、16世紀にニコラウス・コペルニクスが提唱した、かつては異端だった「コペルニクスの原理」――地球は宇宙の中で、なんら「特別な場所」を占めているわけではなく、ランダムに選ばれたとしか思えない、ありきたりの場所に存在するにすぎないという説――と密接に関連している。したがって、私たちが10億光年離れた銀河を観察し、その銀河を、いまここにあるわれわれの宇宙よりも10億年若い宇宙の中で、10億年前の姿として見ているとき、10億年前のいま、ここの宇宙の状態もそれと非常に似ていただろうと、相当な確信をもっていうことができるわけだ。

このことは実際、観測によってある程度確かめることができる。宇宙全域にわたる銀河の分布に関する多くの研究で、宇宙原理がいうところの均一性が、これまでに観測されたすべての場所で成り立っていることが確認されている。

以上の話から、もしも宇宙そのものの進化について、そして私たちの銀河がいかに成長したかについて知りたいのなら、非常に遠いところにあるものを見ればそれでいいということになる。

これはまた、宇宙論では、明確に定義された「いま」という概念がまったく存在しないということでもある。というよりもむしろ、あなたが経験する「いま」は、もっぱらあなたと、あなたがいる場所と、あなたがおこなっていることに特有の「いま」なのだ（このことがわかっているのは相対性理論のおかげともいえる。特殊相対性理論によれば、運動する速度が速いほど、その運動しているものにとっての時間はゆっくり進み、一般相対性理論によれば、非常に重い物体に近づくと時間はゆっくり進むようになる）。

「あの恒星は、もうすぐ爆発しそうだ」というとき、それはどういう意味なのだろう？　その光が「いま」見えていて、その恒星が「いま」爆発するのが観察できるとはいえ、その光は数百万年かけてここまでやってきたのだとしたら？　私たちが見ているものは、基本的には完全に過去に存在しているのだが、その爆発した恒星にとっての「いま」は私たちには観察不可能で、それについての知識は数百万年先でなければ得られないのなら、それは私たちにとっては「いま」ではなく、「未来」になる。

光速が有限であることの素晴らしさ

宇宙を「時空」――すべてを包括する普遍的な一種の格子で、そのうち三つの次元が空間にあたり、残る一つの次元が時間に対応するもの――の中に存在するものとして考えるとき、過去と未来は、宇宙の中でその誕生直後から終末にまで伸びている一つの構造の上で、遠く離れて存在する二つの点と考えることができる。

この構造の上で、私たちとは異なる点に座っている人物にとっては、私たちにとって未来に属する出来事が、遠い過去のことである可能性もある。そして、数千年後にならないと私たちには見えない出来事からの光（あるいは任意の情報）は、「いま」すでに私たちに向かって時空を横切って移動している。

それは、未来の出来事なのか、それとも過去の出来事なのか、どちらだろう？　あるいは、もしかするとその両方なのか？　――すべては、どの視点から見るかに依存する。

三次元の世界で考えることに慣れている人には、これは驚くようなことだろうが（映画『バック・トゥ・ザ・フューチャー』で、ドクことブラウン博士が「お前は四次元で考えておらんのだ！」といったのは、あなたに向かってだったのだ！）、天文学者にとっては、光速が有限であることは素晴らしく便利なツールになる。それは、宇宙の遠い過去について、手がかりにすぎないもの――その痕跡や残骸――を探すのではなく、それを直接観測し、時間の経過にともなう変化も見守ることができるということを意味する。

私たちは、たった30億歳の、恒星形成のルネサンスのさなかにある宇宙を見つめることができる。そのころ、あちこちの銀河はどれも光であふれている（芸術と哲学ではないけれど）のだが、それが現代にいたる数十億年のあいだに徐々に暗くなるようすも観察できる。さらに遠い昔を見ることも可能で、銀河と銀河のあいだの暗闇を恒星の光がようやく突き抜けはじめた、5億歳にもなっていない宇宙の中で、あちこちの超巨大ブラックホールの中に物質が渦を巻いて吸い込まれていくようすが観察できる。

まもなく、新しい宇宙望遠鏡を使って、宇宙で最初に生まれた銀河――宇宙がたった数億歳だったころに形成された銀河――のいくつかを観測できるようになるだろう。だが、もしもこれらの銀河が最初にできたのだとしたら、それよりもさらに昔を覗き見たら、どうなるのだろう？まだ銀河など一つも生まれていない時代まで見ることができるのだろうか？　それを目的とする計画がいくつか存在する。現在建設中の電波望遠鏡では、最初の銀河が、光と水素の偶然の相互作用を利用して生まれたときに、源となった物質を見ることができるかもしれない。やがて恒星や銀河になる物質、すなわち水素を直接観測することで、宇宙で最初の構造が形成されるのを

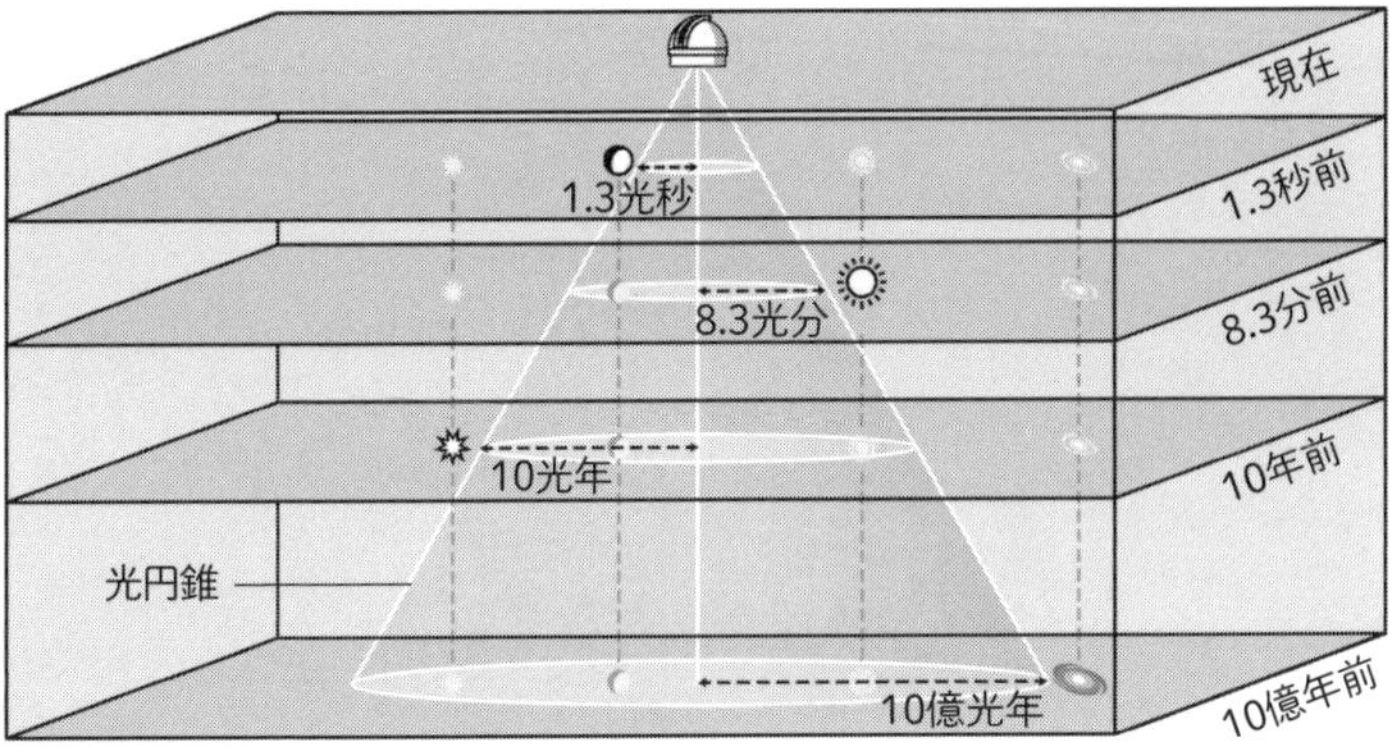

図2：時空のなかを進んでいる光の模式図　この図では、時間は上に向かって進む。また、空間は、三つの次元すべてではなく、二次元だけを表示している。空間内で静止している四つの物体の位置は、異なる時間における同じ点を表す垂直な破線で示す。天文台から観察する際に、過去におけるその姿を見ることができる領域が、「光円錐」で示されている。
光円錐の内側にあるものはすべて、私たちに十分近いので、もしもそこから光が放出されていたなら、その光は私たちに届いていることになる。つまり、10億光年離れた銀河は、10億年前の姿で見えるが、その銀河の「現在」の姿を見ることはできない。なぜなら、その銀河の「現在」は、私たちの光円錐の外側にあるからだ

見守ることができるだろう。

だが、それよりもなお遠い過去を見てみると、どうなるのだろう？　恒星や銀河、水素が登場する以前の時代を見てみたら、何が見えるのだろう？　ビッグバンそのものが見えるのだろうか？

——もちろん、見える。

「ビッグバン」を見る

ビッグバンは、一種の爆発のようなものとして描かれることが多い——たった一つの点から突然、光と物質が火の玉状に膨張しはじめ、怒濤《どとう》のように宇宙

全体へと広がった、というイメージだ。

だが、じつはそうではない。ビッグバンは宇宙の中で起こった爆発ではなく、宇宙の爆発だ。また、「たった一つの点」で起こったのではなく、すべての点で起こった。現在の宇宙の中に存在するすべての点――遠方の銀河の端に存在する一つの点、逆方向の同じくらい遠方の銀河間空間の一部分、そして、あなたが生まれた部屋――これらのすべての点は、その一つひとつが、時間が始まった瞬間には、触れ合うほど接近していたが、まさにこの最初の瞬間に、急速に互いに遠ざかりはじめた。

ビッグバンの理屈はいたって単純だ。

宇宙はたしかに膨張している――銀河と銀河のあいだの距離が徐々に大きくなっているのが観察される――ということは、銀河間の距離は過去においては短かったわけである。

思考実験として、今日起こっている膨張を巻き戻して、百数十億年の時間を遡ってみると、銀河間の距離がゼロだったはずの瞬間にいたる。現在の私たちが観察できるすべてのものを含んだ観察可能な宇宙は、はるかに小さく高密度で、高温の空間に閉じ込められていたはずだ。しかし、観察可能な宇宙は、広大な宇宙のうち、私たちがいま見ることのできるほんの一部でしかない。宇宙がそれよりもはるかに広がっていることはわかっている。実際、現在の私たちの知識に基づいていえば、宇宙の大きさは無限である可能性があり、おそらくそうであるらしいのだ。だとすると、宇宙は最初から無限大だったのだ。ただ、もっと高密度だったのである。

これを頭の中で描くのは容易ではない。無限大にはそういう難しさがある。無限大の宇宙があるとはどういう意味だろう？　無限大の宇宙が膨張しているとはどういう意味だろう？　無限大の宇宙が、いかにしていっそう無限大になるというのか？

残念だが、これに関しては私がみなさんの理解を助けることはできない。

無限大の宇宙を有限の脳の中に収容するかんたんな方法は、まったく存在しない。私にいえるのは、数学と物理学には無限大を扱う理に適《かな》った方法がいくつか存在し、それは何も壊したりしないということだ。宇宙論研究者として私は、宇宙は数学によって記述できるという基本的な仮定のもとに研究しており、その数学がうまくいき、新しい問題へのアプローチにも役立つなら、それを使い続ける。

ここで私は、ちょっと横着なことをいっていると思われるかもしれないが、これはむしろ重要な点である。これまでのところ、物理学において私たちがやってきたことのほとんどは、「模型《モデル》」とよばれる数学的構築物を使って宇宙を記述し、実験と観察を使ってこれらの模型を検証・改善することで、やがて、他のどんな模型よりも観察によく一致すると思われる一つの模型に到達する。そして次に、その模型を壊すことを試みはじめる。これはなにも、数学は宇宙にとって本質的だと信頼しているからではなく、これらの事柄にアプローチする理に適った方法が他になさそうだからである。

あるいは、もっと正確にいうなら、もしもその数学がうまくいき、もう一つ別の、少し異なる仮定（たとえば、宇宙は完全に無限大ではないが、きわめて大きく、その端を知覚することはおそらくできないという仮定）もうまくいくが、私たちの経験にもまた、どんな方法であれ測定可能な何物にもなんの違いももたらさないのなら、さしあたっては、単純なほうの仮定で進めていく。そのような次第で、無限大の宇宙を考えていこう。

ビッグバンについて語るときに、私たちが語ること

いずれにせよ、ビッグバンについて話をするとき、私たちがほんとうにいっているのは、次のようなことだ。

「現在観察している膨張とその歴史に基づけば、宇宙の全域が、現在よりもはるかに高温で高密度だった時代があったと結論できる（「ぼくたちの宇宙全体は、高温・高密度状態だったけれど、やがて、いまから140億年近く前に膨張しはじめた……」）。そう、ベアネイキッド・レディースは正しかった。カリフォルニア工科大学に所属する二人の物理学者を主人公とする異色のSFコメディ・テレビドラマ『ビッグバン★セオリー：ギークなボクらの恋愛法則』の主題歌の冒頭は、ビッグバン理論の非常にうまい要約になっている）」

この考え方を、「ホットビッグバン」とよぶこともあり、それは宇宙が高温かつ高密度だった期間すべて、つまり、宇宙時間ゼロから宇宙時間38万年ごろまでを指す（もちろん、これは「年」というものが定義できるようになるはるか以前の話である。なにしろ、「年」という単位を定義するために使える、恒星を周回する惑星など存在しなかったのだから。しかし、いま私たちが使っている単位を過去に遡って適用し、秒を数え上げて1年分の秒数ごとに年の単位で数えれば、私たちには便利で都合がいい）。

「高温かつ高密度」を定量的に表し、現在の涼しくて快適な宇宙から、私たちの知る物理法則を破綻させるほど極端な、圧力釜をも凌駕《りょうが》する高温・高圧状態まで、宇宙の歴史を遡ることもできる。

とはいえこれは、理論を駆使した単なる頭の体操ではない。観測で捉えた宇宙の膨張を、時間を遡って計算してたどり、遠い過去にあった極端な高温・高圧の状態を導き出す（外挿する）ことと、この「インフェルノバース（炎熱宇宙）」ともよぶべき状態をじかに見ることは、まったく別ものだ（「インフェルノバース」という言葉は、いままさに、本書執筆中に私が思いついた言葉で、そのことを私はとても誇りに思う）。

ビッグバンの名残

ビッグバンについて、ただ考えていただけの状態から、それを実際に見ることができるようになった経緯は、宇宙論版の、幸運な偶然《セレンディピティ》の発見の古典的物語である。

1965年、宇宙の膨張を遡る計算をしていたプリンストン大学のジム・ピーブルズという物理学者は、ビッグバンの際に生じた放射は、今日なお宇宙の中を進み続けているはずだという驚くべき結論に達した。おまけに、それは検出可能なはずだった。彼は、その放射の周波数と強度がどれくらいだと期待されるかを計算し、同僚のロバート・ディッケとデイヴィッド・ウィルキンソンとともに、それを検出する装置を組み立てはじめた。

一方、彼らは知らなかったのだが、さして離れていないベル研究所で、アーノ・ペンジアスとロバート・ウィルソンという二人の天文学者が、かつて商業目的で使われていたマイクロ波検出器を使って、何か天文学をやってみようと準備していた（マイクロ波とは、電磁スペクトル上に存在する光の一種で、ラジオや船舶通信に用いられる電波よりも高周波数で、赤外線や可視光よりは低周波数のものをいう）。商業的な応用にはまったく興味がなく、空を研究してやろうという意欲に燃えていたペンジアスとウィルソンは、天文学で使えるようにその検出器を較正《こうせい》していたところ、入力信号に奇妙な雑音が入っていることに気づいた。

このノイズは、以前にこの検出器が使われていた目的——高高度気球から反射される通信信号の検出——にはまったく邪魔にならなかったらしく、過去の利用者たちはそれを無視していたのだった。だが、今回の目的は科学なのだから、ノイズの問題は解決しなければならなかった。そのノイズは、検出器をどの方向に向けても消えず、どう考えてもきわめて迷惑だった。

望遠鏡の混信は、観測のための連続稼働の前におこなう較正段階ではよくある問題で、じつにさまざまなかたちで起こりうる。どこかのケーブルがゆるんでいるとか、近くで動いている何かの送信機の電波が混信しているとか、あるいは、機械に関するいくつもの些細な問題などだ（最近も電波天文学上の快挙があった。パークス天文台の電波望遠鏡で繰り返し観測された不可解な電波バーストは、じつはキッチンと宿舎の電子レンジが原因だったとわかったのだ）。

ペンジアスとウィルソンは、検出器の表面をくまなく調べ、さらに、アンテナに巣作りしていた数羽のハトがノイズ源である可能性も考えた（悲しいことに、この線に沿った調査は、ハトたちには気の毒な結果になった。じつのところハトたちには、一連のトラブルに対しなんの責任もなかったのだが）。

しかし、何を試そうが、そのノイズを除去することはできず、また、そのノイズを説明できるような干渉を特定することもできなかった。そのため彼らは、そのノイズが実際に宇宙から来ており、しかも、空のあらゆる方向から届いているという可能性を検討せざるをえなくなった。

だが、何がそのようなノイズ源でありうるだろう？　惑星や太陽から来るのなら、特定の時間に特定の方向からのみ来るはずであり、また、私たちの天の川銀河からの放射にしても、完全に等方的ではないはずだった。

実際のビッグバンを目にして

ここに、プリンストン大学のチームが登場する。遠回りをして、ようやくの参戦である。先ほど少しお話しした、ビッグバンについてのピーブルズの計算は、初期の宇宙がいたるところで高温だったのなら、その残りの放射がいまなお私たちに降り注いでいるはずだと示していた。そのときの彼の考えはこうだ。

より遠くを見ればより遠い過去が見えるなら、そして、大昔には、宇宙がすべてを包含する巨大な火の玉のようなものであったのなら、十分に遠くを見れば、いまなお燃えている宇宙が見えるはずである――。

あるいは、別の見方をすればこうだ。もしも138億年前に、無限大だったかもしれない宇宙の全体が、高温の放射で輝いていたなら、そこから発したそのときの放射が、冷却しながら膨張する宇宙の中をひたすら伝播して、ようやく私たちに届いているような、ビッグバン時の宇宙の部分が、十分遠方には存在するはずだ。どの方向を見るにしても、十分遠方を見れば、その遠い灼熱の宇宙が見えるだろう。そのとき私たちは、なんらかの違いをもった、空間のさまざまな部分を見ているのではなく、「すべての」空間が高温の放射に満ちていた一つの時間を見ているのである。

そのような次第で、この背景放射はあらゆるところから来ているはずだ。そしてそれは、あなたがどこにいようが、あらゆるところから来るはずだ。なぜなら、つねに十分遠方を見れば、初期宇宙の高温期を見ることができるのだから。前述したように、光の速度が有限であることと、遠方を見れば時間を遡ることができることを組み合わせて考えれば、光速で正確なタイムトラベルをして、無料でこのドラマが楽しめる。宇宙のどの点も、それ自体の、つねに深まり続ける時間の球の中心であり、その球の最も外側は炎の殻で包まれている。

ピーブルズはこれに気づき、そして物理学者がよくやるように、同僚たちにこのきわめて驚異的な説を披露した。彼はさらに、この放射を検出するために実施しようと同僚らと計画した内容を記した論文の前刷りを見せて回った。やがてその噂は――二人の無関係な物理学者と飛行機、そしてプエルトリコを経由して――60キロメートル離れたベル研究所にまで届いた。

ピーブルズの講演を聴いていたケン・ターナーという天文学者が、電波望遠鏡を擁するプエルトリコのアレシボ天文台を訪れ、その帰りの飛行機で、天文学者仲間のバーナード・バークと、「このビッグバンの放射を検出できたらどんなにすごいだろうね」という話をした。自分のオ

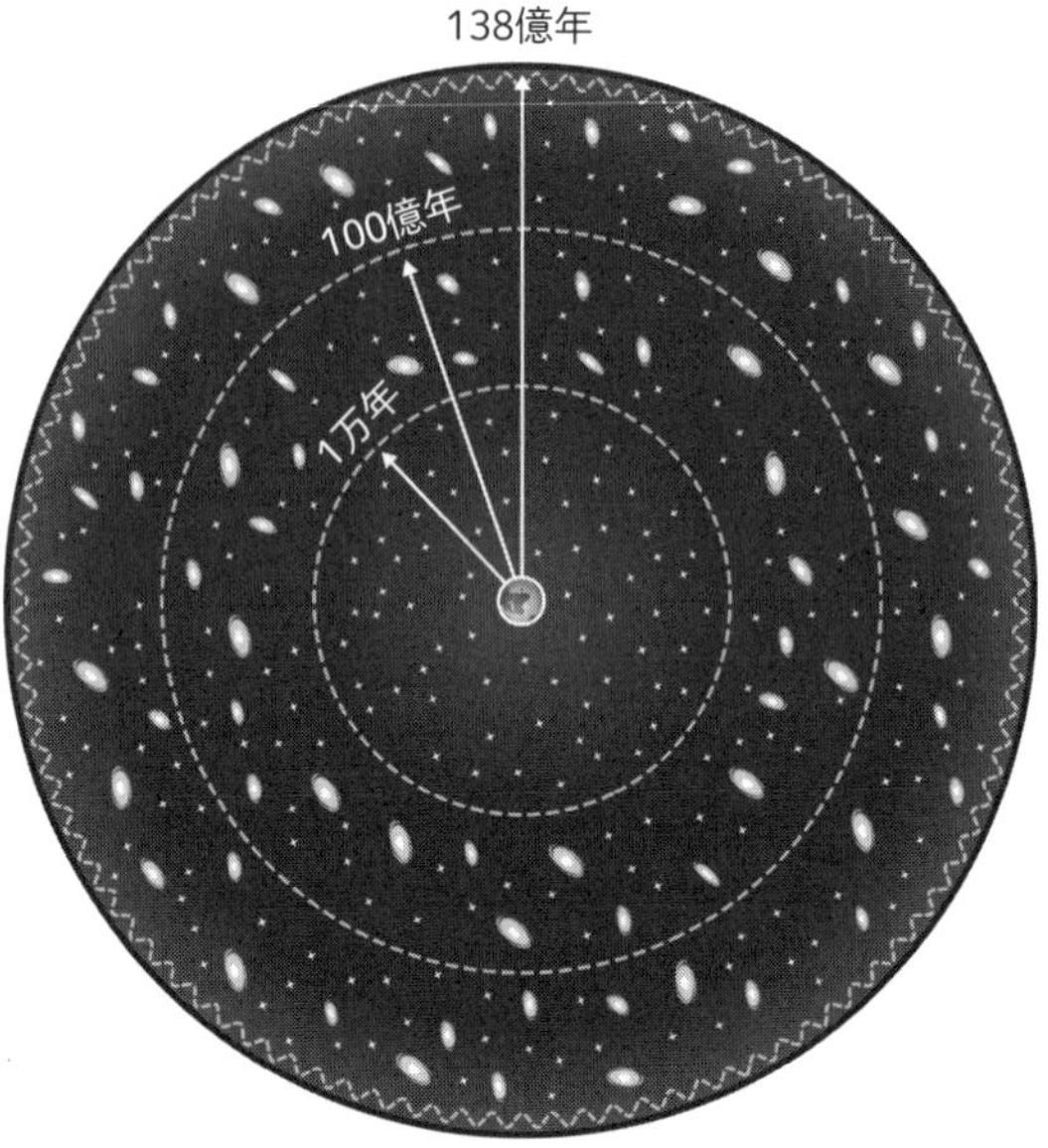

図3：観測可能な宇宙の模式図　地球上にある見晴らしのいい場所から、過去のさまざまな時代を見ることができる。この図の地球の周囲に描かれたそれぞれの球には、それがどのくらいの過去にあたるかが、遡った年数で記されている。
理論的にいえば、私たちに見ることができる最も遠方は、宇宙開闢《かいびゃく》時にそこから放射された光がちょうどいま、地球に届いているような距離だけ地球から離れている場所だ。この距離を半径とする球が「観測可能な宇宙」と定義される

フィスに戻ったバークに、それとは無関係な別の研究について、ペンジアスから電話がかかってきた。バークはそのときたまたま、飛行機での会話について触れたのだった。

　私はそもそも、この物語に関してはハトのエピソードについて少し聞きかじっていた以外、まったく知らなかったのだが、数年前にＭＩＴ（マサチューセッツ工科大学）でバーナード・バー

クとたまたま顔を合わせる機会があった。私たちは、物理学者どうしがよくするようなおしゃべりをしていただけだったが、彼は私に、過去の研究について話してくれていた。私はその話にはあまりついていけていなかったが、ある時点で、ペンジアスが彼にかけたあの電話のことを話しているのだと気づいた。彼はまったく気軽な感じで、物理学の歴史で最も重要な発見の一つが起こるきっかけに自分がなった、という事実を語っていたのだった。

これと同じようなことは、数年前のある会議で、トム・キップルに会ったときにも起こった。彼はヒッグス粒子に関連する理論の大部分を構築した人物だ。

教訓——名誉教授たちの話に耳を傾けよう。彼らは黙々と、あなたの研究分野全体に大改革を施していたかもしれないのだから。

さて、1960年代に話を戻そう。バークと電話で話したペンジアスは、ちょっと腰を据えてじっくり考えずにはおれなかったと私は思う。なぜなら、彼はこのとき、自分とウィルソンが実際のビッグバンを目にした最初の人間になったことを理解したからだ。ペンジアスは2日ほどかけて同僚たちと相談し、そしてロバート・ディッケに電話をかけた。ディッケはその場でピーブルズとウィルキンソンを振り返り、「出し抜かれてしまったよ」といった。

宇宙マイクロ波背景放射

彼らが出し抜かれたのは間違いない。その後、ペンジアスとウィルソンは1978年に、「宇宙マイクロ波背景放射」とよばれることになったものを初めて観測したことでノーベル賞を受賞した（本書の執筆中、ピーブルズが2019年のノーベル賞を受賞し、その理由にはこの発見の理論面の研究も含まれていると聞いて、私は感激した。やはり最終的にはなんらかのかたちで公平がもたらされるのだろう。だが、ハトはその埒外《らちがい》なのだ）。

宇宙マイクロ波背景放射（Cosmic Microwave Background）、あるいは、略して「CMB」はその後、宇宙の歴史を研究するための最も重要なツールの一つとなった。天文学的なデータセットとしても、技術上の偉業としても、その重要性はいくら強調してもしすぎることはない。私たちは現在、高温の初期宇宙の輝きを収集し、解析し、マップ化することができる。それが真っ先に教えてくれるのは、初期宇宙は一つの巨大な炎だったという仮説は完全に確かめられたということだ。

しかし、検出する背景光が、実際に原初の火の玉からのもので、たとえば、きわめて遠方にある恒星や何かが集まったものではないと、どうして確実にわかるのだろう？　じつのところ、この光のスペクトル――周波数ごとに見て、どこがより明るく、どこがより暗いかを表すもの――

に、明々白々な証拠が含まれているのである。

あなたの家に暖炉があるとしよう。火かき棒を火の中に入れ、しばらくそのままにしておくと、金属製の火かき棒はやがて赤く輝きはじめる。その輝きは、金属自体の性質として生じたものではなく、どんなものでも加熱すればやがて起こる現象である（ただし、その物質が炎を上げて燃えてしまわないかぎり）。

この輝きは「熱放射」とよばれ、その色は温度だけで決まる。青く輝いているものは、赤く輝いているものよりも高温だ。実際、もしも赤外光が肉眼で見えたなら、人、温かい食べ物、そして太陽が降りそそぐ歩道も、つねに熱放射をしているのが目でわかるだろう。人間の熱放射は低周波数の赤外光として生じるが、それは、人体が裸火《はだかび》よりもはるかに低温だからである。

しかし、目に見える色が、生じた光のすべてではない。ほとんど単一波長の光しか出さないレーザーは別として、光を発生するすべてのものは、ある範囲のさまざまに異なる周波数（または色）の光を生じており、目に見える色は、最も高い放射強度をもつ周波数に相当する色でしかない（白熱電球に触れると熱く感じるのもこのためだ。白熱電球が生み出す光の大部分は可視光だが、それ以外の光の多くはスペクトルの赤外線領域のものなので、熱く感じる）。

火かき棒、人体、そしてガスコンロの青い小さな炎が発するものも含め、すべての熱放射で、放射強度は周波数の変化に対して同じように変化する。放射強度が最も高いのは、温度によって

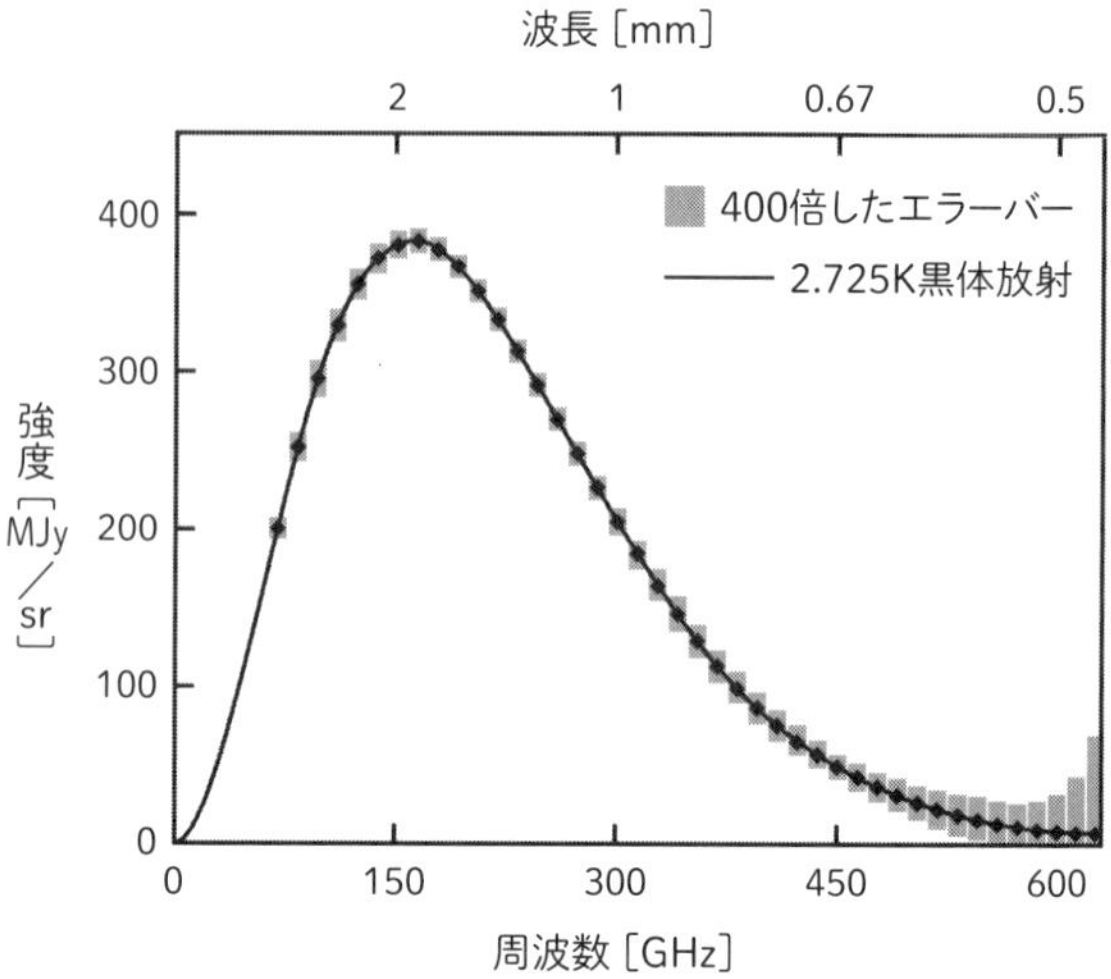

図4：宇宙マイクロ波背景放射の黒体放射スペクトル　曲線の高さは、与えられた周波数または波長における放射の強度を示す。データポイントは、観測の不確定性を示すエラーバーとともに示されている。不確定性の大きさは400倍に強調されているが、それはエラーバーが曲線の幅で隠れてしまうのを避けるためである。曲線は、2.725K〔ケルビン〕(-270℃)で光っている物体に期待されるスペクトルになっている

決まる最高強度の色においてであり、色が高周波側と低周波側のどちらにずれても、放射強度は同様に落ちて暗くなる。

周波数に応じて放射強度がいかに変化するかをグラフに表すと、「黒体放射曲線」が得られる――高温であるがゆえに輝くすべてのものにあてはまる曲線である。「黒体」という名称は、照射された光をすべて完全に吸収し、その後それを純粋な熱として放出する物体という概念からきている。もちろん、たいていの物体は、完璧にこのようにふるまうわけではない。物体はふつう、光の一部を反

射するだけで、残りの光は吸収し、再放出したりはしない。とはいえ、高温加熱時には、たいていの物質はある程度発光し、その強度分布は近似的に黒体放射曲線となっている。

宇宙マイクロ波背景放射の強度を周波数ごとに観測すると、これまでに自然界で観測された最も正確で最も完璧な黒体放射曲線が得られる。かつては宇宙全体が、いたるところできわめて高温だったとする以外に、これを説明することはできない。

伝えられているところでは、ある会議でこの結果が発表され、初めてグラフとして提示されたとき、聞いていた出席者たちが実際に歓声を上げたという。彼らの熱意の理由の一つが、その観測が非常に素晴らしく、かつ正確で、完璧に理論に一致していたからだというのは間違いない(そうなってくれればいつだって嬉しい)。だが、もう一つの理由は、自分たちはビッグバンを見ているのだ、ほんとうにそれを見ているのだと、人々が気づいたからだと私は確信している。私自身、これに気づいた感動の余韻から、いまだ冷めていない。

「宇宙のウェブ」

ＣＭＢは、それ自体がきわめて驚異的な存在であることに加え、宇宙の誕生直後について、そしてその後、時間が経過するにつれて宇宙がいかに成長し、進化したかについて知るための貴重な糸口となってくれる。加えて、宇宙はこの先いったいどうなるのかについても、ヒントを与えてくれる。この点に関しては、後続のいくつかの章で見ていこう。

しかし、CMBの光の色の変化を全天でマップ化すると、できたマップは実際のところかなり退屈なものだ。どこもまったく同じ色という状態に非常に近いのである。ところが、ごくごく微小な差異を検出すると、それらはほんとうに小さな違いだが、多くのことを教えてくれる。コントラストを十分に上げて、色の差異がわかるようにすると、CMBはごくわずかながら「まだら」になっていることが、天文学者たちには見分けられる。

それは、まるで誰かが、地球から見た満月ぐらいの直径の筆で空に抽象画を点描画法で描いたかのようだ。これらのまだらな点々は、あちこちで同色のものが集まって塊状になることもあれば、さまざまな色のものが混じりあって、一部の点は少し赤味がかって、ほかの一部の点では少し青味がかって見えることもある（CMBの光はすべて、スペクトルのマイクロ波領域にあるので、「赤味がかって」とは低周波マイクロ波放射を、そして「青味がかって」とは高周波マイクロ波放射を意味するが、マップ化の際には、実際に赤や青の色を使う。その理由は、ご推察のとおり、人間が見てわかりやすくするためである）。

このような色の差異は、沸き上がる原初の宇宙プラズマが、ごくわずかな密度の違いによって、ほんの少しだけ低温もしくは高温だった場所を示している。場所による密度の平均からのずれ（ゆらぎ）はせいぜい、10万分の1ほどだった（10万分の1がどれくらいかを実感していただ

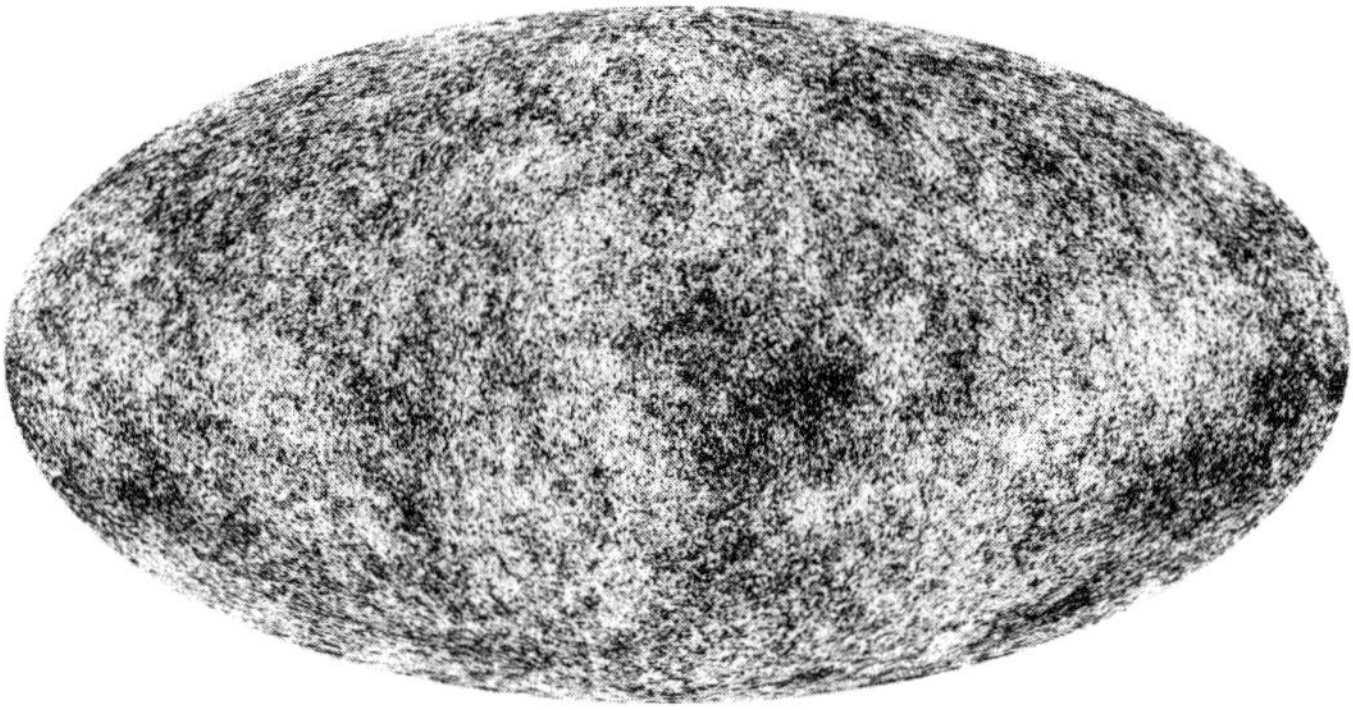

図5：宇宙マイクロ波背景放射　全天をモルワイデ図法の楕円に投影した、マイクロ波の周波数マップ（天の川銀河からの放射は差し引かれている）。色が暗い領域はマイクロ波放射が少し低温（低周波数、つまり赤色側寄り）で、色が明るい領域は少し高温（高周波数、つまり青色側寄り）。それぞれ、初期宇宙において周囲よりも少し高密度、または少し低密度（10万分の1のレベルで）だった領域に対応している

くために申し上げると、缶入りソーダを裏庭のプールに空けたときのソーダ濃度がこのくらいである）。

注意深く計算することにより、これらの小さな密度の違いが、やがて成長していくようすが明らかになる。最初はごく小さな高まりにすぎないものが、数億年のうちに、銀河団へと成長する。重力収縮の威力はものすごい。周囲よりも密度が高い物質が少しあったなら、その高密度物質は、周囲にある密度がそれより低い場所から物質を取り込む。その結果、密度の差がさらに大きくなり、周囲からさらに物質を取り込む。この繰り返しとなるわけだ。

数十億年の経過を数秒で示すことのできるコンピュータ・シミュレーションを使い、隣の領域よりもごくわずかだけ密度が高い小さな領域

が、宇宙の最初の恒星を形成するのに十分なだけ周囲のガスを取り込み、恒星が出現するようすを見ることができる。このような恒星が、最初の銀河の内部で生まれ、その最初の銀河たちが集まって銀河団となり、銀河団たちは大挙して、まだらなCMBを私たちが現在「宇宙のウェブ」として見ているものに変える。

「宇宙のウェブ」、つまり、節や筋や穴が脈々と配置された構造に沿っていくつもの銀河が点々と並び、クモの巣にかかった朝露のように輝いている宇宙である。このようなシミュレーションを一つおこなってみて、その結果を実際の宇宙のマップ――銀河の一つひとつを一点として描いた巨大な三次元マップ――と比べれば、両者は驚くほどよく一致しており、どちらがどちらか区別できないほどだ。

というわけで、ビッグバンはほんとうに起こったのだ。私たちはそれを見てきたし、それについて計算してきたので、関連する物理学がどんどん積み重なっている。

さあ、宇宙の黒体放射が輝きを放っている、そのまわりにみんなで集まって、宇宙の起源の物語をしよう。

はじめに「特異点」ありき?

宇宙の歴史のすべてが、宇宙マイクロ波背景放射のように直接見えるわけではない。火の玉宇宙の時代が終わる数十万年前と、火の玉時代が終わってから約50万年後の時代は、観測するのがきわめて難しい。その理由は、前者の場合は光が多すぎるから（炎の壁の向こう側を見ようとするところを想像してみよう）、後者の場合は光が少なすぎるから（あなたと炎の壁とのあいだの空間に浮かんでいる塵の粒を見ようとするところを想像してみよう）である。

しかし、両者の中間にあたるＣＭＢが、そこから過去へも未来へも外挿が可能な、堅固な基盤を提供してくれるおかげで、私たちは、宇宙がいかに進化してきたかを説明する説得力のある物語を手に入れることができた。それは、最初の１０００億分の１の１０００億分の１の１０００億分の１の１０００億分の１秒から始まり、１３８億年後の現在にまでいたる物語である。

では始めようか。

はじめに、特異点があった。

うーん、そう言っていいのかな。ビッグバンについて考えるとき、たいていの人が特異点を思い浮かべる。それは、宇宙の中のすべてのものが、そこから外に向かって爆発的に広がっていった、密度が無限大の一点だ。ただし、特異点は一点である必要はない——一つの無限大の宇宙が密度無限大になった状態でもありうる。また、先に論じたように、爆発というものはまったく存在しない。なぜなら、爆発とは、すべてのものの膨張ではなく、何かの中への膨張を言外に意味するからである。

すべては特異点から始まったという考え方は、現在の宇宙の膨張を観測した結果に、重力を記述するアインシュタイン方程式を適用し、時間を遡って敷衍《ふえん》して得られたものだ。しかし、そのような特異点などまったく存在しなかったかもしれない。その正体が何であれ、真の「始まり」のほんの一瞬あとに起こったと、たいていの物理学者が考えているのは、それ以前に起こっていたすべてのことの痕跡を事実上消し去ってしまう劇的な急膨張である。したがって、特異点というのはすべてを始動させたであろうものについての一つの仮説にすぎず、確実なことは何もいえない。

さらに、特異点の「前」は何だったのかという疑問もある。この疑問は、誰に訊ねるかによって、とんちんかんなナンセンス（特異点は空間のみならず時間の始まりでもあるので、それより「前」などないから）にもなりうるし、宇宙論で最も重要な疑問（特異点は、サイクリック宇宙――ビッグバンからビッグクランチまでを一つの周期とし、永遠にそのサイクルを繰り返す宇宙――における一つ前の周期の終点かもしれないから）にもなりうる。

後者の可能性については第7章で論じるが、さしあたって特異点については、「それは起こったかもしれない」という以外に話すことはあまりない。たとえ私たちが自信たっぷりにその点まで膨張を巻き戻したとしても、特異点は物質とエネルギーが置かれている、すこぶる極端な状態を意味するのだから、物理学について現在私たちが知っている何をもってしても、それを記述することは不可能だ。

プランク時代とは何か

物理学者にとって、特異点は病気のようなものである。特異点は、ふだんは行儀のいいある量（物質の密度など）が無限大になり、なんらかの意味をなすように物事を計算することがもはやできなくなるところである。ほとんどの場合、特異点に出くわしたなら、計算で何かがまずくなってしまい、振り出しに戻らなければならない。

理論のなかで特異点を見つけるのは、衛星ナビゲーションシステムに湖のほとりまで連れてこられたと思ったら、乗ってきた車を分解して、組み立てなおしてボートをつくり、そのできたてほやほやの「自動車ボート」を漕いで対岸に渡れと指示されるようなものだ。もしかするとこれが、目的地に到達する唯一の方法なのかもしれないが、2～3マイル手前で曲がる向きを間違えてしまった可能性のほうがずっと高い。

だが実際には、私たちが知っているところの物理学を破綻させるには、真の特異点ほど明らかに機能不全をもたらすものでなくても事足りる。きわめて小さな空間に大量のエネルギーが存在するときはいつも、量子力学（素粒子物理学を支配する理論）と一般相対性理論（重力の理論）の両方を扱わなければならない。通常の状況なら、どちらか一方を扱えばいいだけである。というのも、重力が重要なら、それはふつう巨大な物体があるからであり、その場合は個々の素粒子など無視してかまわない。一方、素粒子の尺度で量子力学が重要なら、あなたはきわめて小さな質量を扱っているので、その場合は重力を完全に無視できるからだ。

ところが、極度な高密度においては、両方とも扱わねばならず、しかもこの二つの理論は、同時に扱うとなると、まったくうまくいかないのである。極端に強い重力は、明確に定義された巨大な質量をもつ物体をともない、そのような物体は、空間を湾曲させ、時間の流れを変える。量子力学のほうは、素粒子に壁を通過させたり、あいまいな雲のような確率分布として存在させたりする。巨大なものと微小なものの理論が根本的に両立不可能なことは、より完全性の高い新理論を構築する際に進むべき方向を示唆してくれるものの一つだ。とはいえ、極初期宇宙を説明しようとするときには、なかなか面倒である。

量子重力の完全な理論（素粒子物理学と重力とをうまく調和させた理論）が存在しないからには、理に適った方法で宇宙の時間をどこまで遡れるかには限界がある。すべてがご破算になるような瞬間に到達することは避けられない。その瞬間においては、密度が十分に高いので、極端な重力効果が量子力学の本質的なあいまいさと拮抗《きっこう》すると予想され、そのようなシナリオでどうすればいいのか、私たちにはまったくわからない。

強力な重力によって極微小なブラックホールが形成されるが、その後、量子論的な不確定性のためにランダムに消滅したり出現したりを繰り返すのだろうか？　空間のかたちがサイコロの目ほどしか予測できないなら、時間に意味などあるだろうか？　十分小さい尺度まで時空を拡大してみると、空間と時間は離散的な粒子のようにふるまうのだろうか？　それとも、ひょっとすると、干渉しあう波動のようにふるまうのだろうか？　ワームホールは存在するだろうか？　ドラゴンがいるのだろうか？？？　——まったくわからない。

だが、私たちがどれぐらい混乱しているのか、そして、その混乱はどの瞬間まで続くかを定量的に表さなければならないので、宇宙の始まりからこの瞬間までの時代を「プランク時代」とよぶ（プランク時代は、初期量子論の創始者の一人であるマックス・プランクの提唱によって定義された時間の単位＝「プランク時間」のあいだだけ続く、量子重力理論が支配的だとされる時代。プランクの提唱による単位には、他にも、「プランクエネルギー」「プランク長」「プランク質量」などがあるが、いずれも「プランク定数」を含む基本的な定数をさまざまなかたちで組み合わせたもので定義されている。プランク定数は量子的性質をもつすべてのものにとって中心的なものだ。方程式のなかにプランク定数があったなら、物事はとかく奇妙になると覚悟したほうがいい）。

プランク時代とは、宇宙時間ゼロから約10^{-43}秒までである。この表記法に慣れていない方のために申し上げると、10^{-43}秒は1秒を10000000000000000000

0000000000000000（1のあとにゼロが43個並んでいる）で割ったものに等しい。想像を絶するほど短い時間だといえば十分だろう。そして、誤解のないようにお断りしておくと、プランク時代以降のことがすべて説明できるわけではない一方、現在私たちには、プランク時代以前のことはいっさい説明できない。

ここまでの内容を要約しておこう。

特異点はあったのかもしれない。あったとしたら、その直後には、プランク時代とよばれる、それについてはほとんど何もいえない時期が訪れたはずだ。以上。

正直にいって、初期宇宙のタイムライン全体がいまなお、ほとんど既存の知識の外挿による推測の域を出ていない。そして、私は躊躇《ちゅうちょ》なく認めるが、その外挿は手放しで信頼すべきではない。

特異点に始まり、そこから膨張する宇宙は、想像を絶するものすごい範囲の温度を経験する——特異点における事実上の温度無限大の状態から、今日の宇宙における絶対零度の約3度上という涼しく心地よい環境まで。これらのさまざまな環境において、物理学がどのようになっているかを推測することは可能だ。本章では、そのようにして得られた宇宙の秩序を示していく。

また、特異点から一定のペースで膨張したと仮定する標準ビッグバン理論は、いくつか重大な問題を抱えているものの（それについてはこのあとすぐに論じる）、標準ビッグバン理論が正しければ何が起こっていただろうかと考えることによって、物理学がいかに機能するかについて多くを学ぶことができる。

大統一時代

標準ビッグバンの物語によれば、プランク時代のあとには「大統一（GUT）時代」がやってくる（ここで「大統一時代」とよんでいるのは、約10^{-35}秒持続する期間であり、また、GUTは、人間の内臓には関係がない〔訳注：gutには「はらわた」の意味がある〕）。「GUT」は大統一理論（Grand Unified Theory）を表す略語だが、それはここでは、初期段階にあった宇宙の極端な状況のもとで、重力以外の素粒子物理学のすべての力がいかに一体化していたかを記述する一つの「統一された」理論という、物理学のユートピア的理想となっている。宇宙は急速に冷却しつつあったとしても、依然として非常に高温で、宇宙のどの点におけるエネルギー量も、私たちがもっている最先端の衝突型粒子加速器の最も強力な衝突によって生み出されるエネルギー量の1兆倍を超えていた。残念ながら、その1兆倍という数値のせいで実験による検証が不可能なことが理由の一つとなって、この理論は現在、ほとんどの部分がまだ構築しきれていない。しかし、未完成の理論であるにもかかわらず、それについてかなり多くのことが議論でき、特にその理論の記述するところが、今日私たちが目にするものといかに違うかを語ることができる。

現在の宇宙における日常生活では、自然界の基本的な力のそれぞれが、異なる役割を担っている。重力は、私たちを地面にしっかりつなぎとめてくれるし、電気力は明かりを灯《とも》しつづけてくれるし、磁力は買い物メモを冷蔵庫にくっつけておいてくれるし、弱い核力（弱い力）は裏庭の原子炉を安定した青色に輝きつづけさせてくれるし、強い核力（強い力）は人体に含まれる陽子と中性子が構成要素に分解しないように維持してくれる。

しかし、これらの力がどのようにはたらくか、力どうしがどのように相互作用をするか、そして、それらの力をどのように区別できるかといったことまでも支配しているさまざまな物理法則は、それらがどのような条件下で観測されるかに依存する。その条件とは、具体的には、周囲のエネルギー、すなわち温度である。十分高いエネルギーでは、四つの力は融合して一体化しはじめ、粒子の相互作用の構造と、物理学の法則そのものの再編が起こる。

日常的な状況のもとでさえも、電気力と磁力は同じ現象の二つの側面だということはかなり早くから知られていた。だからこそ電磁石は重要であり、発電機が発電できるのもそのためだ。この種の統一は、物理学者には甘い飴のようなものだ。いかなるときでも、二つの複雑な現象を取ってきて、「じつのところ、あなたがそれをこういう見方で見るなら、それらは同じことなのだ」というとき、私たちはたいてい、物理学の喜びでいっぱいになる。

ある意味で、統一こそが理論物理学の究極の目的なのだ。自分たちの周囲に見られる複雑でぐちゃぐちゃなものをすべて取り上げて、それをきれいで簡潔で単純な何かに再編成する方法を見出し、それらが複雑に見えるのは、私たちがいる低エネルギーにおける視点から見ているからにすぎないのだとはっきりさせる――。これが物理学の目的だといえるだろう。

GUTのパーティーに重力は招待されていない。重力を図式のなかに持ち込むには、大統一理論よりもさらに大きく、いっそう統一的なものが必要だ――「万物の理論」（またの名をTOE：Theory of Everything）が必要なのだ。プランク時代のころ、理由はともかく重力は他の力と（ドラゴン、あるいは、そのころあった他の何かとも）統一されていたという信念が、物理学者のあいだに広まっている。

しかし、先に論じたように、一般相対性理論と素粒子物理学は現在のかたちではともにはたらくことを嫌がっており、そのため、いまのところ私たちは、TOEに向かっては、GUTほどにも進歩できていない。多くの人が、究極のTOEは弦理論だろうと考えている。しかし、GUTの難しさが、それを実験によって検証するのは困難だと感じられるレベルなら、TOEの難しさは、少なくとも現時点で私たちが思いつくことのできる技術などでは、実際に検証するのは不可能だというレベルだ。

ほんとうにそうなのか、そして、検証不可能な理論を科学とよべるのかをめぐって、時折激しい議論が起こる。私は、状況はそれほど厳しいとは考えていない。宇宙論が解決策を提供できるのではないだろうか（お断りしておくが、私は自分が宇宙論研究者だからこういっているのではない）。

少しの独創性があれば、弦理論の予測や、それに関連する考え方を、宇宙の観測で得られた結果に対して検証することができる可能性が、わずかとはいえ見えてくるようなケースもないわけではないのである。続くいくつかの章で宇宙の終末の例を2～3無事に見終えたあと、宇宙論が、宇宙の究極の根本的構造をきれいに束ねてリボンで蝶結びにし、それについて、どんな素粒子実験よりも多くのことを示してくれる可能性を見ることにしよう。

だが、ここでは、私たちの物語に戻ろう。私たちは、宇宙が始まった瞬間からプランク時代後まで続いた量子と重力の拮抗という混乱から、ついいましがた逃れたばかりで、その混乱に比べればほんの少しだけ確かなことが知られている、大統一時代の、基本的な力の統一を楽しんでいるところだ。

宇宙のインフレーション

次に何が起こったかについては議論がまだ続いているが、宇宙論におけるほぼ一致した見解といえるものでは、このあたりのどこかの時点で、宇宙は突然、途方もない急膨張――「宇宙のインフレーション」とよばれるプロセス――を経験したとされている。その理由についてはいまなお解明の途中だが、このとき、宇宙の膨張は突然、速度が極端に上昇し、のちに観測可能な宇宙となる領域の全体が、100兆の1兆倍（つまり10^{26}倍）以上の大きさになる。もちろん、それで観測可能な宇宙はやっとビーチボールぐらいの大きさに達しただけなのだが、それでも、そもそも既知のあらゆる粒子よりも小さいという想像を絶する小ささから始まったのだし、しかもその急膨張は10^{-34}秒ほどのあいだに起こったのだから、感銘を受けるのも当然だ。

インフレーション理論は、標準ビッグバン理論が抱える二つのきわめて厄介な問題を解決するために登場した。問題の一つは、宇宙マイクロ波背景放射が奇妙なまでに等方的であること、そしてもう一つは、その等方性にもかかわらず、わずかなゆらぎが存在することである。

等方性問題とは、標準ビッグバン理論が、天空の正反対の端の部分まで含めて、観測可能な宇宙の全体が初期のうちに同じ温度になってしまったのはなぜかについて、いっさい説明を提供しないという問題だ。ビッグバンの残光（CMB）を見ると、いたるところできわめて高い精度で同じだとわかるのだが、考えてみると、それはじつに奇妙である。

二つのものが同じ温度になるのはふつう、それらが「熱平衡」という状態にあるときだ。これは、じつは単に、両者が熱を交換する手段と、それをおこなう時間があるというだけのことだ。

コーヒーの入ったカップを長時間室内に放置しておくと、コーヒーと室内の空気が相互作用をおこない、やがてコーヒーは室温になり、部屋の温度はほんのわずかに上昇する。初期宇宙の標準的な理論がもつ問題とは、宇宙の中にある遠く離れた二つの部分が相互作用をして温度が等しくなるような状況がそこにまったく含まれていないことである。

天空の反対側にある二つの点を選び、両者が現在どれだけ離れているかと、138億年前の最初の瞬間にはどれだけ離れていたかを計算すると、宇宙の歴史のなかで、光線が両者のあいだを往復して熱平衡のプロセスを進めるのに十分に近かったことはないことが明らかになる。138億年経ったとしても、最初の瞬間にこれらの点の一方から出発した光には、もう一方の点に到達するのに必要な時間は決してなかったのだ。両者は現在も、そしてこれまでもつねに、相手の地平面の外側に存在していたのである。したがって、いかなる方法をもってしてもコミュニケーションは不可能だ。

この、あえてかんたんにした説明には微妙な問題があって、じつのところ私は、ずっとそれが心に引っかかっている。この説明で私は、一方では、これらの領域は宇宙の歴史のなかで決してコミュニケーションをしたことはなかったといいながら、もう一方では、宇宙は特異点から始まり、その点では、ものどうしの距離はすべてゼロだったと述べている。このような説明が問題を解決しない理由は、こうである。

現在の天空の反対側にある二つの点を考えよう。議論の便宜上、この2点は時間ゼロにおいては距離もゼロだったとする。問題は、ゼロのあとのどの時点においても、これらの部分は接触していなかったということだ——両者のあいだに情報の交換はいっさいなかった（温度に関する情報を運ぶ光線のようなものはなかった）。あなたは、では時間ゼロの時点ではどうなのかと、お訊ねになるかもしれない。最初の瞬間をゼロ時間と名付けることはできるが、これはほんとうにゼロ時間である。時間はこの特異点で始まった。そのようなわけで、特異点には情報交換のための時間は存在しなかったし（なぜならそれまで時間はなかったから）、それ以降のあらゆる瞬間には「コミュニケーションするためにはあまりに遠く離れすぎている」という問題があるわけである。

したがって、熱平衡が生じたのは、宇宙で最大の偶然のせいか、あるいは、ごく初期に起こった何かのせいである、ということになり、問題は解決されない。

「ゆらぎ」はなぜ生じたか

ゆらぎという、等方性の不完全さの問題のほうは、もうちょっと明確に述べやすい。それは要するに、「宇宙マイクロ波背景放射に見られるこれらの微小な密度ゆらぎは、どこからやって来たのか、そして、このようなパターンになっているのはなぜなのか?」という問題である。

宇宙のインフレーションは、他のいくつかの問題と同時に、CMBの等方性と、そのわずかな不完全さという問題を二つとも解決する。基本的な考え方はこうだ。

初期宇宙において、特異点のあと、原初の火の玉状態が終わるまでのあいだのどこかで、宇宙は驚くほど高速で膨張していた、というのである。この説では、非常に早い時期に、きわめて小さな領域が平衡に達しうる。その後、その同じ急膨張で、先ほどうまく平衡に落ち着いた小さな領域が引き伸ばされて、観測可能な宇宙全体を覆うというわけだ。

複雑な抽象画をものすごく大きく拡大すると、目に入るのはただ一つの色だけになってしまうだろう。それと同じように、宇宙のインフレーションで起こった膨張は、十分小さくてすでに温度が均一になっていた、宇宙内の小さな領域を拡大し、その領域だけから観測可能な宇宙の全体をつくり上げたのだ。

宇宙のインフレーションは、量子力学をちょっと使えば、密度ゆらぎのほうも都合よく説明してくれる。原子以下の微小な粒子の世界と日常生活との根本的な違いは、微小な粒子の尺度では、量子力学があらゆる相互作用に対し、本質的で避けることのできない不確定性を持ち込むということである。

ハイゼンベルクの不確定性原理のことをお聞きになったことがあるだろう。あらゆる測定は精度に限界がある。なぜなら、量子力学に備わっている不確定性がつねに、結果をなんらかのかた

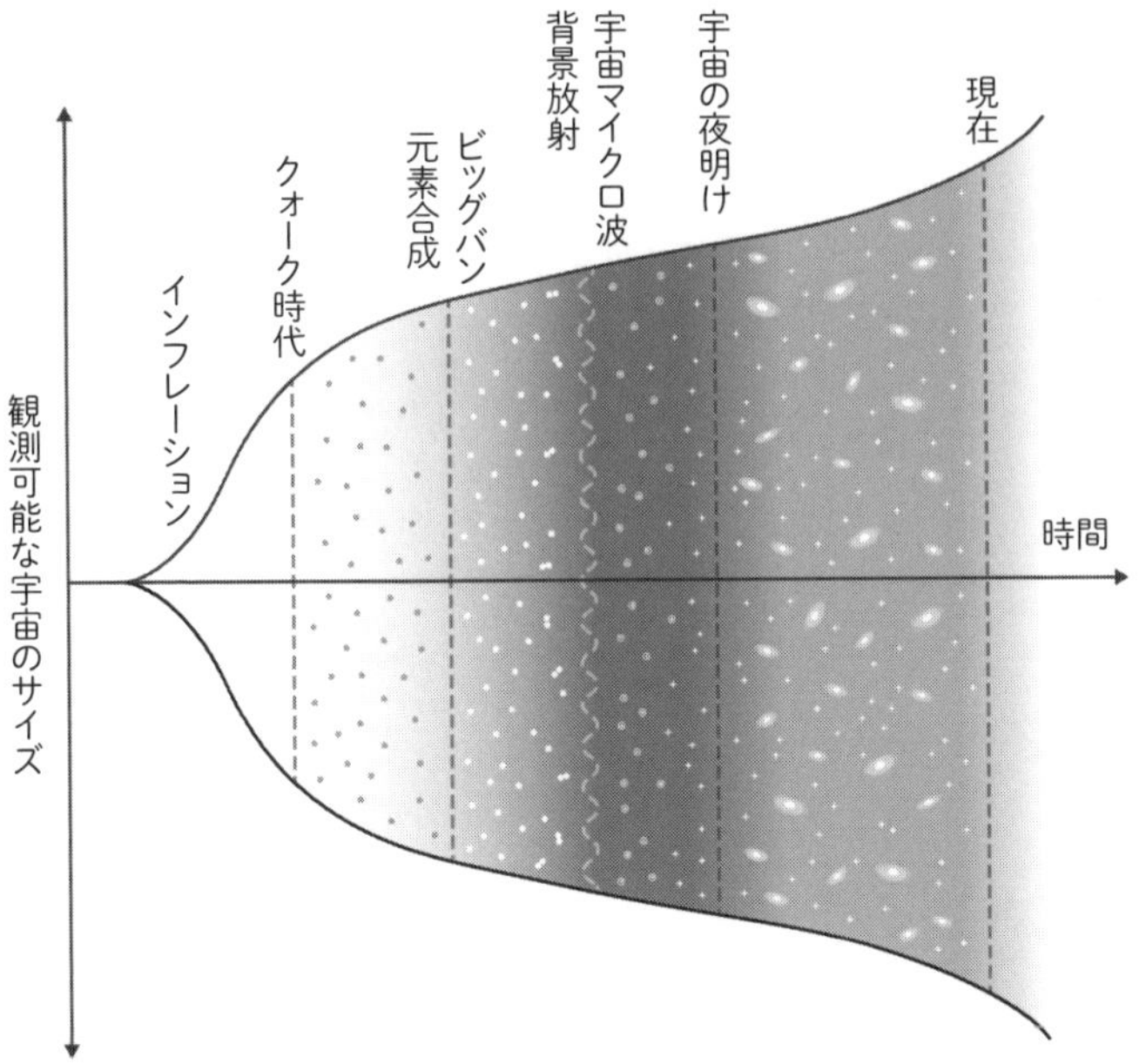

図6：宇宙のタイムライン　観測可能な宇宙の大きさは、宇宙誕生直後に起こったインフレーションのあいだに急激に膨張した。宇宙はその後も膨張を続けている（速度は遅くなったが）。この図には、宇宙の歴史で最も重要な出来事が記されている

ちでぼやけさせてしまうからだ。ある粒子の位置を非常に正確に測定したなら、その速度を特定することはできないし、その逆の関係もまた成り立つ。1個の粒子をただ放置するだけにしても、その粒子のすべての性質は、ある程度のランダムなシフトを起こし、あなたがそれを観測するたびに、得られる答えはほんの少しずつではあるが異なっているだろう。

このことが、いかにして宇宙マイクロ波背景放射に結びつくのだろう？　それに関し

て、このような仮説がある。宇宙のインフレーションは一種のエネルギー場によって引き起こされたが、そのエネルギー場は、量子ゆらぎ――ランダムな変動――を起こしていた。これらのゆらぎは、通常ならば微視的尺度における一時的な上下変動にすぎないが、宇宙開闢《かいびゃく》時には、それらが生じた微小な尺度における密度を変え、それが十分広い領域まで引き伸ばされて、原初のガスの密度分布の中で相当な丘や谷となった。今日宇宙マイクロ波背景放射のマップの中に見られる小さな斑点は、宇宙誕生後の最初の10^{-34}秒のあいだに生じて固定化された密度ゆらぎが、その後の数十万年をかけて自然に進化したものだと考えれば、完全に辻褄が合う。そして、これらの小さな斑点は、最終的には、今日私たちが見ている銀河や銀河団へと成長したのである。

宇宙における最大の構造に見られる分布が、量子場の微小なゆらぎのパターンによって正確に決まったという事実に思いをはせるたびに、私は一種の畏敬の念に打たれる。宇宙マイクロ波背景放射を見るとき以上に、宇宙論と素粒子物理学の結びつきがはっきりすること、あるいは、視覚的に深い印象を与えることなどない。

しかし、ちょっと先走りしすぎてしまった。ＣＭＢが生じるのは、宇宙誕生直後の時間尺度でいえば、まだまだ相当先のことだ。私たちはまだ10^{-34}秒後までたどったにすぎないし、語るべき物語がなおもたくさん残っている。

インフレーションが終わったとき、赤ちゃん宇宙は著しく引き伸ばされた状態で、生まれた直後に比べれば、はるかに冷たく低密度になっていた。その後「再加熱」とよばれるプロセスが起こり、ふたたびいたるところで高温となったが、この時点で、その後の常となる一定したペースでの膨張と冷却が始まる。

クォーク時代

インフレーション前の宇宙が大統一理論に支配されていたらしいのに対して、インフレーション後の宇宙は私たちが今日見ている物理法則にしだいに近づいていった。しかし、それにはまだ道のりがあった。この時点においては、GUTのすべて一体の素粒子物理学から強い核力がすでに離反していたが、電磁力と弱い核力はまだ分かれていなかった。両者はなおも一つの「電弱力」だったのである（訳注：インフレーション後のこの時代は、「電弱時代」とよばれることが多い）。その後、電磁力と弱い核力が分離して、「クォーク時代」が始まるとされる）。ところが、原初のスープから粒子が――具体的にはクォークとグルーオンが――出現しはじめていた。

クォークは今日、陽子と中性子（この二つは、どちらも「ハドロン」とよばれている）の構成要素としてお目にかかるのがふつうだ。グルーオンは強い核力を介してクォークどうしを結びつける「糊（グルー）」なので、絶妙な命名だ。

グルーオンがクォークを結びつける能力は非常に優れているため、クォークはこれまで、2

個、3個、あるいはときどき4個または5個が結びついたかたちで発見されているが、1個のクォークを孤立した状態で発見することは、これまでのところ、不可能だと証明されている。もしも結合した2個のクォークが(「中間子」という風変わりな粒子として)あったとすると、これらのクォークを引き離すには非常に多くのエネルギーを注ぎ込まねばならないため、そのために注ぎ込まれたエネルギーの総量で、2個のクォークが自然に新しく生み出される。やったね!中間子が2個になるのである。

しかし、極初期宇宙では、通常のルールは、他の何に対してもあてはまらなかったのと同様、単独で存在するクォークたちにもあてはまらなかった。自然界の力のすべてが、異なる法則のもとで作用していたのみならず、宇宙に存在している粒子の組成も異なり、また、温度はきわめて高温だったため、クォークどうしが結合した状態は安定なかたちでは存在しえなかった。クォークとグルーオンは、「クォーク・グルーオンプラズマ」とよばれる、高温の沸き返る混合状態の中で自由に飛び回っていた。火の内部の状態に少し似ているが、火と違って、原子核の構成要素たちが沸き返っていたのである。

この「クォーク・グルーオンプラズマ」の状態は、宇宙が誕生して10^{-6}秒が経過した成熟期まで続いた。一方、この時代のどこかの時点で(おそらく10^{-12}秒あたりで)電弱力が電磁力と弱い核力とに分離して、「クォーク時代」が始まった。やはりそのころに、物質と反物質(物質と結合して消滅したがる性質をもった、物質の邪悪な双子の兄弟）のあいだに明確な区別が生じるような何かが起こって、宇宙の反物質のほとんどが消滅するにいたった（現在、反物質は、特定の種類の素粒子反応のなかで見出されるが、ほとんどの場合それに気づくのは、反物質粒子が対応する通常の物質粒子に出会うと、両者が互いに相手を破壊しあって対《つい》消滅し、その際にエネルギーが放出されるからである）。

それがいかにして、そしてなぜ起こったのかは、いまなお謎のままだが、私たちも物質なので、それが起こったのはありがたい。なにしろ、しょっちゅう反物質の粒子に出くわして瞬時にガンマ線となり、消滅してしまわなくてすむのだから。

GUT時代とは対照的に、クォーク時代ならびにクォーク・グルーオンプラズマについては、実際かなりのことがわかっている。理論はなかなかよく構築されていて、GUTほどには標準的な素粒子物理学から外れていないし、電弱理論から出発して外挿した際に私たちが立てるさまざまな予測が実験によって確認されている。

しかし、ほんとうに素晴らしいのは、実験室内でクォーク・グルーオンプラズマを実際に再現できることである。相対論的重イオン衝突型加速器（RHIC）や大型ハドロン衝突型加速器（LHC）などの高エネルギー衝突型粒子加速器は、金や鉛の原子核を超高速度で衝突させて、小さな火の玉をほんの一瞬だが出現させることができる。この火の玉はきわめて高温で高密度なので、すべての粒子を一緒くたに押しつぶし、加速器内部を一瞬のあいだクォーク・グルーオンプラズマで満たす。その後、残骸が「冷却」して通常のハドロンになるようすを見守ることによって、この極端な条件のもとで物理法則がいかにはたらくかや、このような奇妙な物質の性質について、科学者たちはじっくり研究することができる。

CMBを見ることでビッグバンを垣間見ることができるとすれば、高エネルギー衝突型粒子加速器は原初のスープの味見をさせてくれているといえるだろう。

なお、これらの加速器はさらに、もう一方の時間の端についても手がかりを提供してくれている。最近のブレークスルーで、宇宙の終わりはまったく予期せぬかたちで起こり、しかも、いつ何時《なんどき》起こってもおかしくないという証拠が示されているのだ。だが、その話もすべて、このあと本書で見ていくので、先走りするのはやめておこう。おそらく第6章で詳しくお話しするだろう。

元素の誕生

クォーク・グルーオンプラズマ相のあと、宇宙は十分冷却しはじめ、馴染み深い粒子たちが形成された。宇宙時間10^{-6}秒あたりで、最初の陽子と中性子が形成され、やがてそこに電子も寄り添って、通常の物質の構成要素が出そろった。宇宙時間2分になるころには、宇宙は快適な摂氏

10億度にまで冷えた。太陽の中心よりは熱いが、できたばかりの陽子と中性子が強い力で結合されうるほどには低温だ。

両者が結合して、最初の複合原子核が形成された。水素の一形態で、「重水素」とよばれるものの原子核である（陽子1個と中性子1個が結合して、重水素の原子核となる。じつのところ、陽子1個だけでも原子核と見なすことができる。なぜなら、それは通常の水素原子の中心に存在する原子核だからだ）。すぐに、あちこちで原子核が形成されるようになった。一部の陽子と中性子は、結合してヘリウム原子核、三重水素、そして微量のリチウムとベリリウムを形成した。「ビッグバン元素合成」とよばれるこのプロセスは、約30分にわたって続き、そのあいだに宇宙は冷却しながら膨張し、粒子たちは結びついて一体化せずに、遠く離れ合うことができるようになった。

ビッグバン理論の最大の証拠の一つが、宇宙の観測結果と、ビッグバンから期待される元素の存在量――ビッグバンの原初の火の玉の温度と密度の推測値に基づいて計算された値――とが、非常によく一致していることである。完全に一致しているわけではない――リチウムの存在量をめぐって混乱が長引いているのは確かだ。リチウム量の問題は、初期宇宙では他にも何か奇妙なことが起こっていたと教えてくれているのかもしれないし、そうではないかもしれない。だが、水素、重水素、ヘリウムに関しては、宇宙にどれだけ存在しているかという観測値を、宇宙全体を原初の核融合炉の中に押し込んだなら何が起こるはずかを計算した値と比較すると、完璧に美しく合致しているのである。

余談だが、宇宙に存在する水素のほぼすべてが最初の2〜3分のあいだに生み出されたという事実は、あなたや私をつくっているものの大部分が、宇宙が存在してきたのとほぼ同じ長さの期間、なんらかの形態で宇宙の中に存在してきたということを意味する。

「私たちは星屑でできている」（あるいは、カール・セーガンの言葉なら星屑の代わりに「星の材料」）という言葉をお聞きになったことがあるのではないだろうか。この言葉は、質量で量るなら完全に正しい。あなたの体内にある重い元素——酸素、炭素、窒素、カルシウムなど——は、のちに恒星の中心においてか、恒星の爆発の際に生じた。

しかし水素は、最も軽い元素である一方で、個数で比べるなら、あなたの体内に最も多く存在する元素でもある。だから、確かにあなたは、自分の中に大昔の世代の恒星たちの星屑を含んでいる。しかし、あなたはまた、非常に大きな割合で、実際のビッグバンの副産物でできているのである。そして、カール・セーガンが述べた、より包括的な言葉はいまなお正しく、しかも、より深い意味で正しい。彼が残したその言葉によれば、「私たちは、宇宙が自らを知るための手段なのだ」。

ビッグバンの最後の瞬間

ビッグバン元素合成が終わると、インフェルノバース内のものは落ち着きはじめた。この時点で、粒子の組成はほぼ安定し、数千万年後に最初の恒星が登場するまでその状態を維持する。しかし、数十万年にわたって宇宙は依然として高温で、水素とヘリウムの原子核と自由電子からなる、沸き上がるプラズマで、光子(光の粒子)がそのあいだを飛び回っていた。

宇宙は徐々に膨張し、その放射(光子)と物質(原子核と電子)が広がっていく空間を提供した。私は時折、初期宇宙のこの段階を、太陽の中心から外に向かって進んでいく旅になぞらえて想像することがある。ただしそれは、空間の中を進む旅ではなく、時間をたどっていく旅である。出発点である太陽の中心では、温度と密度が非常に高いので、原子核どうしが融合して、新しい元素をつくっている。太陽の内部は光に満ちているため不透明で、光子はたえず電子や陽子に衝突しては激しく跳ね返り、表面に達するには数十万年かかりうる。そのあいだじゅう、光子は散乱を繰り返す。外向きに進んでいくと、やがてプラズマの密度は下がり、光は散乱と散乱のあいだにますます長距離を進めるようになる。表面に達すると、光は外の宇宙へと自由に流れ出ることができる。

これと同じように、宇宙の最初の2~3分から約38万年後までの時間をたどる旅では、宇宙は高温・高密度のプラズマから、陽子と電子がガス状になって冷却していき、ついにはその陽子と電子が結合して電気的に中性の原子となり、光子はもはや荷電粒子に衝突しては弾き返されるのを繰り返す必要もなく、自由に中性原子のあいだを飛び回れるようになる。

この初期宇宙の火の玉宇宙が経験する最終段階は、「最終散乱面」とよばれている。なぜなら、それは一種、時間の中での表面であり、そこにおいて光子が、プラズマに拘束された状態から、宇宙の端から端まで長距離を移動できる状態に切り替わるからである。

この最終散乱面こそ、宇宙マイクロ波背景放射を見つめるときに私たちが見るものだ。それは、ホットビッグバンの最後を画する瞬間であり、また、空間が暗く静かで、光がその中を通過できる宇宙へ移行するときだ。

それはまた、「宇宙の暗黒時代」——ガスが徐々に冷却し、いくつもの塊へと凝集して、初期のゆらぎのせいでできた高密度な点に引き寄せられていく時代——の幕開けでもある。宇宙時間数億年ごろに、これらの塊の一つがきわめて高密度になり、核融合が誘発されて恒星が誕生し、「宇宙の夜明け」が正式に始まるのである。

宇宙の夜明け

ガスに満ちた暗い宇宙から、銀河や恒星の光できらきらと輝く宇宙への移行をもたらしたおもな要因は、今日では「ダークマター」とよばれている、きわめて奇妙な物質だ。あまりに奇妙なので、最も強力な衝突型粒子加速器の中でも再現することにはまだ成功していない。放射、水素ガス、そしてあちこちに点在する他の原初の元素からなる混合物の中に、この奇妙な「ダークマター」という物質が存在しているのだ。

「ダーク」という名前ではあるものの、実際に暗いわけではない。むしろ、「見えない」のである。ダークマターはどうやら、光とはいかなるかたちにおいても相互作用しようとしないようなのだ。放射することも、吸収することも、反射することもない。私たちにわかるかぎりでは、ダークマターの塊に向かって進む光は、その塊をただ通過してしまうだけだ。

だが、ダークマターがほんとうにすごいのは、それがほとんど重力相互作用しかしないことだ。ふつうの物質が自らの重力に引かれて塊として凝集しようとするとき、その物質は圧力をもつので、引かれることに抵抗して押し返す。しかしダークマターは、この力を感じることなく凝集することができる。光と相互作用しないことの副次的効果は、何物ともほとんど相互作用しなくなることだ。なぜなら、たいていの場合、物質の粒子どうしの衝突は静電反発力に由来し、それが起こるには、光との相互作用が必要になるからである（光子は光の粒子だが、同時に、電磁力を媒介する粒子でもあるため、何かが見えないのなら、その何かは電磁的な引力も斥力《せきりょく》も経験しない）。電磁力も圧力も、ダークマターにははたらかない。

インフレーションが終わったときのゆらぎによってあちこちに生じた、高密度の物質の小さな塊は、放射、ダークマター、そして通常の物質の混合物を含んでいた。通常の物質には圧力があり、それが放射と混合状態にあったので、最初に重力によって凝集できたのは、圧力によって即座に反発して広がってしまうことがないダークマターだけだった。

やがて、宇宙がさらに膨張して、冷却していく物質から放射が分離して遠ざかると、ガスがこの重力の井戸の中に流入できるようになり、凝集して恒星や銀河を形成しはじめた。今日なお、最大の尺度における物質の構造——銀河や銀河団が織りなす宇宙のウェブ——は、ダークマターの塊や筋の骨格によって支えられている。宇宙の夜明けにおいて、これらの見えない塊や筋が最初に輝きはじめた——恒星や銀河が光を放ちはじめて輝き、ウェブに沿って煌《きら》めいた。さながら、暗闇のなかの妖精の明かりのように。

「銀河の時代」の始まり

次に宇宙が大きな変貌を遂げたのは、非常に多くの恒星が発する光が宇宙を満たすようになったおかげで、宇宙の火の玉状態終了時には中性になっていた、宇宙空間を漂うガスが、電離しはじめたときのことだ。当時、恒星が発する光は非常に強く、水素原子をふたたび自由電子と陽子に分解してしまった。その結果、光源である銀河の集合を包囲するように、電離した水素の巨大な泡がいくつも形成された。

宇宙のいたるところで、これらの泡が成長しているというのが、「宇宙の再電離」時代の特徴である（「再」というのは、ガスは最初にビッグバンのあいだに電離し、このときふたたび恒星によって電離されているからだ）。この変貌は、10億年ごろに完了したが、今日では、観測天文学の最先端領域の一つとなっており、それがいつ、いかにして起こったかが、ようやく理解されはじめたばかりである。そのころ以来130億年近くが経ったが、そのあいだ、ものごとはほぼ変わらぬ推移をたどり、銀河たちが形成されては結びつき、超巨大ブラックホールがあちこちの銀河の中心で質量を増し、そして新しい恒星たちが生まれ、その生涯をまっとうしている。

そのような経緯があって、現在の宇宙がある。今日私たちが見ている宇宙は、銀河が連なってできた、暗闇に輝く広大な美しいウェブだ。私たち自身の青と白の惑星は、中くらいの大きさをした黄色い恒星の周りを公転しており、その恒星は、あらゆる意味で、きわめて平均に近い。はっきりした証拠はこれから見つけなければならないが、この平凡な銀河には生命体があふれているのかもしれない。遠い昔に爆発した超新星の破片が、数千億個の恒星の周囲をめぐる一つひとつの惑星の上に、生命現象の基本的な原材料を生み出している。現在の推測によれば、10個に1個の恒星系で、表面に液体状の水を維持するのに適した大きさをもつと同時に、恒星からの距離も適正な惑星——すなわち地球のような惑星が存在しているという。

観測可能な宇宙の全域に見えているその他の2兆個の銀河には、数え切れないほどの別種の生命体が存在し、彼ら自身の文明や芸術、文化、そして科学的取り組みをもっており、その誰もが彼ら自身の視点から宇宙の物語を語り、彼ら自身の原初の過去を徐々に発見しているのかもしれない。それらの惑星一つひとつの上で、私たちと似ていたり似ていなかったりする生命体が宇宙マイクロ波背景放射をかすかなノイズとして検出しているかもしれない。そしてそこから、ビッグバンの存在と、私たちが共有する宇宙は永遠の過去からつねに存在していたのではなく、最初の瞬間、最初の粒子、最初の恒星を経験したのだという驚くべき知識を導き出しているかもしれない。

これらの他の生命体たちも、私たちと同じことに気づきつつあるのかもしれない。

――宇宙は定常的ではなく、明確な始まりがあり、また、必然的に、終わりもあるのだと。

第3章 ビッグクランチ

終末シナリオ　その1

急激な収縮を起こし、
つぶれて終わる

では、世界の終わりの話からはじめようか。それを片付けてから、もっとおもしろい話に移ろう。

（N・K・ジェミシン『第五の季節』小野田和子訳、東京創元社）

月の出ていない暗い秋の夜、北半球で夜空を見上げると、大きなW形をしたカシオペヤ座が見つかる。そのWの下側にあたる空を2〜3秒見つめていると、十分に暗ければ、満月と同じくらいの幅の、薄ぼんやりした雲塊が見えるはずだ。そのぼんやりした雲塊が、アンドロメダ銀河である。それは約1兆個の恒星と一つの超大質量ブラックホールをもった、巨大な渦巻き形の円盤で、秒速110キロメートルで私たちに向かって突進している。

40億年ほどすると、アンドロメダ銀河と、私たちの天の川銀河は衝突し、華々しい光のショーが起こるだろう。恒星たちは、もともと進んでいた方向から四方八方へと逸《そ》れ、宇宙の中を優美な弧を描きながら次々と飛んでいくだろう。それぞれの銀河の中で漂っていた水素が突然ぶつかり合い、新たな恒星が爆発的に生まれることもあるだろう。

双方の銀河の中心にあるブラックホールは休眠から覚め、周囲のガスを発光させはじめる。やがてこの二つのブラックホールは、混乱の只中《ただなか》で衝突し、互いにらせんを描きながら融合することだろう。ものすごい強度の放射と高エネルギー粒子のジェットが、ガスと恒星がカオス的にもつれあった塊を貫通するうちに、天の川銀河とアンドロメダ銀河が合体して、新たに「ミルコメダ（Milkomeda）銀河」が誕生する。天の川（Milky Way）とアンドロメダ（Andromeda）の名をとっての命名だ（訳注：現時点ではまだニックネームにすぎない）。この銀河の中心部には、一段と質量を増した新しいブラックホールの内部へと、もはや命運尽きた物質が渦を巻いて落下しながら放射する、強力なX線があふれるだろう。

この、銀河どうしの途方もなく大規模な衝突のあいだも、そもそも恒星どうしの間隔は非常に大きいので、双方の恒星どうしが正面衝突することはほとんどないと考えられている。太陽系は、全体としてはどうにか存続するだろう。だが、地球はそうはいかない。そのころまでには太陽が赤色巨星のサイズに膨張しており、地球は著しく加熱されて海は干上がり、生命体につながりうるものは地表から抹殺されているだろう。

しかし、もしも人類が科学と知恵を尽くして太陽系内のどこかに大規模な宇宙基地のようなものをつくって生き延び、この現象を観察していたなら、二つの巨大な渦巻銀河の合体は、10億年にわたって続く荘厳で美しいプロセスであるはずだ。粒子のジェットと超新星爆発が落ち着いたころ、残った質量は、死にゆく古い恒星が集まった巨大な楕円銀河となっているだろう。

異様に美しい天体ショー

その只中にいる者にとっては大惨事だが、銀河どうしの合体は、宇宙全体では日常茶飯事で、はるか遠く離れたところから見物できるなら、異様に美しい天体ショーだ。巨大な銀河が小さな銀河を引き裂き、共食いする。隣接する恒星系どうしが一体化する。私たちの天の川銀河には、数十個もの近隣の小型銀河を吸収してきた証拠が見つかっている——星間衝突事故で生じた破片さながらに、いくつもの恒星の軌跡が、天の川銀河の円盤を取り囲むように巨大な弧を描いているようすが、いまなお観測できるのだ。

しかし、このような衝突は、宇宙全体としてはしだいに稀《まれ》になっている。宇宙は膨張しており、宇宙の空間そのものがますます拡大しつつある——空間内にあるものではなく、ものとものとのあいだの空間が広がっているのである。これはつまり、孤立した個々の銀河と銀河団（訳注：銀河群は、厳密な定義はないが、3個から数十個程度以下の銀河が直径数百万光年ほどの範囲に集まっているもの。銀河団は、1958年のパロマー・スカイサーベイの定義を踏襲し、一般に、50個より多数の銀河が直径1000万光年程度の範囲に集まっているものとされる）は、平均して、互いにいっそう遠く離れつつあるということである。

それぞれのグループや集団の内部では、なおも融合が起こる可能性はある。私たちの近隣の恒星系の集団は、じつに味気ない言い方で「局部銀河群」とよばれる、小型銀河や不規則銀河の集まりだ。そのなかで天の川とアンドロメダという二つの渦巻銀河が目立っているわけだが、宇宙が膨張するにつれてやがてこれも含めたこの宇宙の銀河群のすべてが、ある程度の大きさの銀河団に分かれて、それぞれに安定するといわれている。しかし、さらに遠方に目をやると、数千万光年を越えたあたりからは、すべてが広がって離れ離れになっているように見える。

遠い未来まで考えたとき、大きな疑問が湧いてくる。

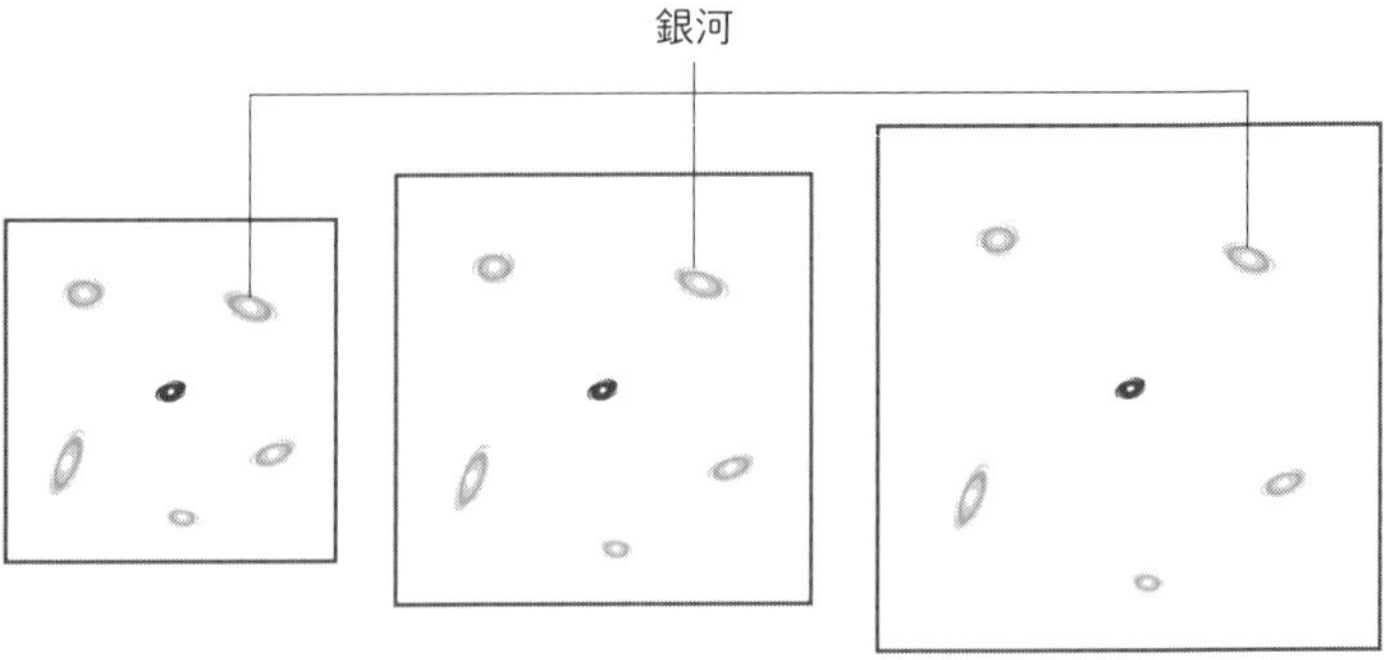

図7：膨張する宇宙の模式図　宇宙が膨張していくようすを、三つの異なる瞬間における宇宙の姿として表現したもの。右にいくほど外枠の正方形を大きくすることで、宇宙全体の膨張を表している。時間が経過するにつれて、銀河どうしの距離もどんどん開いていくが、宇宙が膨張しても、銀河自体は膨張しない

「この膨張はいつまでも続くのだろうか？　それとも、ついには終わり、やがて逆転して、ありとあらゆるものが一点に収束してつぶれてしまうのだろうか？　それに膨張がいま起こっていること自体、どうしてわかるのだろう？」

あらゆる方向に同じように膨張している宇宙の中にいるとき、それは膨張というよりもむしろ、ただすべてのものが自分から遠ざかっている——あなたが宇宙のどこにいようと——という奇妙な現象として感じられる。あなたの視点からは、まるで自分がなんらかの斥力を発しているかのように、遠方の銀河はすべて遠ざかっているように見える。

だが、あなたが突然、10億光年離れた別の銀河に移動したとしても、まったく同じ現象が見えるだろう。天の川銀河と、ある距離よりも遠方にある他のすべてのものは、あなたがいるその点から遠ざかっ

ているように見えるはずだ。この、直観に反するような現象は、空間があらゆるところで、同じ速さで、同じように膨張しているために起こるのだ。

「宇宙の膨張」はどのように見出されたか

その結果として、宇宙のあらゆる点が、猛烈に強い一様な反発力として現れるものの中心点となる。理屈の上では、宇宙に中心は存在しない。しかし、私たちのそれぞれが、自分自身の観測可能な宇宙の中心なのだ（自分自身が宇宙の中心にいるというのは、最初は嬉しいと思えるかもしれないが、その証拠として観測されるのは、すべてのものが全速力で自分から遠ざかろうとしていることだと気づくと、そうは思えなくなるだろう）。そして、私たちの視点からは、近隣の銀河群よりさらに遠方の銀河はすべて、全速力で遠ざかっている。

宇宙の膨張を発見することは、おそらくみなさんが思っているよりも、はるかに難しかった。私たちの天の川銀河以外の銀河は、１７００年代から望遠鏡で観察可能だったが、それらの銀河は非常に遠くにあり、動きはとてもゆっくり（人間の時間尺度で判断すると）しているため、私たちから見て、相対的にどのように動いているのか、さらに、それらがほんとうに銀河なのかどうかを特定するのに、２世紀以上かかってしまった。

いまなお、最高の望遠鏡をもってしても遠方の銀河の動きを直接見ることはできない——観察

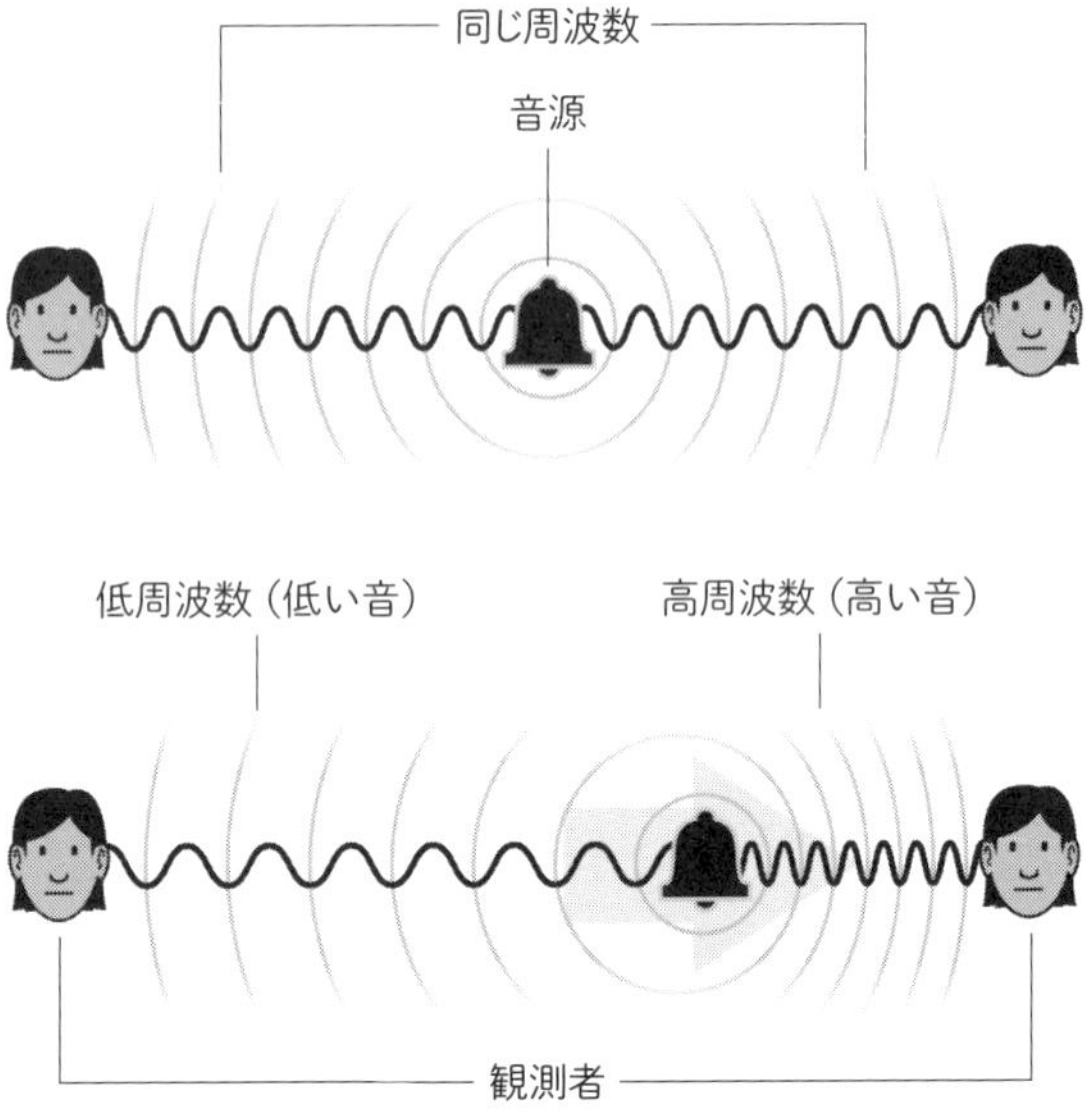

図8：ドップラー効果　音源が静止しているとき、2人の静止した観測者に聞こえる周波数は同じである。音源が動いているとき、音源が遠ざかる側にいる観測者に届く音は引き伸ばされて低周波数になっており、音源が近づいている側の観測者に届く音は圧縮されて高周波数になっている。前者には低い音、後者には高い音が聞こえる

するたびに、それらの銀河がしだいに遠ざかっているようには見えない。だが、この話にはまるで関係なさそうな、銀河がもつある性質を注意深く利用すれば、銀河の動きを導き出して突き止めることができる。その性質とは、銀河が発する光の色だ。

レーシングカーが通過するとき、「ブルルーーン！」と、音が徐々に上がってきて、その後、急に下がるのを聞いたことがおありだろうか。あるいは、サイレンが接近してから遠ざかるときに音がどう変化するかを

覚えておられるなら、あなたは「ドップラー効果」を体験的によくご存じ、ということになる。

ふだん経験するようなドップラー効果は、音の現象だ。音を発する物体が接近する際にはその音が徐々に高くなるように聞こえ、遠ざかる際には音が徐々に低くなる。接近時には空気の圧力波が圧縮され、遠ざかるときには引き伸ばされ、聞こえる音の周波数が変化することが原因だ。周波数とはつまるところ、波の振動があなたにどれだけの速さで次々と届くかを表すものである。音の場合は圧力波で、周波数が高いほど音が高くなる。

光でも、これと同じことが起こる。あなたに近づいている光は高周波数側にシフトし、遠ざかっている光は低周波数側にシフトする。光における周波数は色に対応するので、このシフトは色の変化として感じられる。

電磁スペクトルは可視光を超えたはるかに広い範囲の周波数を含んでいるが、簡易表現として、光のドップラー効果が生じるとき、高周波数側にシフトする場合を「青方偏移《せいほうへんい》」（高周波数の可視光はスペクトルの青色側に位置するから）、そして低周波数側にシフトする場合を「赤方偏移《せきほう》」とよぶ。可視光が極端に青方偏移すると、はるかガンマ線領域まで達することもあり、極端に赤方偏移すると、電波として現れることもある。恒星や銀河の色だけを手がかりに、それが私たちに近づいているのか遠ざかっているのかを判断できるこの方法は、天文学で最も重要で用途が多いツールの一つとなっている。

もちろん実際には、そこまで単純な話ではない（宇宙物理学では、この種のイライラは珍しくない）。恒星や銀河のなかには、もともと他の天体よりも赤味がかった色合いをしているものもある。それなら、赤く見えるのはそれが赤いからなのか、それとも遠ざかっているからなのかを判断する際には、どうすればいいのだろう？（同様に、小さく見えるのは、ほんとうに「小さい」からか、「遠い」からなのかが問題になることもある）

そのカギは、光というものは、単一の色であることは決してなく、広範囲の周波数にわたって広がっている――スペクトルをなしている――という事実にある。ある恒星からの光のスペクトルは、その恒星の大気中に存在するさまざまな化学元素が光を多少吸収したり放出したりすることから生じる特徴的なパターンをもっている。その光をプリズムを通して展開すると、現れたスペクトルは、色ごとに強度が異なり、また、その恒星の大気中の原子が光を吸収した周波数にあたるところには、黒い線（つまり隙間）が現れる。これらの周波数の光は、あなたに届く前にガスによって除去されてしまったのだ。

その結果、スペクトルには、各元素に固有のバーコードのような模様が現れ、そのパターンを見ることで、天文学者ならすぐにどの元素かを見分けることができる。たとえば、水素の雲を通過した光を、すべての周波数に展開してやると、水素に特有の暗線のパターンが櫛の歯のように現れるだろう。実験室での実験から、暗線がどこにあるはずかはわかっており、したがってどのようなパターンになるかも前もってはっきりしている。そして、他の元素についても、これと同じプロセスを繰り返せばいい。

ある恒星からの光のスペクトルに、見覚えのあるパターンが確認できるのに、そのパターンの位置が現れるべき周波数から「ずれた」周波数にあるのなら、それはその恒星からの光が、恒星の運動のせいでシフトしたことを示唆している。どの暗線も、同じように低周波数側にシフトしているなら、それは赤方偏移で、恒星は遠ざかっている。逆に、どの暗線も高周波数側にシフトしているなら、それは青方偏移で、恒星は近づきつつある。そして、暗線がどれだけシフトしたかで、その恒星の運動の速さがわかるのである。

ハッブル-ルメートルの法則

天文学者は、この種の観測にはかなり熟練している。スペクトルを取ることができ、そこに認識できるなんらかのパターンが存在するなら、赤方偏移または青方偏移は、宇宙の中にある任意の光源について観測する際に最も明快な情報を提供してくれるものの一つである。それを使えば、天の川銀河の内部にある恒星たちが地球に対してどのように運動しているのかを見ることができるし、また、ある恒星をその惑星が周回するにつれ、その恒星が地球に近づくほうに引かれては、次には遠ざかるほうに引かれるのを繰り返して、ゆれるようすも検出できる。

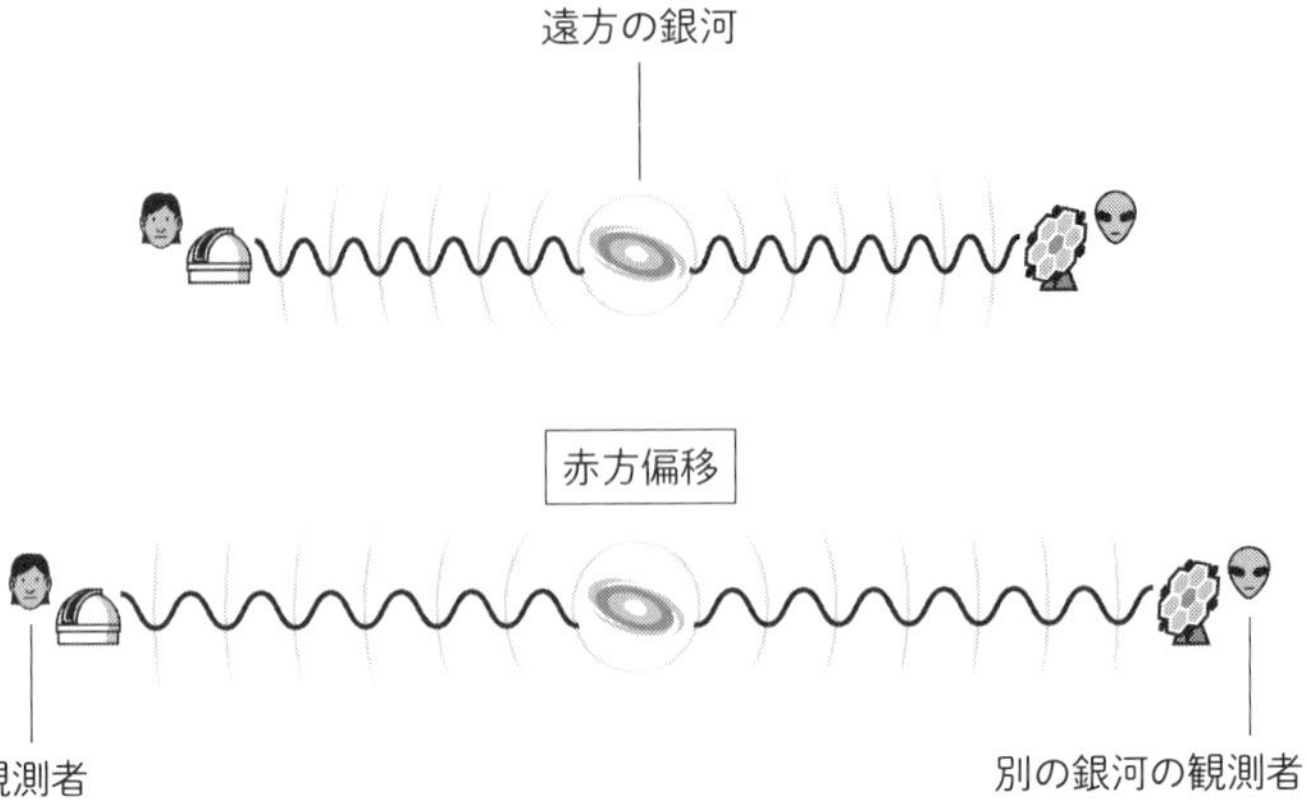

図9：宇宙の膨張と赤方偏移　宇宙が膨張するにつれて、遠方の銀河からの光は引き伸ばされる。したがって、遠方の銀河からの光は、より低周波数側で観測されることになる（赤方偏移。図の下側）。膨張はいたるところで起こっているので、宇宙のどこか別のところにある遠方の銀河で観測している観測者も、その銀河の光が赤方偏移しているのを見るだろう

遠方の銀河についてはどうかというと、いまでは赤方偏移を使って、それらの銀河が私たちに対して相対的に、どのように動いているか――接近しているのか、遠ざかっているのか、そのスピードは速いのか遅いのか――のみならず、そのように運動している銀河が私たちからどれだけの距離離れているかを判別できるようになっている。そんなことを、どうやって成し遂げるのだろう？

宇宙が膨張しているということは、ある銀河がその付近の空間でいかに運動していようが、「ここ」と「そこ」のあいだの空間が膨張しているということなので、その銀河もやはり私たちから遠ざかっているということだ。そして、その銀河が遠ざかる

速さは、それがいま、どれだけ遠方にあるかに依存する。

1929年、天文学者のエドウィン・ハッブルは、銀河の赤方偏移を調べていて、驚くべきパターンを発見した。しかもそのパターンは、じつに単純で便利だったのだ。より遠方にある銀河は、平均して、より大きく赤方偏移していた。この関係を使って、宇宙の膨張が確認できるようになったほか、宇宙の進化のプロセスも解明できるようになった。ハッブルは、赤方偏移を速度に換算することによってあるパターンを見出したが、それは、ある銀河がより遠方にあるほど、それだけ速く、その銀河は遠ざかっていることを示していた。

バネの玩具「スリンキー」を両手で伸ばすところを想像してみてほしい（いまは科学の説明のためにやっているので、伸ばすだけで伸縮はさせない）。両手をどんどん離していくにつれ、スリンキーのひと巻き分は、隣接するひと巻き分から1センチメートルぐらいずつ離れるだけだが、両端の二つの輪は、それと同じ時間のうちに0・5から1メートルぐらい離れるだろう。

もしも空間があらゆる方向に均一に膨張しているなら、これと同じような関係が成り立っているはずだ。そして、ハッブルが観測によって発見したのは、まさにそれだった。これは、数学を使った手法として、使いやすい単純な経験則を提供してくれる。「ある銀河の見かけ上の速度は、その銀河までの距離に正比例する」という経験則だ。

これが意味することは二つある。第一に、より遠方にあるものほど速く遠ざかっているということ。そして第二に、銀河の距離にその数を掛け合わせると、その速度が得られるような、一つの数が存在するということだ。この関係を最終的に証明し、その数の推定値を提供したのはハッブルのデータだったが、この比例関係そのものは、じつのところ、数年前にベルギーの天文学者であり、かつ司祭でもあったジョルジュ・ルメートルが理論的に導き出していた。そのためこの関係は、「ハッブルールメートルの法則」とよばれている（天文学者のコミュニティーではしばしば「ハッブルの法則」とよばれているが、国際天文学連合は2018年、ルメートルの名前を名称に含めることによって彼の貢献を公式に評価することを投票で決定した。私も理論家の一人として、それに賛同する）。

そして、その比例定数は「ハッブル定数」とよばれている。

「距離と年齢と赤方偏移」の関係

ここで重要なのは、「赤方偏移と距離とのあいだに関係がある」ということだ。これは、遠方の銀河を観測し、赤方偏移を測定すれば、そこから、その銀河はどれだけ遠方にあるかが正確に特定できるということである。とはいえ、科学的に厳密にいえば、多少の但し書きがつく。どういうことか。

「近傍」の宇宙では、後退速度が小さいため、これは単純な割り算の問題である。すなわち、速度をハッブル定数で割ったものは距離に等しい。より遠方の光源に対しては、じつは、ハッブル定数はあらゆる時代にわたってつねに一定というわけではなく、また、速度が極端に大きいときには、この比例関係は厳密には成り立たない。

一般に、宇宙論において何か極端に単純そうなことがあるなら、それは近似か、特殊なケースか、あるいは、私たち全員が死ぬまでずっと探している究極の万物の理論かのいずれかだと考えてよい（私はこの第三の可能性に賭けたりはしないが）。

しかし、赤方偏移は宇宙の過去の時代にも結びついている。宇宙の膨張は、天文学の多くの事柄を奇妙にしている。その一例が、基本的には色であるものを「数」として書き表し、それを用いて速度と距離と「その天体が輝いていたときの宇宙の年齢」を表示するというやり方だ。物理学は大胆なのだ。

そのしくみはこうである。ある銀河の赤方偏移を測定したなら、それが私たちからどのような速さで遠ざかっているかがわかり、そして、ハッブルールメートルの法則を利用して、その距離を計算することができる。しかし、光が私たちに届くまでには時間がかかるし、光の速度はわかっているので、距離を知れば、光がここに来るまでにどれだけの時間を経ているかがわかる。そして、現在の宇宙が何歳かもわかっているのだから、そこから、私たちが見ている光がその銀河を出発したときの宇宙の年齢もわかるわけである。

以上をすべて考慮に入れることにより、天文学者は赤方偏移を使って、宇宙の過去の時代を参照することができる。「高赤方偏移」は、宇宙が若かった遠い昔であり、「低赤方偏移」はつい最近である。赤方偏移0は、近隣の、現在の宇宙である。赤方偏移1は70億年前である。赤方偏移が非常に大きい例を挙げると、赤方偏移6は、誕生してから10億年ほどしか経っていない宇宙である。まさに生まれた瞬間の宇宙がもしも見えるとすれば、それは赤方偏移が無限大のはずである。

したがって、高赤方偏移銀河は、宇宙が若かったころに存在した遠方の銀河であり、低赤方偏移銀河は、基本的には「現代の宇宙」に存在している比較的近いものである。

この「距離－年齢－赤方偏移」の関係は、宇宙論において非常に便利である。だがそれは、後退速度は距離とともに、ある一定のペースで増加するという事実に依存している。もしも膨張が突然、減速したならどうなるだろう？　もしも膨張が停止し、次に収縮に転じたならどうなるだろう？　もしもそのようなことになれば、一つには、「距離と年齢と赤方偏移」の経験則がまったく使えなくなり、大勢の天文学者が混乱するだろう。さらに、あなたが問いかけた相手によっては、これと同じくらい重要な別の影響があるという答えが返ってくる。

「もしもそのようなことになれば、宇宙とその中に存在するすべてのものは破滅するだろう」

「膨張する宇宙」の物理学

①宇宙はビッグバンに始まり、②現在膨張している、とわかったからには、論理的に考えて次にすべき質問は、「膨張は収縮へと反転して、宇宙は元の大きさへと戻っていき、最終的には壊滅的な『ビッグクランチ』にいたるのだろうか?」である。

きわめて基本的で理に適った物理学のいくつかの仮定を出発点とすると、膨張宇宙の未来には、どうやら三つの可能性しかないらしい。その三つはどれも、空高く投げたボール の運命ときわめて直接的な類比関係にある。

あなたは戸外に、つまり「地球の上」に立っている。あなたは、野球のボールを真上に投げる。議論の便宜上、あなたは超人的に肩がいいとしよう（そして、空気抵抗は無視できるとしよう）。さて、どうなるだろう?

通常の場合、あなたが加えた最初の押し出す力の影響を受けて、ボールはしばらく上昇するが、手を離れた瞬間から地球の重力によって引かれはじめ、上昇スピードは遅くなっていく（厳密にいえば、ボールと地球は互いに引っ張りあっている。なぜなら、重力は双方向的にはたらくからだ。しかし、野球のボールに引かれて地球がどれだけ動くかというと……大して動かない）。やがてボールのスピードは大いに低下し、空中で停止したあと、方向転換して、あなたと、あなたが立っている地球に向かって落下しはじめる。しかし、あなたがボールを途方もなく速く——具体的には、地球の脱出速度である11・2キロメートル毎秒で——投げたなら、理屈の上では、地球から完全に離れられるほどの力を与えることができる。このときボールは、たえず徐々に減速しながら、無限の未来においてのみ静止する（あるいは、何か他のものに衝突したなら静止するはずだ）。もっと速く投げたなら、ボールは地球の束縛から完全に自由になって、どこまでも遠ざかっていくだろう。

膨張する宇宙の物理学も、これとたいへんよく似た原理に従う。膨張を開始させる最初の推進力にあたるもの（ビッグバン）があり、それ以降は宇宙に存在するすべてのもの（銀河、恒星、ブラックホールなど）の重力が膨張を妨げるようにはたらいて、膨張を減速させ、すべてのものをふたたび一点に収束させようとする。

重力はきわめて弱い力——自然界の四つの力のうち最も弱い——だが、無限遠にまで及び、しかもつねに引力なので（ループ量子重力理論などの特殊な理論では重力が斥力になる可能性も示されているが、これまでに重力が斥力を示す事実は確認されていない）、遠く離れた銀河どうしさえもが互いに引きつけあう。野球のボールの喩《たと》えでもそうだったように、つまるところ問題は、最初の推進力にあたるものが、すべての重力に対抗するのに十分だったかどうかである。最初の推進力にあたるものが何であったかを知る必要すらない。

いま膨張速度を判定し、宇宙に存在する物質の量も量ってやれば、その重力はやがて膨張を停止させるに十分かどうかを特定することができる。あるいは、遠い過去における膨張速度を推測することができたなら、その数値を現在の膨張速度と比較することによって、時の経過にともない、膨張がいかに変化しているかを特定することができる（現在と、10年後の膨張速度をそれぞれ測定し、膨張速度がいかに変化したかを観測すればそれでよいのでは？と思っておられるかもしれない。残念ながら、現在の技術では、それほど正確な観測はできない。しかし、今後数十年のうちにそのような比較ができるようになるかもしれない）。

天の川銀河に突進してくる銀河たち

もしも私たちの宇宙が、いつの日か「ビッグクランチ」にいたる運命にあったとすると、それを示唆する最初の予兆は、次のような状況からの推論でつかめるだろう。宇宙の収縮が始まる前には、過去には大きかった膨張速度が、破滅に向かっているとはっきり予測できるようなかたちで徐々に低下しているのがわかるはずだ。収縮の確実性は徐々に増していき、やがて実際に収縮が始まる数十億年前になると、間近に迫った収縮の兆候が見えるだろう。

しかし、そのデータの解析に進む前にちょっと立ち止まって、収縮する宇宙への移行と最終的に訪れるビッグクランチによる終焉は、事態がその方向に進みはじめたならどのように進行するのか考えてみよう。なにしろ、そもそもそのためにこの本があるのだから。

現在、遠くに存在する物体ほど、より高速で遠ざかっており、そのため赤方偏移も大きい（ハッブル－ルメートルの法則）。収縮する運命にある宇宙では、膨張が完全に停止するまで――いわゆる「ローラーコースターの頂上」に相当する瞬間まで――このパターンが継続する。だが、光速が有限であるせいで宇宙全体を一度に見ることはできないため、遠方の物体が実際にはとっくに収縮に転じてしまったあとも、私たちにはそれらの物体が依然として後退を続けているように見えるだろう。

大局的に見れば、最も遠方の物体は近傍の物体よりも高速で地球に突進しているのだが、はじめのうち私たちには、その逆のふるまいが見える。近隣の天体たちのすぐ外側の銀河はどれも、ゆっくりと接近しているように見えるだろう。アンドロメダ銀河と同じように、それらの銀河の光は青方偏移を示すはずだ。これらの銀河のすぐ外側には、ある特定の距離があって、その距離にあるものは、すべて静止しているように見えるだろう。

さらにその距離の外側では、天体は赤方偏移を示し、遠ざかっているように見えるはずだ。やがて、近隣の青方偏移を示す銀河たちの接近速度はますます速くなり、万物が静止して見える半径はどんどん外側へと伸びていくだろう。

その後まもなく、人間たちはみな、遠くの天体に何が起こっているかなど気にしていられなくなる。近隣の銀河というわれわれの領域に突進してくるのを無視することは不可能、あるいは、少なくともお勧めできない状況になってしまうのだ。

そのころまでには、それに近い現象をすでに経験しているはずだと思えば、少しは気休めになるかもしれない（能天気といわれるかもしれないが）。このシナリオでは、収縮の最初の予兆が現れるのは、私たちとアンドロメダ銀河が衝突してからずっとあとのことなのだ。最も悲観的な推測ですら、ビッグクランチが起こるのは何十億年も経ってからである——この宇宙は生まれてから約138億年つづいているわけで、将来ビッグクランチで終焉するとして、現在はまだ、せいぜい壮年期というわけだ。

宇宙の膨張が反転するとき——ゾッとする未来

すでに論じたように、アンドロメダ銀河と天の川銀河の衝突合体（すなわち、ミルコメダ銀河の誕生）が太陽系に直接の影響を及ぼす可能性は低い。しかし、宇宙全体の収縮が始まれば、それとはまったく違う話になる。最初は、ほとんど同様に見えるかもしれない。銀河どうしが衝突して構造が変化し、新しい恒星とブラックホールが誕生し、恒星系のなかには銀河の外に放り出されるものもあるだろう。しかし、やがて、何かまったく異なることが起こっていることがしだいに明らかになり、ゾッとするに違いない。

銀河と銀河の距離がますます縮まり、合体がよりひんぱんに起こるようになると、天空一面の銀河たちは新たに生まれた恒星の青い光で満ちあふれ、粒子と放射の巨大噴流が銀河間ガスを引き裂くだろう。これらの新しい恒星とともに新たな惑星が生まれる可能性もあるし、そのうちのいくつかは、生物が生まれるのに十分に長い時間存続するかもしれない。とはいえ、この収縮しつづけるカオス的な宇宙では、恐ろしいほどひんぱんに超新星爆発が起こっており、その放射に曝《さら》されて、新しい惑星にいたかもしれない生物はきれいさっぱり死滅させられるだろう。

銀河どうし、銀河の中心にある超大質量ブラックホールどうしの重力相互作用は激しくなる一方で、恒星たちは元いた銀河から投げ出され、他の銀河に取り込まれるだろう。しかし、この時点においてさえ恒星と恒星の衝突は稀で、収縮の終盤になるまでそれはほとんど起こらないと考えられている。恒星の破壊は別のプロセスで起こるのだが、このプロセスも、惑星上の生物を徹底的に破壊しつくす。まだ持ち堪《こた》えている生物が惑星上にいたとしても。

そのプロセスとはこうだ。

現在進行している宇宙の膨張は、遠方の銀河からの光を引き伸ばし、赤方偏移させているだけではないのだ。ビッグバンの残光も引き伸ばし、薄めているのである。前の章で論じたように、ビッグバンの最も有力な証拠の一つは、十分遠方を見るだけで、それを実際に見ることができるという事実だ。具体的にいえば、生まれてまもない宇宙で生み出された光が、かすかな残光にまで薄まったものが、あらゆる方向から来るのが見えるのである。

そのかすかな光は、じつのところ、宇宙のものすごい遠方の姿が直接見えているのにほかならない。そこは非常に遠いので、私たちから見れば、まだビッグバンの状態にあるのだ――宇宙が始まった初期の高温状態、宇宙全体がまるで恒星の内部のように、プラズマが渦巻く高温・高密度で不透明になっている状態が、そこでは経験されているのである。

実際には138億年前に起こり、とっくに燃え尽きているのだが、その光はいまにいたるまでずっと進みつづけている。そのうち、ある十分に遠い領域からやってきた光が、ちょうどいま、私たちに届いているのだ。

私たちがいまこれを、全天に広まった低エネルギーの背景放射（宇宙マイクロ波背景放射）として経験しているのは、宇宙の膨張が光子どうしを引き離し、かすかな雑音にすぎなくなるまで広げてしまったからだ。そして、それがマイクロ波として現れているのは、極度なまでの赤方偏移のせいである。

宇宙の膨張はさまざまなことを引き起こすが、その一つが、ビッグバンの想像を絶する猛火の熱を引き受けて、広げて薄め、単なるマイクロ波の雑音にしてしまうことだ。旧式のアナログテレビなら、ノイズの中にときどき紛れているかもしれない。

宇宙の膨張が反転するなら、この放射の広がりも反転する。特にどうということもない低エネルギーの雑音だった宇宙マイクロ波背景放射は突然、青方偏移しはじめ、いたるところでそのエネルギーと強度が上昇し、やがてきわめて居心地の悪いレベルに達する。

恒星の死

しかし、それはまだ、恒星を死滅させるようなものではない。

宇宙そのものが猛火の状況だった当時の残光を凝縮するよりも、もっと高エネルギーの放射を生み出すことができるものが存在するのだ。長い時間をかけて進化するあいだに宇宙は、その誕生時にはごく均一だったガスとプラズマの混合物を重力を使って凝集させ、恒星とブラックホールをつくった（さらに、惑星や人間など、その他の小さなものもつくったが、この議論の目的のためには無視してしまおう）。

このときできた恒星は、数十億年のあいだ輝きつづけており、虚空へと放射を送って拡散させてきたが、その放射は消えることがない。ブラックホールにさえ、光を放つ機会がある。内部へと落下する物質が徐々に高温になると、やがて高エネルギー粒子のジェットが発生する。恒星やブラックホールが生み出す放射は、ビッグバンの最終段階よりも高温で、宇宙が収縮するとき、このエネルギーのすべても凝縮される。

したがって、膨張しつつ冷却し、その後、集合しつつ加熱するという、平穏で対称的なプロセスとはまったく違って、宇宙の収縮ははるかに激しいものなのである。もしもの話だが、ビッグバンの直後か、ビッグクランチの直前かのいずれかに、宇宙のどこかにいることを選べといわれたら、前者を選ぼう（往年のダンスポップス・グループ、ディー・リームの歌を借用すれば、「こっちのがいいことばっかだよ」、つまり「あれ以上悪くなりっこないさ」）。

恒星と高エネルギー粒子のジェットの放射を集めて、急激に凝縮し、その際に起こる青方偏移によっていっそう高エネルギーにすれば、あまりの強度ゆえに、恒星の表面は発火するだろう——恒星どうしが衝突するよりずっと前に。核爆発によって恒星の大気は引き裂かれ、恒星そのものもズタズタになり、宇宙空間には高温プラズマが満ちあふれる。

この時点で、すでに非常に悪い状況である。ここまで持ち堪えられた惑星でも、恒星自体が背景放射で爆破を起こしたのなら、もはや存続は不可能だろう。これ以降は、宇宙の放射の強度が恐ろしく上昇し、活動銀河核の中心域におけるのと同じ程度になるだろう。活動銀河核では、超大質量ブラックホールから高エネルギー粒子とガンマ線が猛烈な勢いで放射されて、数千光年の長さに及ぶ放射ジェットを形成しているが、そのレベルの強度の放射が宇宙全体に満ちるのだ。

このような環境にある物質が、構成要素である粒子にまで分解されてしまったあとに、どういうことになるのかははっきりしない。収縮する宇宙は、最終段階においては、実験室で実現したり既知の素粒子物理学で記述したりできるレベルを超えた密度と温度に達するだろう。ぜひとも訊ねたいことは、もはや「持ち堪えられるものが何かあるだろうか？」ではなくなり（なにしろ、ここまでくれば、その答えはきっぱりと「ノー」なのだから）、「収縮する宇宙は、『跳ね返り（バウンス）』を起こして、ふたたびビッグバンからスタートしうるのだろうか？」となる。

「無限にリサイクルする宇宙」は可能か

「宇宙はビッグバンからビッグクランチにいたり、ふたたびビッグバンに戻る」というプロセスを永遠に繰り返すと考えるサイクリック宇宙論は、すっきりしているという点では魅力的だ（これについては第7章でさらに詳しく検討する）。

「無」から始まり、潰滅的な最期に終わる宇宙に比べ、サイクリック宇宙は原理上、時間の中を順方向にも逆方向にも、果てしなく「バウンス」を繰り返し、いっさいのムダなく無限にリサイクルを続けることができる。

もちろん、宇宙のすべてがそうであるように、これもじつははるかに複雑だったとやがてわかるかもしれない。アインシュタインの重力理論である一般相対性理論にのみ基づいていえば、十分な量の物質を含む宇宙はどれも、その一生が決まっている。宇宙は特異点（時空が無限大の密度にある状態）に始まり、特異点に終わるのだ。

だが、一般相対性理論には、最終時点の特異点から開始時点の特異点へと移行できるようなメカニズムは含まれていない。それに、それほどまでに高密度の条件を記述することができる物理理論など、私たちは持ち合わせていないと考えるのは至極当然だ。巨視的な尺度や、比較的弱い重力場で重力がいかに作用するかについては十分理解されている一方、極微の尺度における重力の作用についてはまったくわかっていない。そもそも、宇宙全体が原子以下の一点に収縮しつつあるときの場の強度は、どんな種類のものであれ、計算不可能だ。その状況では、量子力学が重要になり、しかもそれは事態をめちゃくちゃにする何かをしでかすはずだということはかなりの確信をもっていえるが、それが何なのかは正直なところわからない。

「バウンス」によって収縮と膨張を繰り返す宇宙が抱えるもう一つの問題は、「バウンス」のプロセスを切り抜けるものとは何か、ということである。一つのサイクルから次のサイクルへと持続するものが何かあるのだろうか？

膨張する若い宇宙と収縮する古い宇宙のあいだにある非対称性について触れたが、放射場に関しては、この非対称性はきわめて厄介になる可能性がある。というのも、それはサイクルごとに、宇宙はいっそう目茶苦茶に（物理的に筋の通る正確な意味において）なるということだからだ。だとすると、本書の後続の章で論じる物理学のきわめて重要な原理の観点からすれば、サイクリック宇宙論の魅力は低下してしまうし、「リデュースーリユースーリサイクル」（縮小して再利用して繰り返し使う）という理想のエコロジーにあてはまらなくなるのも間違いない。

「見えざるもの」の誘惑

「バウンス」をするか否かにかかわらず、「物質が多すぎるのに、膨張が十分でない宇宙」は収縮する運命にある。そのバランスの観点から、私たちの宇宙がどのあたりに位置するかを確認するのはいいことだろう。

残念ながら、宇宙に存在する物質の量を測定することは、すべての物質がかんたんに観測できるわけではないという事実のおかげで複雑になってしまうし、また、画像しか手がかりのない銀河の質量を特定する作業は、いちばん良くても困難、といったところだ。早くも1930年代に、単に銀河と恒星を数え上げるだけでは、重要な何かを見逃すことになることがはっきりした。

まず、天文学者のフリッツ・ツビッキーが、銀河団の中を動き回っている銀河の運動を研究し、銀河の動きが速すぎることに気づいた。そんな速さで動いていたら、回転速度が速すぎるメリーゴーラウンドに乗っている子どものように、虚空に向かって飛び出しているはずだというのだ。彼は、すべてのものを一体にまとめている、何か見えない「ダークマター」とよぶべきものが存在しているのではないかと提案した。この説は、天文学コミュニティーの中で未解決問題としてしばらく取り沙汰されていたが、ヴェラ・ルービンが登場し、目に見えないなんらかの未知の物質が存在しないかぎり、彼女らが研究した膨大な数の渦巻銀河の運動は説明できないということを決定的に示したのだった。

ルービンの時代以降、ダークマターの証拠は確実になっていくばかりだ。理由の一つは、それが初期宇宙でいかに重要だったかがわかってきたからである。それにもかかわらず、ダークマターは既存の粒子検出器と相互作用する気はまったくなさそうで、直接検出するのはいまなお困難だ。

主流の説はこれを、ダークマターは未発見の素粒子で、質量はもっている（したがって重力相互作用はする）が、電磁相互作用や強い相互作用とは無関係だからだと説明している。他の諸説は、ダークマターは弱い核力を介して他の粒子と相互作用できるのではないかと考え、検出の可能性を示唆しているが、その信号を捉えるのは困難だろうし、実際にそのようなものはまだ発見されていない。これまでに観測できたのは、その重力作用が、恒星や銀河に及んでいること、また、初期宇宙の原初のスープからの恒星や銀河の形成に影響を及ぼし、それを可能にしていることを支持する大量の証拠である。よりいっそういい証拠もある。宇宙そのものの形状に、ダークマターが存在する証拠を見ることができるのだ。

アインシュタインの（たくさんの）天才的洞察の一つが、重力は物体と物体のあいだにはたらく力というより、質量をもつ任意の物体の周囲に生じる空間の湾曲と考えれば最もよく理解できる、というものだ。トランポリンの上にテニスボールが転がっているところを想像してほしい。そのトランポリンの中央に、ボウリングのボールを置いてみよう。テニスボールはボウリングのボールに向かって落下しはじめる。あるいは、テニスボールはボウリングのボールの脇を通り過ぎようとしてカーブしながら進んでいくともいえる。

いずれの表現をするにせよ、そのようすは、巨大な質量が存在する際に物体が空間の中でいかに運動するかについて、じつにうまく比喩的に表している。空間の形状そのものが、物体の軌道を湾曲させているのである。だが、空間の湾曲の影響を受けるのは、質量をもった物体の経路だけではない。光でさえ、通過する空間の形状に応じて経路を変える。光ファイバーケーブルを曲げれば、その内部を通過する光は角を曲がることができるのと同じように、空間を湾曲させる非常に重い物体は、その周囲を回るように光の経路を変えることができる。

銀河や銀河団は、その背後に存在する物体に対して、ゆがんだ凸レンズのような効果を及ぼす。ダークマターの最も強力な証拠の一つは、この「重力レンズ」効果が、実際に見えるものの質量によって説明できるよりも強いことを発見することである。そうすれば、質量の一部はなんらかの「見えざるもの」からきていると考えざるを得なくなるのだから。

実際、宇宙にはダークマターが大量に存在しているはずだということがわかってきた。観測できるものだけで、宇宙に存在する物質の質量の総計を突き止めようとする最初の一連の試みでは、ひどく不正確な結果しか得られなかった。ヴェラ・ルービンの研究からほどなく、宇宙の物質の大部分がダークな、「見えざるもの」だということが明らかになったのだ。

しかし、ダークマターの量が正しく把握されてからも、宇宙の物質の密度は、宇宙がこの先収縮するのか、それとも永遠に膨張するのかを決める境界線に相当する「臨界密度」のどちら側にあるかを特定するのは困難だった。宇宙の内容物を特定するのは、問題の一部でしかなかったのだ。さらにもう一つ、宇宙の膨張速度を正確に特定する、あるいはその代替として、宇宙の歴史のなかで膨張がいかに変化してきたかを特定することが必要だった。そしてこの課題は、見事な離《はな》れ業《わざ》で達成されることになる。

加速膨張している宇宙

宇宙の歴史のなかで、ある時代の宇宙の膨張速度をそこそこの正確さで測定するには、合理的に速度を論じられるだけの長期間にわたって過去の銀河の運動を特定しなければならないため、現在のわれわれから見て、ある距離範囲に分布している膨大な数の銀河を観測する必要がある。そして、個々の銀河について、二つの事柄を明らかにしなければならない。「速度」と、われわれからの実際の「距離」である。

天文学者たちは、1929年に発表されたハッブルールメートルの法則を使って、われわれの近傍における宇宙の膨張速度を計算した（しかし、距離と後退速度の比例定数の正確な値については、その後の数十年にわたって議論が続き、いまなお異論が絶えない）。だが、ビッグクランチに関する疑問に答えるためには、宇宙が経過してきた時間のきわめて長い範囲にわたって膨張速度を知る必要があり、それはとりもなおさず、宇宙のきわめて長い距離範囲にわたる観測が必要だということだ。銀河の後退速度を測定するかぎりにおいては、これはそれほど問題ではない。赤方偏移の観測によって特定でき、一般的には容易なことだと見なしてかまわないからだ。しかし、数十億光年の範囲にわたって距離を正確に測定するのは、はるかに困難だ。

1960年代後半の、写真乾板の像を使って銀河の距離と後退速度を特定する研究により、天文学者たちは、多くの不確定要素を残しながらも、ますます確信を強め、「じつは宇宙は収縮する運命にある」と主張するにいたった。天文学者のなかには、宇宙の正確な未来を詳しく掘り下げて検討した論文を発表した者も幾人かいた。学者たちが、熱烈にこの研究に取り組んだ時代だったのだ。

ところが、1990年代後半になると、天文学者たちは宇宙の膨張を観測する、もっと正確な方法を完成させた。宇宙の距離を測定する方法をいくつかつなぎ合わせ、それをきわめて遠方で爆発している恒星に適用したのである。ついに彼らは、宇宙を正しく測定することに成功し、その最終的な運命を決定的に特定したのだ。

宇宙が加速膨張していることを見出した彼らの発見は、ほとんどすべての人に衝撃を与え、物理学の根本的なしくみについての私たちの理解をひっくり返した。このプロジェクトを率いていたソール・パールマッターら3名は、ノーベル賞を受賞している。

ところが、その発見が、宇宙はビッグクランチの超高温における死をほぼ確実に免れていると示しているというのは、じつは慰めになっていなかったことが明らかになった（現在の理解からすると、収縮はありえなくはない。次章で議論するダークエネルギーが、きわめて奇妙で意外な性質をもっていたとしたら、それは膨張を逆転させることも可能だからだ。しかし、これまでのところ、その方向を指し示すような証拠は見出されていないようだ）。

収縮に代わるものは「永遠の膨張」だが、それは不死と同じで、真剣に考えてみると、俄然よさそうには聞こえなくなる。プラス面を見れば、この宇宙は、黙示録さながらの地獄の業火で死ぬ運命にはないということだが、一方でマイナス面はというと、可能性がきわめて高い他の運命もまた別のかたちで、いっそう悲惨であることが明らかになるのだ。

第4章 熱的死

終末シナリオ　その2

膨張の末に、
あらゆる活動が停止する

ヴァレンタイン　熱は混沌の中へ。（彼は部屋の、宇宙の、空気を身振りで示す）

トマシナ　ねえ、踊るんだったら急がないと。

（トム・ストッパード『アルカディア』小田島恒志訳、早川書房）

天文学にまつわる私の最も古い記憶の一つは、1995年の『ディスカバー』誌（訳注：1980年にタイム社が創刊したアメリカの一般向け科学雑誌）に掲載されていた「宇宙の危機」というタイトルの特集記事だ。〝ありえないようなこと〟がデータに現れているというのだ。いくつかの恒星よりも、宇宙そのもののほうが若いようだ、と。

現在の宇宙の膨張をもとに、ビッグバンまで遡ることから推測した宇宙の年齢は、どんなに注意深い方法で計算しても、100億〜120億年程度になる。一方、銀河系近傍の非常に古い銀河クラスターに含まれる最も古い恒星を観測すると、150億年に近い値となったのだ。

もちろん、恒星の年齢の推定は精密な科学とは言い切れないので、もっといいデータがあったなら、それらの恒星は見かけよりも少し若くて、宇宙の年齢との差が10億年か20億年くらい縮まる可能性もあった。しかし、この問題を解決するために宇宙の年齢を上げると、もっと大きな問題が出てきてしまったことだろう。宇宙をいっそう古くするには、宇宙のインフレーションの理論を捨ててしまう必要があったからだ。この理論は、あのビッグバンの発見以来、初期宇宙の研究における最も重要なブレークスルーの一つだったのに、である。

初期宇宙の描像を壊さないような解を天文学者たちが発見するには、さらに3年にわたってデータを詳細に検討しなおし、理論を修正し、宇宙を観測するまったく新しい方法を編み出さねばならなかった。それは、初期宇宙以外のすべてのものを壊した。最終的には、その答えは新しい種類の物理学をもたらし、それは宇宙の構造そのものに組み込まれることになる。そして、私たちの宇宙観を根本から変革し、宇宙の未来を完全に書き換えることになったのだ。

「減速定数」の値

宇宙の年齢をめぐる危機を1990年代後半に解決した科学者たちは、物理学に革命を起こそうとしていたわけではなかった。見るからに単純明快な問いに答えようとしていただけだ。

――宇宙の膨張は、どれぐらいのペースで減速しているのだろう？

これがその問いだ。当時、宇宙の膨張がビッグバンに始まり、宇宙に存在する万物の重力によって、それ以降は膨張のペースは減速しているというのが常識となっていた。「減速定数」とよばれる一つの数を測定することで、ビッグバンによる外向きの推進力と、宇宙を構成する万物の重力による内向きの引力とのバランスがわかる。減速定数が大きいほど、宇宙膨張に重力がかけるブレーキは強くなる。

この数が大きければ、宇宙はビッグクランチへと向かう運命にある。小さければ、膨張は減速しているとしても、完全に停止することは決してない――。このように推測される。

もちろん、減速のペースを測定するには、過去における宇宙の膨張速度を測定する方法を見出し、それを現在の膨張速度と比較しなければならない。ありがたいことに、遠方を観測すれば、過去の宇宙を全方向で見ることができるし、また、近傍を観測すれば、宇宙膨張のおかげですべてがわれわれから遠ざかって見えるので、この二つの情報源を結びつけることで、膨張速度を過去と現在とで比較することはなんら問題なく可能である。何か近傍のものを観測し、また何かきわめて遠方にあるものを観測して、両者の後退速度を特定し、少し数学を使えばいいだけだ。かんたんだ！

ところが実際には、かんたんどころではなかった。赤方偏移だけでなく、距離も特定しなければならないし、遠方の宇宙の距離を測定するのはじつに難しいのだから。だが、途轍《とてつ》もなく難しいとしても、測定は可能だ。ここではそういっておけば十分だろう。天文学者たちは幸い、宇宙にあるものを観測するための、多種多様なおびただしい数の手段をもっており、ここでは、遠方の恒星たちが起こす熱核爆発が打ってつけなのだ！

手短に説明すると、こうである。Ia型とよばれるタイプの超新星は、その爆発の性質が非常に正確に予測できるため、宇宙の距離標として使える。それらの超新星は、白色矮星が最期を遂げる際の激しい爆発である。白色矮星は恒星の残骸の一種で、激しい爆発を起こすまでは、ただゆっくりと冷えていく。

私たちの太陽も、惑星を焼き尽くす赤色巨星の時代を経過したあと、最終的には白色矮星になる。特定の臨界質量に到達すると（伴星から物質を奪い取るか、あるいは、別の白色矮星と衝突することによって——妙な話だが、本書執筆時点において、この二つのうちどちらが主たる発生原因なのか、まだはっきりしていない。爆発が起こっていることが観測され、そこに少なくとも一つの白色矮星が関与していることがわかっているだけだ）、白色矮星は爆発する。

Ia型超新星とはこのようなもので、それが放つ光は、明るさが特徴的な変化をする。まず光度が上昇し、やがて低下するのだ。さらに、スペクトルにも明らかな証拠となる特徴がある。そのためこのタイプの超新星は、宇宙で起こる他の爆発現象からかなり確実に区別できる。

Ia型超新星のような爆発現象の物理を十分に理解すれば、それ自体の明るさがどの程度かがわかるわけで、遠く離れた地球でそれを観測すれば実際にどの程度の明るさかを考え合わせると、その光がどれだけの距離を通過してきたかを求めることができる（この方法を、「標準光源法」とよぶ。ワット数が正確にわかっている電球があるようなものだからだ。その情報を知ってさえいれば、遠くにあるときには、その電球の明るさは距離の2乗に反比例して暗くなることがいつでもわかる。英語では「スタンダード・キャンドルメソッド」とよび、電球を意味する「ライトバルブ」といわないのは、キャンドルのほうが少しロマンチックに聞こえるからだ）。

距離がわかったら、次はその超新星の後退速度を突き止めなければならない。そのためには、超新星爆発が起こった銀河からやってくる光の赤方偏移を使うことができ、それでその当時の宇宙膨張の速度もわかる。距離と光速から、超新星爆発が起こったのがどれくらい昔のことかを計算しよう。こうして、過去の宇宙膨張の速度が得られたというわけである。

さて、1998年、あの『ディスカバー』誌の記事が宇宙の年齢について警鐘を鳴らしたほんの数年後のことだが、別々に研究をおこなって、遠方の超新星の観測を積み重ねていた二つのグループが、同一の、まったく理屈に合わない結論に達した。減速定数——宇宙の膨張速度がどんなペースで減速しているかの尺度——が、負の値だったというのだ。膨張は少しも減速していなかった。加速していたのである。

宇宙が取りうる「三つのかたち」

宇宙が行儀よくふるまっていたなら、宇宙膨張に関する基本的な物理学は、空にボールを放り投げる程度の単純なものだっただろう。先の章で議論したとおりだ。投げる速度が小さすぎると、ボールは少しのあいだ上昇し、やがて減速し、停止し、落ちて元のところに戻ってくる。これは、物質が十分たくさんあって（あるいは、最初のビッグバンの膨張が十分弱くて）重力が優勢になり、その結果、収縮する宇宙と似ている。

一方、超人的な速さで投げると、ボールは地球の重力から逃れて、宇宙の中を遠方に向かっていつまでも進んでいくだろう。ただし、徐々に減速しながら。これは、膨張と重力のバランスが完璧に取れている宇宙と似ている。

それよりも速く投げるなら、ボールは地球の重力から逃れて、永遠に進み続けるだろう。そして、地球の重力の影響が弱まるにつれて、ある一定の速度に近づく。これは、含まれる物質の量がまったく足りていないために、膨張を反転させるどころか、膨張速度を大幅に低下させることもできず、永遠に膨張をつづける宇宙に似ている。

これらの、いずれもありうる宇宙にはそれぞれ名前がついており、また、特定の幾何学をもっている。ここで幾何学とは、その宇宙の外的な形状が、球、立方体、あるいは何かのかたちをしているという意味ではなく、内的な性質である——この性質こそ、巨大レーザービームが、宇宙の中を途方もないスケールで突進するときに、どのようにふるまうかを教えてくれるのだ（なぜレーザーの話かというと、宇宙の性質を測定するには、巨大なレーザービームを使うといいからである）。

ビッグクランチに終わる運命の宇宙は、「閉じた宇宙」とよばれている。なぜなら、この宇宙の中では、2本の平行な巨大レーザービームがやがては交わるからだ。地球の経線と同じように。閉じた宇宙の場合は、あまりに多くの物質が内部に存在するため、宇宙全体が内向きに湾曲している。

一方、均衡が完璧に取れている宇宙は「平坦な宇宙」とよばれる。平坦な紙の上に引いた2本の平行線がいつまでも平行なままであるのと同様に、この宇宙の中では、平行なレーザービーム

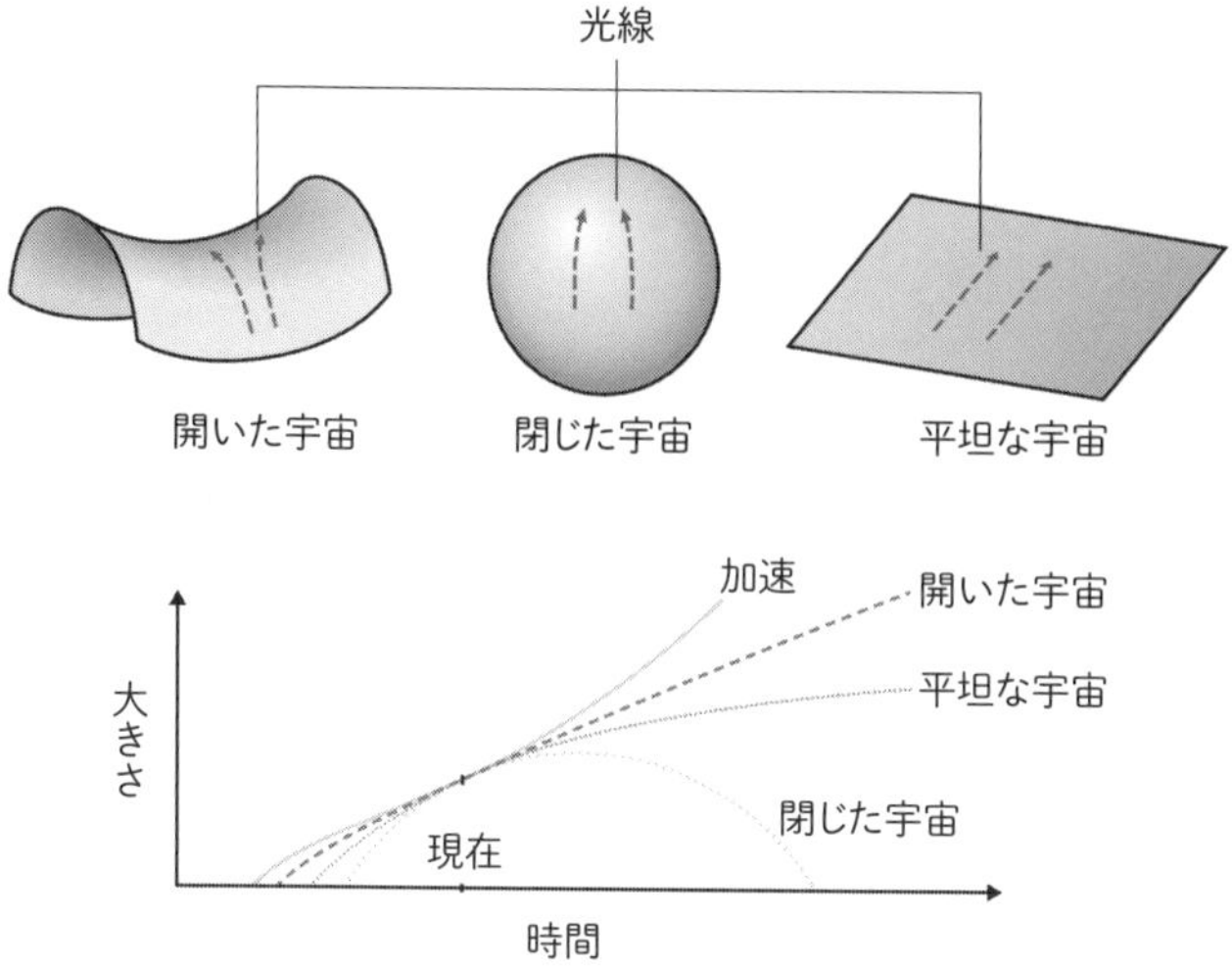

図10：3種類の宇宙――開いた宇宙、閉じた宇宙、平坦な宇宙――と、その進化
三つの宇宙模型について、そのかたちを示したもの。「開いた宇宙」では、平行な2本の光線はしだいに離れていく。「閉じた宇宙」では、2本の平行線はやがて交わる。「平坦な宇宙」では、平行なままである。
下のグラフに示したように、模型の幾何学の違いに応じて、それぞれの宇宙は異なる運命をたどる。閉じた宇宙では、宇宙を収縮させるのに十分なだけの重力が存在するが、開いた宇宙では、膨張が重力に勝り、宇宙は永遠に膨張をつづける。膨張と重力のバランスが完璧にとれている平坦な宇宙は膨張をつづけるが、膨張のペースはつねに下がりつづける。ところが、宇宙のなかにダークエネルギーが存在していたなら、宇宙の膨張は加速しうる（その間、宇宙の幾何学は平坦なままである）

は永遠に平行なままだ。

　三つ目の、膨張が重力よりも優勢な宇宙は「開いた宇宙」とよばれ、その内部では、もうおわかりだと思うが、2本のレーザービームは互いにどんどん離れていく。この宇宙を二次元の面で比喩的に表すと、鞍《くら》型である。鞍の上に平行線を引いてみると（鞍が手近になければ、一枚のプリングルズ〔訳注・

鞍型に成型されたポテトチップ」でもいい）、伸ばせば伸ばすほど2本の線は離れていくだろう。

　これら3種のかたちが表しているのは、宇宙の「曲率」である。曲率は、内部に存在する物質やエネルギーによって、宇宙が全体としてどれくらいゆがめられているか（あるいは、ゆがめられていないか）を示す数値だ。

　この三つのありうる宇宙のかたちに共通することの一つめは、どれも物理学として合理的だということ、つまり、アインシュタインの重力方程式と矛盾しないということである。二つめは、どのかたちの宇宙も、現在の膨張は減速しているということだ。

　20世紀の終盤、超新星を使って距離が測定された当時は、宇宙の膨張を加速させる理に適った物理的なメカニズムは存在しなかった。宇宙の膨張が加速しているなんて、ボールを空に投げ上げると、少し減速したあと、突然どういうわけか、猛スピードで宇宙へ飛んで行ってしまったというぐらい、奇妙なことだと思われた。まさにそれくらい奇妙なことで、しかもそれが、宇宙全体にわたって起こっているのだった。

　観測結果がチェックされ、再チェックもおこなわれたが、物理学者たちは同じ結論を出さざるを得なかった。膨張は、加速していた。

　切羽詰まった彼らは、窮余の一策に頼るしかなかった。実際、あまりに切羽詰まっていたために、天文学者たちは、宇宙全体に広がるエネルギー場が存在するという説を持ち出した。そのエネルギー場のおかげで、何もない真空の空間そのものが、あらゆる方向に外向きに広がろうとする性質をそもそも備えているというのだ。時空にそんな性質があるとは、それまで観測されていなかったが、それがほんとうなら、決して枯渇することのない永遠に存在するエネルギー源を使って、宇宙はおのずと永遠に膨張することになる。

真空のエネルギー場、すなわち、「宇宙定数」のお出ましである。

アインシュタインが考えたこと

物理学の基盤が大幅に修正されるのは、まったく新しいアイデアが出現したときというのが定番なのだが、宇宙定数というアイデアは少しも新しくなかった。そもそもはアインシュタインが考え出したもので（私たち物理学者は、そうだと認めるのはちょっと癪《しゃく》なのだが、アインシュタインは優れたアイデアをたくさんもっていた）、宇宙の進化を支配する、彼の重力方程式にぴったりと収まった。だがそれは、まったくの誤解に基づいており、そもそも書き加えられるべきではなかったのである。

アインシュタインに悪気はなかった。宇宙定数を加えたのは、宇宙が悲劇的な収縮を起こさないようにするためだ。もう少し正確にいえば、「とっくに収縮していなければならなかった」ということから逃れるためだ。重力に関するすべてについての専門家だった彼には、当時入手できたあらゆるデータが、重力はとうの昔に宇宙を破壊していたはずだと示していることがわかったのだ。

それは1917年、ビッグバン理論が広く受け入れられるより半世紀も前のことで、「宇宙は定常的で変化しない」という考え方がまだ一般的だった。恒星は生まれては死に、物質は少しずつ組み合わせを変えるだろうが、宇宙はつねに宇宙だった――他の出来事がいろいろと起こる「背景」にすぎなかったのだ。

そのような状況だったので、夜空に恒星が輝き、どう見ても静止しているのを目にしたとき、アインシュタインは宇宙が大問題を抱えていることに気づいたのだった。これら恒星の一つひとつが、他のすべての恒星を重力で引き寄せており、すべての恒星がゆっくりと近づきつつあるに違いないと、彼は思いいたったのである。他の恒星たちが途方もなく遠くにあるとしても、気休めにもならない。重力は無限遠まではたらく、純粋な引力なのだから（当時は、銀河系以外の銀河の存在が知られていなかったことは注意しておかなければならない。そうでなければ、彼はこの議論を恒星ではなく銀河を対象におこなっただろう。銀河でも問題は同じである）。

変化しない宇宙の中では、何かの引力を感じないようにしたくても、いくら離れても、少しも感じなくなることはありえない。そしてその引力によって、やがて引き寄せられてしまうだろう。アインシュタイン自身の計算は、きわめて重い物体が含まれる宇宙は、すべて収縮してしまっているはずだと示していた。宇宙の存在そのものが、矛盾していたのである。

これはじつに具合が悪い。幸い、一般相対性理論には、宇宙救済のための微調整を加える余地があることに彼は気づいた。宇宙に存在する何物も、恒星の重力に抗《あらが》うことはできないが、宇宙そのものにはきっとそれができるだろう、というわけだ。

アインシュタインは、宇宙の中に存在するすべてのものがもつ重力に応じて、空間の形状がいかに変化するかを記述する素晴らしい方程式をすでに導出していた。重力のせいで宇宙が即座に収縮してしまわないようにするには、この方程式は不完全だと判断し、重力を及ぼし合う物体のあいだの空間を引き伸ばすような項を付け足して、重力が引き起こす収縮を完全に相殺すればいいだけだった。

追加されたその項は、宇宙の新しい要素を表したものではなく、空間そのものの性質を表していた。「空間のすべての小片が反発エネルギーをもっている」という性質である。広大な空間があり、物質が少ししかないとき（恒星間、あるいは銀河間の宇宙空間のように）、この反発エネルギーが重力に対抗することができるのだった。

うまくいった！　方程式は救われた。他の恒星や銀河が存在しても、全体が瞬時に収縮したりしない定常的な宇宙がうまく記述できたのだ。アインシュタインは、またもや見事にやり遂げた。

いったん消滅し、そして復活した宇宙定数

だが、一つだけ問題が残されていた。じつは、宇宙は定常的ではなかったのである。数年後、天文学コミュニティーでこのことが明らかになった。そのころ、それまで「渦巻星雲」とよばれていた、空に浮かぶぼんやりした光の塊が、じつは他の銀河であることが明らかになったのだ。すると、ハッブルはすぐに、これらの銀河の赤方偏移を使って、宇宙は実際に膨張していることを示したのである。

重力のみがはたらく、収縮するほかない宇宙は不幸な運命にあるが、膨張する宇宙は、それ自体の膨張によって、少なくとも一時的には救われうる。重力で膨張は減速するかもしれないし、やがては収縮に向かうかもしれないが、最初の急激な膨張の勢いに乗って、また、その膨張の効果が継続的にはたらくことにより、何十億年にもわたってうまくやっていけるのである（膨張がいかにして始まったかは、またまったく別の話だが、この問題に関するかぎり、必要なのは、宇宙がすでにもうダメになってしまっているほど徹底的に不幸な運命ではなくすることだ。それは宇宙定数を加えるか、あるいは、宇宙が膨張しているとするかのいずれかによって可能になる）。

宇宙の膨張が発見されたことにより、宇宙論のすべてががらりと刷新された。アインシュタインにとっては、ちょっと気まずいことになった。彼は一般相対性理論の方程式に加えた宇宙項を

しぶしぶ撤回し、基礎物理学の別の領域に革新をもたらそうと、宇宙論から離れていった。そして、宇宙の進化についてもそこそこ合理的に説明されるようになり、宇宙論はこの線に沿って進んでいった。

ところが1998年、超新星の観測によって、ふたたび宇宙論全体がひっくり返った。宇宙の膨張が加速していることが明らかになり、宇宙定数を復活させなければならなくなったのである。それは、アインシュタインが「それ見なさい」というにはあまりに遅すぎたが、むしろちょっとした幸運だったというべきだろう。

宇宙定数を復活させれば、宇宙の膨張を加速させられるというだけで、それが賢明で適切な解決策だと広く受け入れられるわけではないからだ（「宇宙を救う」だけでは足りないとき、あなたは自分が、ひどく厳しい要求の場にいることを思い知るだろう）。理論的な観点から、宇宙定数の項がそのような値でなければならないのはなぜかを説明できるものは何もない。われわれが使う方程式に施された、やけに都合のいい修正でなかったら、なぜそんなものが存在するのだろう？　それに、宇宙定数が必要なら、どうしてもっと大きな値ではないのだろう？

宇宙が宇宙定数をもっている、最も自然なかたちの一つが、宇宙の「真空のエネルギー」が宇宙定数をもたらしているというケースだ。真空のエネルギーとは、からっぽの空間がもつエネルギーのことで、このエネルギーを使えば、量子ゆらぎによって出現したり消滅したりする「仮想粒子」などの奇妙なものを説明することができる。

しかし、場の量子論で真空のエネルギーを計算すると、実際に宇宙を観測して得られる値よりも120桁も大きい。ひと桁が10、ふた桁が100である。120桁は10の120乗にあたる。数に関しては時折、大雑把になる宇宙物理学においてさえ、これはじつに深刻な不一致だ。だが、もしも宇宙定数が、場の量子論の研究者全員が知っている、彼らが大好きな真空のエネルギーでなかったなら、それはいったい何なのだろう？

ダークエネルギーの登場

この「宇宙定数問題」の解決策として提案されたものの一つが、宇宙定数は私たちの観測可能な宇宙では小さいが、ずっと遠方ではさまざまに違った値である可能性があり、私たちがどこにいるかは偶然による、という仮説である（あるいは、宇宙定数の値が大幅に違っていたら、たとえば宇宙の膨張が速すぎて銀河が形成されなくなるなど、なんらかのかたちで生物と知性の進化に適さないのだとしたら、偶然ではなく必然による）。

もう一つ、それは宇宙定数などではなく、宇宙に存在するなんらかの新しい「宇宙定数もどきエネルギー場」だという可能性もある。これは、時間とともに変化するのかもしれないエネルギー場で、その場合、現在の値へと進化したのには、何か別の理由があるという可能性が出てくる。

それがほんとうに宇宙定数かどうかはわからないので、宇宙の膨張を加速させられる仮説上の現象は、すべてひっくるめて「ダークエネルギー」と総称する。少し専門用語を使って、どんなダークエネルギーが検討されているかを説明すると、進化する（すなわち、定常的でない）ダークエネルギーは「クインテッセンス」とよばれることが多い。この名称は、摩訶不思議な得体の知れない「第五の元素」という、古代ギリシアに生まれ、中世の哲学でさかんに議論されたものにちなむ。

その定義は、今日にいたっても、正確さの点ではあまり向上していない。クインテッセンス仮説の長所は、時間が始まったときに起こった宇宙のインフレーションとかなり共通性のある理論をもたらしうるという点だ。

宇宙のインフレーションを起こしたものが何であれ、それはすでに終了してしまったことがわかっている。そのため、その後、同様の加速膨張を起こすような場が新たにはたらきはじめていて、今日観測されている膨張の加速を起こしている可能性がある。

（クインテッセンス仮説の短所の一つが、時間の経過にともなって変化しうるダークエネルギーには理論上、宇宙を激しく破壊する可能性が存在するという点だ。たとえば、現在膨張を加速させている正体不明のものの性質が反転したなら、宇宙の膨張は停止し、ふたたび収縮に向かい、結局はやはりビッグクランチにいたってしまう可能性がある。幸い、その可能性はきわめて低そうだが、完全に排除することはできない）

いずれにせよ、現在の観測に基づいていえば、ダークエネルギーは宇宙定数である可能性がかなり高そうだ。宇宙定数は、時空がもつ不変の性質ではあるのだが、最近になって（すなわち、ここ数十億年のあいだに）ようやく宇宙の進化の支配的な要素となった。初期には、宇宙はいまよりはるかに小さく、宇宙定数（空っぽの空間がもつ性質）が活躍するための十分な空間がなかったので、当時の膨張は減速していた。

だが、50億年ほど前、通常の宇宙膨張によって物質が非常にまばらになったため、空間が本来もっている「伸展しやすさ」が現れはじめたのである。いまでは、きわめて遠方の、すなわち宇宙膨張が加速する前に起こった、超新星爆発の運動を観測することができる。したがって、宇宙の膨張が減速していた時代がいつごろだったかを判別できるし、さらに、減速から加速へと転じた時期も、かなり正確に特定できるのである。

ダークエネルギーが何か新しいダイナミックな場である可能性もまだ残されているが、これまで得られているデータには、宇宙定数がぴったりあてはまっている。

このシナリオを未来に向かってたどっていくと、その結末は実際のところいささか皮肉なものである。なぜなら、アインシュタインが宇宙を救うために使った項が、その破滅をもたらすのだから——。

容赦のない、苦しい終末

宇宙定数によってもたらされる終末は、孤立、容赦ない崩壊、そして途方もなく長い時間にわたる暗闇への消失を特徴とし、ゆっくり進む、苦しい終末である。ある意味で、それは宇宙そのものの終末ではなく、宇宙に存在するすべてのものの終末であり、それらはみな「無」に帰してしまう。

宇宙定数が宇宙の破滅をもたらすのは、いったん始まったなら、宇宙膨張の加速は決して停止しないからである。

現在の観測可能な宇宙は、あなたが考えているよりも、きっと大きいだろう。宇宙の「観測可能」な部分とは、私たちから見た「粒子の地平面」の内側にある領域を指す。粒子の地平面とは、光速による制限と、宇宙の年齢から決まる、私たちが見ることのできる最も遠い距離で定義される境界面だ。

光は進むのに時間がかかるので、遠方にある物体ほど、私たちの視点から見てより遠い過去に存在するわけで、そこから発した光が、宇宙の年齢という時間すべてを使ってちょうどいま私たちに届いているような遠方があるはずだ。その遠方の距離が粒子の地平面を定義し、それは、原理的にさえも、私たちが何かを観測できる最も遠い距離である。

宇宙は約138億歳だとわかっているので、理屈からすると、粒子の地平面は半径138億光年の球面であるはずだと思われるかもしれない。だがそれは、「静的な宇宙」を仮定した場合の話だ。実際には、宇宙はその開闢以来ずっと膨張してきたので、138億年前に光を放って私たちに届けられるほど近いところにあったものは、いまはずっと遠くなってしまっている――約465億光年の距離まで。

そのような次第で、観測可能な宇宙は、私たちを中心とした半径約465億光年の球と定義することができる（宇宙の別の部分にある別の銀河にあなたが存在していた場合も、あなたは自分の観測可能な宇宙を、自分の位置を中心とした半径約465億光年の球として定義することができる。「観測可能な宇宙」は、主観的な、文字どおり自己中心的な概念なのである）。

観測可能な宇宙の「端」を見るという行為に最も近いといえるのは、宇宙マイクロ波背景放射（CMB）の観測だ。CMBの光は、粒子の地平面と同じくらい遠方から来ているのだから。しかし、もう少し近いところでは、現在では300億光年以上の遠方にある太古の銀河たちも観測できる。だが、これらの銀河から私たちに届いている光は、そのような途方もない遠方に行ってしまう前に銀河から放射されたものだ。

さもなければ、それらのものを観測することはまったくできなくなる。なぜなら、そんなに遠くの銀河からいま（第2章で見たように、「いま」を定義するのは厄介だ）来ている光は、私たちに届くことすらできないからだ。一様に膨張している宇宙では、遠方のものほど速く後退しているため、それより遠方では、見かけの後退速度が光速を超えてしまい、光が届かなくなるような距離が存在する。

「ちょっと待って！」と、あなたはいうかもしれない。「光よりも速く運動できるものはないはずだよ！」と。至極もっともな指摘だ。しかし、これは実際にはなんら矛盾していない。空間の中を光よりも速く運動できるものは存在しないが、物体どうしがどれだけ速く互いに離れていくかを制限する法則もまた存在しない。なぜなら、それらのものは、膨張する空間の中に静止しているだけで、自分たちは動かないのに、そのあいだの空間がどんどん広がっているのだから。

「超光速で遠ざかる物体」をどう観測するか

実際に、どれだけ遠くまで観測できるかを考えれば、現時点において後退速度が光速を超えているような銀河が存在している距離は、驚くほど近い。その距離は「ハッブル半径」とよばれ、ここから約140億光年である。

第3章で、ある物体までの距離は、その物体の赤方偏移で判別できることに触れた。赤方偏移とは、宇宙の膨張によって、その物体から放射される光のスペクトルが赤色側（低周波数側、もしくは長波長側）にどれだけシフトしているかを表す量である（100ページ図９参照）。ハッブル半径にある物体の赤方偏移は約１・５だが、これは、光の波と宇宙そのものが、その光が放出されて以来、元の長さから２・５倍に伸びたということだ（宇宙の大きさが相対的にどれだけ増大したかを表す因子は、赤方偏移に１を加えたものである。したがって、近くにある赤方偏移０の物体は、私たちの宇宙と同じ大きさの宇宙の中に存在する）。

しかし、その想像を超えた距離にしても、宇宙論においてはすぐそこである。これまでに、赤方偏移が４に近いような超新星がいくつか観測されている。これまでに観測された最も遠方の銀河は、赤方偏移の値が約11であり、ＣＭＢの赤方偏移は約１１００である。

だとすると、宇宙の非常に遠方にあって、光速を超えるスピードで私たちから遠ざかっている——じつのところ、これまでもずっと超光速で遠ざかっていた——非常に多くの物体は、どうやって見ればいいのだろう？　何かが超光速で後退しているとき、そこから放出された光線は、私たちに接近するのではなく、遠ざかっている。

理解するカギは、いま私たちに届いている光は、宇宙がもっと小さく、その膨張が減速していたころに光源を出発したということにある。したがって、出発したときには宇宙の膨張によって私たちから遠ざかる方向へ運ばれていたその光線（私たちに向かって放出されたにもかかわらず）は、膨張が減速して、後退速度が光速以下になるのに十分なほど近くまで到達したことによって、「追いつく」ことができたのだ。その光線は、私たちのハッブル半径の中に外側から、入ってきたのである。

あなたが、非常に長いランニングマシンに乗っているところを想像していただきたい。そのランニングマシンは、あなたが走れるよりも速く動いているとしよう。全速力で走ったとしても、あなたはどんどん後ろに下がってしまうはずだ。しかし、ある程度以上に遅れなければ、ランニングマシンが十分減速したときには、遅れた分を取り返して、後ろの端から落ちてしまう前に、前進することができるだろう。

それと同じように、膨張が減速している宇宙に存在しているなら、時が経つにつれて、遠方の物体からの光が膨張に追いつくため、あなたはますます遠くのものを観測できるようになる。膨張速度が光速より遅い「安全域」、つまりハッブル半径の内側は、時間が経過するにつれて大きくなり、元はその外側にあった物体を取り込んでいく。いわば、私たちの地平面が膨張しているのである。

なお、ハッブル半径で決まるハッブル球は、物理学用語としての厳密な意味では地平面ではない。「粒子の地平面」は厳密な意味での地平面であり、それを越えると、何についての情報もいっさい得ることができなくなる限界だ。これに対し、ハッブル半径は、現在の膨張速度が光速であるような直径であるにすぎない。

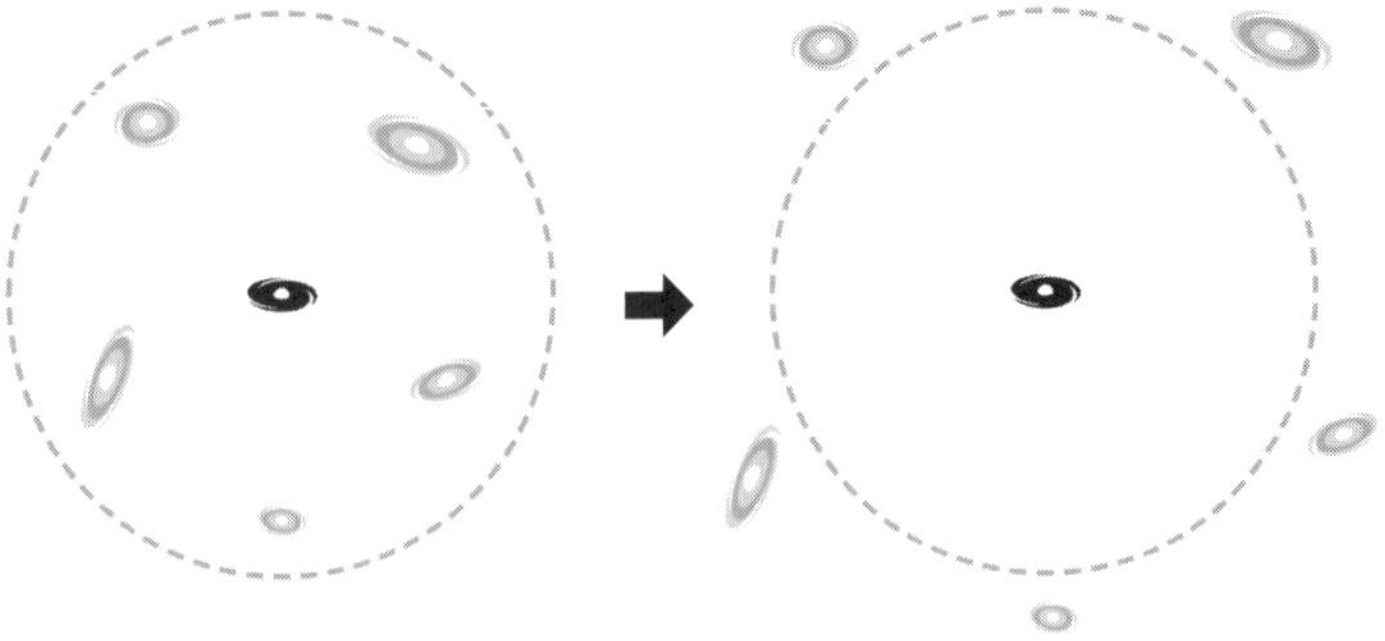

図11：現在と未来のハッブル半径　宇宙の膨張が加速するにつれて、現在、ハッブル半径の内側にある銀河たちは、その外に出ていくだろう。やがては、私たちが属する局部銀河群以外の銀河は観測できなくなるだろう

しかし、時とともに、そして私たちがたったいま議論したように、物体は外側からハッブル半径を越えて内側に入ってくることがありうる。これを地平面とよぶこともあるが、そのような用語の使い方をあなたがすると、多くの宇宙論研究者たちは頭にくるだろう。

ところが、ダークエネルギーがすべてを台無しにする。ダークエネルギーのせいで、宇宙の膨張はもはや減速していない。じつのところ、ここ50億年ほどのあいだ、ずっと加速している。

そして、ハッブル半径はいまなお理屈の上では物理的に大きくなりつつあるが、そのペースがあまりにゆっくりしているため、宇宙膨張のせいで、もとはその内側にあった物体が外側に出ていってしまっている。加速が始まる前には、外からハッブル半径を越えて内側に入ってきた光を発したきわめて遠方の天体を観測することができたのだが、発した光が安全域の内側に入ってこない天体は、永遠に観測不可能だ（これについては後により詳しく論じる）。

ダークエネルギーの厄介事がなかったとしても、膨張する宇宙は、なかなか理解しづらい。

遠くにあるものが大きく見える！

「宇宙は膨張している」という事実は、過去には宇宙が小さかったことを意味する…よろしい。「過去には宇宙は小さかった」ということは、現在遠くにあるものは、過去には近かったということだ…これもよろしい。

だとすると、「現在観測可能な、きわめて遠方にある銀河は、数十億年前にはもっと近くにあった」ということになる…そのとおりだ。

そして、遠い昔、その銀河が放出した1本の光線は、こちらに向かって放出されたにもかかわらず、最初は私たちからひたすら遠ざかっていた。ところが、私たちの視点から見て、その光線はやがて停止し、回れ右をして、たったいま届いたのだ…そうだ。ある視点から見れば、それは理屈に合う。

だが、状況はさらに奇妙な事態に見舞われるのだ!!!

叫んでしまって申し訳ない。心からお詫びする。しかし、このことを心地よく聞こえるように粉飾するつもりはまったくない。宇宙は途方もなく奇妙で、このハッブル半径＝観測可能宇宙という概念はその重要な要素だが、このうえなく奇妙なことを引き起こす。そして、これからお話ししようというのは、宇宙論について私が知っている奇妙なことのなかでも、最もショッキングなものなのである。

何かが途方もなく遠くにあるとき、それは実際よりも小さく見えることはご存じだろう。これはまったく当たり前のことだ。何かが遠くにあるほど、それは小さく見える。飛行機から見れば、人間は小さく見える。遠くの建物は親指で隠れる。誰でも知っているとおりだ。

だが、宇宙ではそうではない、ということ？　じつは、ちょっとややこしい話なのだ。

ある程度までは、確かに、遠いものほど小さく見える。太陽と月は、私たちには同じ大きさに見えるが、これは、太陽ははるかに大きいけれど、ずっと遠く離れているからだ。そして、数十億光年の距離にわたって、遠方にある銀河ほど小さく見える。あなたが期待するとおりだ。ところが、ハッブル半径付近で、この関係は逆転する。その距離を超えると、遠くなるほど大きく見えるのだ！　もちろん、われわれ天文学者にとっては、これは非常に好都合だ。おかげで、まっとうな宇宙の中では無限小の点にしか見えないはずの、途方もなく遠方の銀河の構造や細部が観測できるからだ。しかし、これについて深く考えると、やはり幾何学の理屈にまったく合わないのではないかという気がしてくる。

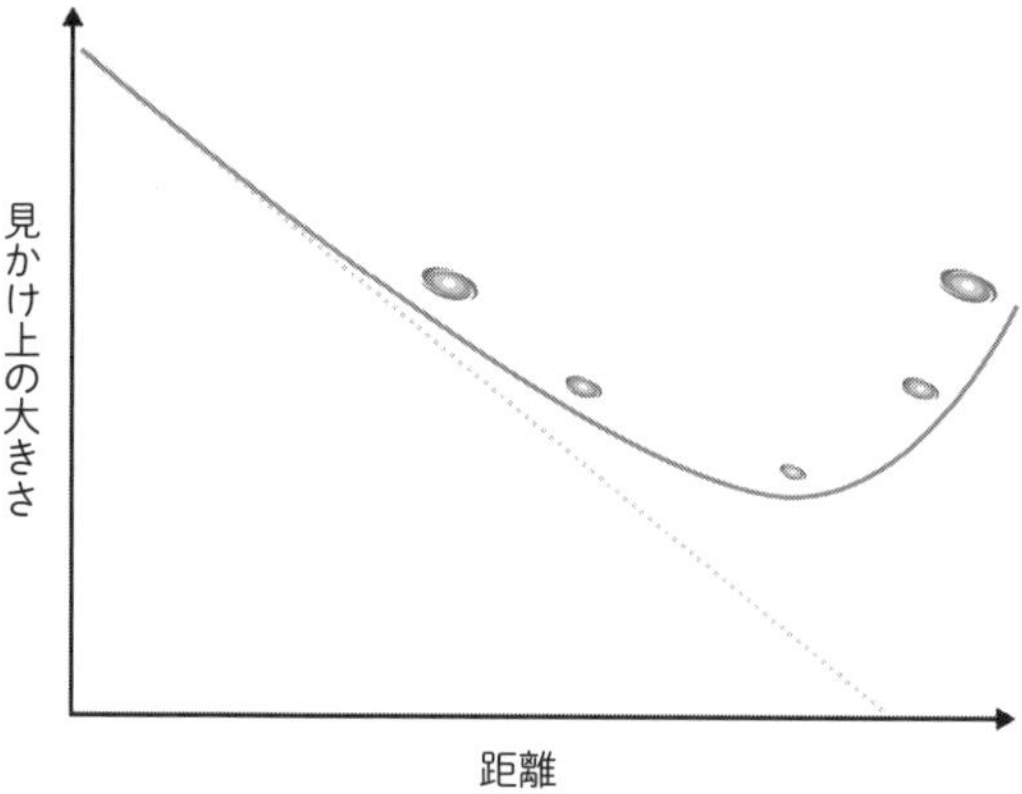

図12：私たちからの距離の関数として表した、遠方の銀河の見かけ上の大きさ（実際の大きさは同一と仮定している）　ある距離までは、遠方の銀河ほど小さく見えるが、その距離に達すると、この関係が逆転し、遠方の銀河ほど天空で大きく見える。グラフの破線は、静的な宇宙における銀河の距離と、見かけ上の大きさの関係を表す

この逆転が起こる理由は、現在光よりも速く遠ざかっている物体を私たちが見ることができる理由に関係している。かつて、その光が放出されたとき、その物体はもっと近くにあった。実際、空のもっと広い範囲を覆うほど近くにあったのだ。いまははるかに遠方にあるけれども、これまでにその物体が私たちに向かって送った「スナップショット」は、空間をずっと伝わりつづけて、ちょうどいま届き、もっと近くにあったころの古い画像を私たちに見せているのである。

それに、過去へと時間を遡るほど、宇宙は小さかった。というわけで、ある点を超えると、「宇宙は昔小さかった」ことと、「光が私たちに届くにはある程度の時間がかかる」こととの兼ね合いで、いま現在は別の銀河よりも遠方にある銀河が、その光が放出された当時は、より近かったということが起こりうるのだ。

ほらね。奇妙な話になるとお断りしたはずだ。

いずれにせよ、この話全体が非常にややこしくショッキングなので、みなさんが腑に落ちないと思われても、それはまったく当然である。食事に使うナプキン数枚にスケッチを描き、数十億年にわたって猛烈なスピードで動いている無限に長いランニングマシンの上で、そのナプキンをあらゆる方向に引き伸ばすところを想像していただくと、もしかすると腑に落ちるかもしれない。

それはさておき、そろそろ本題に戻ろう。存在の未来にとって、膨張が加速する宇宙は何を意味するかという問題だ。なにしろそれは、非常にうまくないのだから。

「最終的な崩壊」の始まり

「ダークエネルギーはすべてを滅する」という言葉は、誇張ではない。膨張が加速する宇宙では、逆説的ではあるが、その中に存在するものが及ぼす影響が縮小していく。

宇宙の膨張によってハッブル半径の外へと引きずり出された遠方の銀河は、私たちからは見えなくなってしまう。私たちが現在、その遠い過去の姿を観測できる銀河は、古い写真が朽ちるように、暗闇へと消えていく。私たちの近傍の宇宙では、天の川銀河とアンドロメダ銀河が合体したあと、われわれが属する局部銀河群がいっそう孤立を深め、暗闇と消えゆく原初の光に囲まれるだろう。

宇宙全域では、私たちには観測できないが、他の銀河団どうしが合体し、巨大な楕円銀河となり、合体の最初の衝撃で明るく輝いたあと、徐々に暗くなってついには燃え滓《かす》となるが、その光は、膨張しつつ空疎になっていくその局所的な宇宙の外に届くことは決してないだろう。

このように新たに編成された、死にゆく超銀河は、最終的にはすべて、完全に孤立する。新しい恒星の燃料となるガスを新たに供給するようなものが、ふたたび接近することはないだろう。すでに輝いている恒星たちは、超新星として爆発して燃え尽きるか、あるいは、それよりも多くのケースでは、外層が剝《は》がれ落ちて残骸となり、ゆっくりと燃焼して、数億年から数兆年をかけて徐々に冷却しつつ燃え尽きるかのどちらかだ。

ブラックホールたちは、しばらくのあいだ、成長するだろう。銀河数個分の恒星の残骸を呑み込むものもあるだろうし、その内部に落ちるほど近づいてくる新しい物質がなくて、成長の途中で停止するものもあるに違いない。

恒星がすべて活動を停止し、暗くなってしまったら、「最終的な崩壊」が始まる。

――ブラックホールが蒸発しはじめるのだ。

ブラックホールは当初、永久に存在しつづけると考えられていた。他の物質を消費して成長しつづけ、自らの質量を失うことはありえないのだ、と。「光さえも逃れられない漆黒の存在」という意味で命名されたブラックホールが、実際に「一方通行の底なしの穴」だというのは理に適っている。

だが、スティーヴン・ホーキングは1970年代に、ブラックホールの地平面における量子的な効果のおかげで、ブラックホールは弱いけれども光るのだと、計算によって示した。この光は、ブラックホールからエネルギー——アインシュタインによる有名な式、$E=mc^2$によって等価なので、質量ということもできる——を持ち去るので、ブラックホールはそのぶん、縮小していく。

このプロセスは、はじめのうちはゆっくりだが、やがてより速く、より明るく、より熱くなり、最終的にブラックホールは爆発を起こし、消滅してしまう。銀河の中心にある、太陽の数百万〜数十億倍の質量をもつ超大質量ブラックホールさえもが、やがては消え去る運命にあるのだ。

恒星、惑星、ガス、塵などをつくっている通常の物質も、これほど劇的ではないにしても、やはり同様の運命をたどる。

物質の粒子の大半はある程度、不安定であることが知られている。長時間放置すれば、他のものへと崩壊し、そのプロセスで質量とエネルギーを失う。たとえば1個の中性子はやがて、1個の陽子、1個の電子、そして1個の反ニュートリノへと崩壊する。実験において陽子が崩壊するのが観測されたことはまだ一度もないが、10^{33}年ほど待つ気があれば、それも起こりうると信じるだけの理由がある。その時点になれば、ビッグバン以来、宇宙で最もたくさん存在する原子として存続してきた水素原子さえもが、ついに存在しなくなるだろう。

宇宙定数のかたちをしたダークエネルギーに支配された宇宙の遠い未来は、暗黒、孤立、空虚、そして崩壊の未来である。だが、このゆっくりとした消滅は、究極の結末である「熱的死」の始まりにすぎない。

絶対不可避の根本的法則——熱力学第二法則

「熱的死」という名称は、創造の歴史における他の何よりも暗く、冷たい宇宙の状態を指すものとしては的外れと思われるかもしれない。だが、この場合の「熱」とは、物理学における用語であり、「暖かさ」ではなく、「粒子またはエネルギーの無秩序な運動」を意味する。そして、これは「熱の死」ではなく、「熱によって被る死」である。それは、私たちを死なせることを特徴とする無秩序だ。そのようなわけで、少し時間を割いて、エントロピーについて話をしよう。

エントロピーはおそらく、すべての科学のなかで、最も重要で用途が広いにもかかわらず、残念なくらい不明瞭なテーマの一つだ。それはどこにでも現れる。風船からブラックホールにいたるまで、あらゆるものの物理学においてのみならず、コンピュータ科学、統計学、そして経済学や神経科学にまで現れる。

エントロピーはふつう、「無秩序の度合い」を表すものだと説明される。系の無秩序の度合いが高いほど、その系のエントロピーは高くなる。パズルのピースが山のように積まれている状態は、パズルが完成した状態よりもエントロピーが高い。スクランブルエッグは、崩れていない卵よりもエントロピーが高い。

「無秩序」が、わかりやすい性質として現れていない場合には、系の要素がどれだけ自由か、つまり、どれだけ拘束されていないかという尺度として、エントロピーを定義することができる。たとえば、完成されたパズルはエントロピーが低い。その理由は、パズルを完成させるには、すべてのピースをある一つの方法で配列する以外にない一方で、ピースを山のように積んだ状態は、膨大な数の配置のどれであっても、しっかりと山をつくることができるからである。

これらの例ではあまり明白ではないが、エントロピーが高いことは、温度が高いことにも結びついている。このことは、氷の塊と水蒸気の雲との違いを考えれば理解できる。氷になるためには、水の分子は一つの結晶構造に配列されなければならないが、水蒸気中の水分子は三次元の中で自由に動き回ることができる。しかし、水蒸気を少し冷やすだけでも、そのエントロピーは低下する。それは、分子の運動が抑えられ、拘束が強まり、無秩序の度合いが下がるからである。

エントロピーのもつ性質のうち、宇宙論において重要なのは、時間が経つにつれて増大することである。熱力学第二法則によれば、任意の孤立した系の中では、エントロピーの総量は増大するのみで、減少することはない。言い換えれば、秩序が自発的に出現することはなく、何かを十分長い時間放置すれば、それは必然的に無秩序へと向かう。自分の机を整理整頓した状態に保とうとしたことのある人なら、誰でもこれには納得するだろう。宇宙で最も直感的に理解できるし、腹も立つ自然法則である。

なお、第二法則以外の熱力学の法則は、それほど面白くない。第ゼロ法則から始まるので、確かに妙な感じはするが、それだけである。かんたんに紹介するとこうだ。

第ゼロ法則：あるものが、別のものと熱平衡にあり、第三のものがこの「別のもの」と熱平衡にあるなら、これら三つはすべて互いに熱平衡にある。

第一法則：エネルギーは保存され、永久機関は不可能である（残念でした）。

第三法則：何かが絶対零度に近づくと、そのエントロピーはある一定値に近づく。

さて、宇宙そのものが「孤立した系」であるかどうかについては多少の議論もあるかもしれないが、そうだと見なすことで、未来の宇宙では、無秩序と崩壊が否応《いやおう》なく進行するという結論にいたる。じつのところ、熱力学第二法則は、絶対的に不可避で根本的な法則だと考えられているため、時間がひたすら過ぎていき、巻き戻せないことの原因ともされている。

物理法則は一般に、「時間の向き（時間の矢）」には関係しない。たいていの状況で、方程式の時間を反転させても、物理学にはなんの影響も生じないのがふつうだ。時間がどちら向きに進んでいるか、すなわち時間の矢がどちらを向いているかを物理学が気にしているように思えるのは、エントロピーにおいてのみだ。

実際、過去のことは覚えていられるが、未来を覚えていることができない唯一の理由は、「物事は悪くなる一方だ」ということが普遍的な真理であり、それが私たちの知っている実在を形作っているからなのかもしれない。

スクランブルエッグを卵に戻す⁉

「でも、待ってください。私はあのジグソーパズルを完成させたんですよ！　秩序を生み出したんです。私は時間を反転させたんじゃないでしょうか⁉」——あなたは私に、こう詰め寄るかもしれない。

そうとは言い切れないのだ。パズルは孤立系ではないし、その点はあなたも同じだ。理屈の上では、任意の局所的なエントロピーの増大は、十分な努力によって元に戻すことができる。途轍もなく困難だろうが、十分な時間をかけて、きわめて高度な実験装置を使えば、スクランブルエッグを元に戻すことができる。

しかし、総エントロピーはつねに増大する。パズルの場合、ピースをつなぐためにあなたがおこなう努力には、エネルギーの消費がともなう。つまりあなたは、食物中の化学物質を分解し、熱と老廃物（ご存じのとおり、二酸化炭素など）を環境中に放出しているのだ。それによって部屋の温度は上がり、粒子状の老廃物が生じ、また、あなたがそれに取り組んでいるあいだに、着ているシャツに皺《しわ》が寄るだろう。〝スクランブルエッグ復旧マシン〟がその環境にどんな影響を及ぼすかはわからないが、それが閉め切った室内で稼働しているあいだ、私が一緒にいたいと思わないのは間違いない。

ちなみに、冷蔵庫の扉を開いたままにしておくと、やがてキッチン全体の温度が上がるのも、また、エアコンが地球温暖化に寄与するのも、これと同じ理由による。世界の一部を自分の意志に従わせようとする企《くわだ》てはすべて、どこか別の場所に無秩序を生み出す。そしてそれは、熱のかたちをしていることが多い。

卵や冷蔵庫、エアコンにあてはめて考えるだけなら、いろいろと興味深いエントロピーだが、ブラックホールに関するエントロピーについて考えてみると、話は一段と奇妙になる。

ホーキングとブラックホール

1970年代のこと、物理学者たちはエントロピーについて、宇宙全体のエントロピーが時の経過とともに増大していることについて、そして、そのことが何を意味するかについて、大いに議論を戦わせた。

同じころ、まだそれほど有名ではなかったスティーヴン・ホーキングと、彼よりなお若いポスドク研究員だったヤコブ・ベッケンシュタインは、ブラックホールの研究に取り組んでいた。この奇妙な、逃れることのできない宇宙の廃棄物処理場が、熱力学第二法則に何か悪影響を及ぼすことはないだろうかと探っていたのである。

たとえば、スクランブルエッグ復旧マシンを使って、スクランブルエッグを元の無傷な卵に戻し、その卵をポケットに入れておいて、高温になって汚れたスクランブルエッグ復旧マシン室全体を、最も近いブラックホールに投げ込んだらどうなるだろう？　卵を元に戻し、その過程で生じたエントロピーをすべて捨て去ったのだから、宇宙の総エントロピーは低下したのだろうか？

ブラックホールはなにしろ、その名の由来からして、光さえ逃れられないのである。途方もなく重く、しかも小さいので、外へ向かう光線さえも、その重力で方向転換させられて、ブラックホール中心の特異点へと引き戻されてしまうのだ。重力が閾値《いきち》を超えるため、もう後戻りのできなくなる境界にあたる「ブラックホールの事象の地平面」を越えて内側に入ってしまえば、何物も――光も、情報も、熱も――もはや逃れることはできない。ブラックホールの事象の地平面を越えた内側にエントロピーを隠すことは、〝完全犯罪〟なのだろうか？

物理学の、他のどんな法則に違反しなければならないとしても、熱力学第二法則には絶対に逆らってはならない。ブラックホールのエントロピー問題の解決法は、私たちがブラックホールについて知っていると思っていたすべてのことについて変更を迫ったが、エントロピーについては何も変えなかったのだ。

すなわち、エントロピーをブラックホールに隠すことはできないのである。なぜなら、ブラックホールにはそれ自体のエントロピーがあるからだ。つまり、ブラックホールには温度があるのである（ブラックホールは熱を生み出す）。したがってブラックホールは、「ブラック」などではまったくないのだった。

ベッケンシュタインとホーキングは最終的に、第二法則に則《のっと》って存在するためには、ブラックホールはそれ自体のエントロピーをもっていなければならないという結論に到達した。ブラックホールに何かが落ち込むたびにエントロピーは増加するはずなので、エントロピーはブラックホールの大きさに——具体的には、事象の地平面の総表面積に——結びついているとすれば辻褄が合う。

ブラックホールに冷蔵庫を投げ込むと、ブラックホールの質量は冷蔵庫の質量だけ増加し、そのため地平面はそれだけ広がり、表面積が増加するのである（事象の地平面は実体をもった表面ではなく、ブラックホールの中心からシュワルツシルト半径で定義される宇宙空間の球面のことに直接関連している)。シュワルツシルト半径とは、特異点から地平面までの距離のことで、ブラックホールの質量に直接関連している)。

「事象の地平面」の近くで起こっていること

「温度をもつことなしにエントロピーをもつことはできない」という事実から、ブラックホールは何か(具体的には粒子と放射)を放出していなければならないことになる。そして、ブラックホールが何かを放出できるのは、事象の地平面の上か、そのすぐ外側だけだ。なにしろ、事象の地平面の内側に入ってしまったら、何物も外には出られないのだから。そのような次第で、何か妙なことがその付近で起こっているに違いない。

ありがたいことに、物理学で奇妙なことが必要になれば、いつでも量子力学に頼ることができる。何かいいものを提供してくれるからだ。ホーキングはこのケースで、「仮想粒子」という量子力学の奇妙な概念を利用した。真空そのものの中から、エネルギーが正と負の違いをもつ2個の粒子がペアとして、ポンと出現したり、あるいは消滅したりするというものだ(実粒子は負のエネルギーをもつことはできないが、これら仮想粒子は、実粒子とはまったく異なる性質の存在である。また、負のエネルギーをもつ仮想粒子と、電子のように負の電荷をもつ粒子とを混同しないように)。

この、時空のポップコーンとでもよべそうな仮想粒子は、いたるところでつねに生じているのだが、この二つの粒子は出現すると同時に、即座に合体して両方とも消滅し、ふたたび無に帰すため、何かに影響を及ぼすことはいっさいない。だがホーキングは、ブラックホールの近くでは、負のエネルギーをもった仮想粒子が事象の地平面の内側に落ち込み、正のエネルギーをもった仮想粒子だけが外に残されるような状況が起こりうると主張した。

残された正エネルギーの仮想粒子は実粒子となって、離れていってしまう。負のエネルギーを少し吸収するので、ブラックホールの質量はそのぶん低下し、同じ量の正エネルギーが、ブラックホールの事象の地平面から放出されるように見えるだろう。これらの仮想粒子は宇宙のいたるところでつねに出現しているので、環境から物質をさかんに取り込んでいないブラックホールはどれも、この蒸発プロセスによって、つねに少しずつ質量を消失しているはずなのだ、と。

ややこしいと思われるかもしれないが、それでもこれは、大幅に単純化した描像であり、専門的になりすぎずに基本的な考え方をとらえようとしたものだ。しかもこの説明は、ひんぱんに使われている。

だが、私自身はこの説明に対し、特に満足と思ったことは一度もない。というのも、負のエネルギーをもった粒子が選択的にブラックホールに落ち、正のエネルギーをもった粒子は、逃げるに十分なエネルギーをもってブラックホールから遠ざかっていくとされているからだ。じつのところホーキングは、専門家ではない一般市民に向かってはこの説明をしておきながら、この説明を文字どおりに受け取ってほしいとは決して思っていなかったのである。

そして、ほんとうの科学的な説明には、量子力学で用いる波動関数の計算と、波動がブラックホールの近傍でいかに散乱するかの計算が必要なのだ。私がそれに取り組もうとしたなら、大量の計算をし、おそらく1年から1年半にわたる週1回の講義に相当するレベルの物理学の説明を受けないことには、不可能だろう。

それでもみなさんにこの話をしているのは、私が違和感を覚えたのなら、みなさんもそうだろうと思えるからで、市民向けの比喩が不適切だとしても、一般相対性理論と場の量子論を使って、まっとうな計算をすべて厳密におこなえば、それはちゃんと理に適っているのだと、みなさんに保証したかったからである。

このような回り道をしたのは、宇宙の熱的死に直面したブラックホールは、実際に蒸発してしまい、ますます希薄になっていく宇宙の中に広がっていくわずかな放射の他には何も残さないと考えて間違いないだろうといいたかったからだ。これがお役に立てばいいのだが。

また、すべてのブラックホールの運命を最終的に定める他に、事象の地平面がもっている放射する能力と、その内側に存在するもののエントロピーを司る能力とは、じつのところ、熱的死の重要な要素なのだ。私たちの観測可能な宇宙にも地平面が存在し、しかも私たちはその内側にいるのだから。

エントロピーと時間の矢

宇宙定数に支配された宇宙は、暗闇と空虚の状態へと否応なしに進んでいく宇宙である。膨張が加速するにつれて、何も存在しない空っぽの空間が増大し、それによってダークエネルギーも増加して、膨張がいっそう進むという循環を無限に繰り返す。

やがて恒星が燃え尽き、粒子が崩壊し、すべてのブラックホールが蒸発すると、宇宙は基本的には、宇宙定数だけが存在して指数関数的に膨張をつづける空っぽの空間になってしまう。これを「ド・ジッター宇宙」(訳注:オランダの数理物理学者で、天文学者でもあったウィレム・ド・ジッターが解いたアインシュタイン方程式の解のうちの一つで、宇宙に物質が含まれない真空宇宙となる)とよぶが、それはインフレーション期の極初期宇宙が経たと考えられているのと同様に進化する。ただし、インフレーションはやがて終わったのだが、もしもダークエネルギーがほんとうに宇宙定数なら、終末期の宇宙の膨張は停止することはなく、宇宙は永遠に指数関数的に膨張しつづけるだろう。

では、このようにいつまでも膨張する宇宙は、真の意味で終焉するのだろうか? これに答えるためには、エントロピーと時間の矢について、もっと深く掘り下げたところまで理解しなければばならない。

恒星が燃え尽きたり、粒子が崩壊したり、あるいはブラックホールが蒸発したりするとき、いくらかの物質が自由な放射に変換され、純粋に無秩序なエネルギーである熱のかたちで宇宙に広がる。何かを熱エネルギーに変えることは、そのエントロピーを最大にまで上げることである。なぜなら、熱になればもはやエネルギーの流れにいっさい制約はなくなるからだ。宇宙が一段と空虚になると、この放射は薄まるので、総エントロピーは温度とともに低下するだろうと思われるかもしれない。だが、そうはならないのである。

順を追って説明するとこうなる。宇宙が指数関数的な膨張を規則正しく続ける状態に達すると、それより遠くの宇宙はもはや決して観測できないという半径を定義することができる（あなたがどこにいても）。これは、その向こう側にある何物も決してあなたには到達できないという真の意味での地平面だ。この地平面は、ブラックホールの事象の地平面と同じく、それ自体のエントロピーをもち、したがって温度も有している。

ただし、ブラックホールでは熱は外へ出ていくが、この膨張宇宙の地平面からは熱が入ってくる。温度はきわめて低い――絶対零度の10^{-40}度上ぐらいの温度――が、他のすべてが崩壊してしまったとき、この放射こそが、宇宙における全エントロピーをもつ存在として唯一残ったものとなる。宇宙がこの純粋なド・ジッター宇宙の状態になるとき、それはエントロピー最大の宇宙で

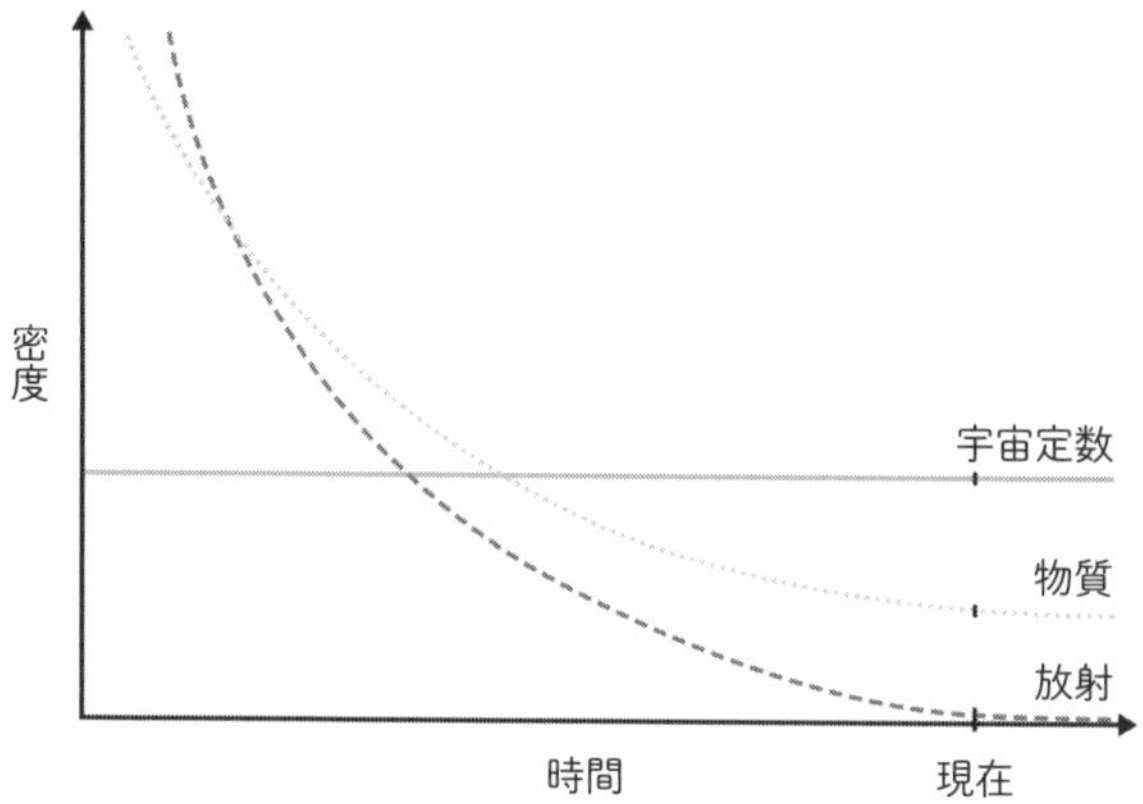

図13：宇宙定数、物質、放射の密度の時間変化　ダークエネルギー（宇宙定数）の密度は宇宙が膨張しても変化しないが、他のものはすべて希薄になるので、ダークエネルギーが宇宙のエネルギー密度の大半を占めるようになる。現在、ダークエネルギーは宇宙の約70パーセントを占めているが、物質は約30パーセント、放射はごくわずかである

ある。その時点以降は、宇宙の総エントロピーが増大することはありえず、きわめて現実的な意味で、時間の矢は消失してしまう。

私には、次の事実をもう一度述べるしかない。時間の矢と熱力学第二法則は宇宙のはたらきにとって絶対に不可欠なので、エントロピーがもはや上昇しないなら、何も起こりえない。どんな組織構造も存在できず、どんな進化も、どんな種類の意味のあるプロセスも起こりえない。

それがなんであれ、実際に起こっていることにとって絶対に必要なのは、エネルギーがある場所から別の場所へと移動することである。エントロピーが上昇することができないなら、エネルギーはある場所から別の場所へと流れることはできない。流れようとしても、瞬時に元の場所へと逆戻りし、運よく起こるかに見えたものはすべて、消し去られてしまうだろう。

エネルギーの勾配は生命の礎《いしずえ》だが、それはまた、他のどんな種類の仕事のための、どんな構造や機械にとっても基盤をなしている。エネルギーの勾配は、一つの巨大な（しかし冷たい）風呂桶になってしまった宇宙の中には存在できない。そこでは、熱が使いものにならない。すなわち、熱は死を意味するのである。

統計力学の仕業

注意すべき点がいくつかある。

そして、はっきり申し上げておくが、これらは「厳密にいうと、こういう細かい話があるのだ」というたぐいの注意ではなく、「大変なんだ、こうなるとまったく違うことになるんだ」という種類の注意である。

この件に関しては、奇妙な事柄は「統計力学」とよばれる物理学の一分野に帰着する。統計力学は、たとえば温度のようなものについて話さなければならないときに使われる。温度とは要するに、一つの粒子系の中で起こっている運動の量を表すものであり、その際に個々の粒子の運動経路を逐一記述したりはしない。統計力学こそ、熱力学第二法則が本領を発揮するところである。というのも、そこでは大きくて複雑な系を、エントロピーという一つの重要な性質で記述することが可能になるからである。

だがそれは、同時に一種の「逃げ道」ももたらす。エントロピーはつねに増大するという、不可避とされる宇宙の法則の逃げ道だ。厳密にいえば、十分大きな尺度にわたる平均に対してしか、その法則はあてはまらないのである。量子論的な尺度で、あるいは、それより大きな尺度でも十分長い時間を待てば、予測不可能なゆらぎが時折、系の一部をランダムに「エントロピーが低い状態」に自然にシフトさせてしまうのである。

系が大きいほど、そのようなゆらぎが何かをしでかす可能性は低くなるが、宇宙定数のみを含む永遠に膨張する宇宙では、ぶらぶらしながら待っている場所も時間もたっぷり存在するので、きわめて確率が低い事象でも実際に起こるのだ。まったく空っぽの空間に突然、1頭のマッコウクジラとペチュニアの花が盛られた鉢が出現する可能性はきわめて低いが、理屈の上では、十分長い時間を待てば、それも起こりうる（訳注：ダグラス・アダムスによるＳＦコメディ・テレビドラマ『銀河ヒッチハイク・ガイド』で、主人公たちに向かって発射された2基のミサイルがマッコウクジラとペチュニアの鉢植えに置換されるシーンがある）。

これは好都合かもしれない。宇宙の熱的死のあと、なんでも自然にパッと出現しうるなら、「別の宇宙」が出現してもいいのではないか？

ポアンカレの回帰定理

この思いつきは、それほど突飛なことではない。統計力学には、「ある粒子系が一度取ったことのある配列は、十分長い時間を待てばふたたび起こりうる」という原理がある。たとえば、ランダムに動き回る分子からなる気体に満たされた箱が一つあったとしよう。ある瞬間にそのスナップショットを撮影し、各分子の位置を記録したとする。

その箱を十分長い時間見守れば、やがてはすべての分子がそれと同じ場所に存在する瞬間が訪れるだろう。その配置がきわめてありえないものなら、再現するまでの時間は長くなるかもしれない。したがって、「すべての分子が箱の左下の隅に集まる」などといった非常に稀な事象は、再現するのにかなりの時間がかかるだろう。

だが、原理的には、それは時間の問題でしかない。これは「ポアンカレの回帰定理」とよばれている。無限の長さの時間が使えるのなら、その系が取りうるどんな状態も必ず、しかも無限回、ふたたび取ることができる。その回帰時間は、その配置がいかに珍しいか、あるいは特別かによって決まる。

かつてアンソニー・アギーレ、ショーン・キャロル、マシュー・ジョンソンの3人の物理学者は、宇宙の年齢の1兆倍の1兆倍といった途方もない時間を待つことができたなら、空っぽにしか見えない箱の中で、1台のピアノがおのずと組み上がるのを目撃できるはずだという、いかにも耳目を集めそうな例を計算で示してみせた。

要するに、「熱的死」以後の宇宙はきわめて大きな、ごくわずかの温《ぬく》もりをもった箱のようなものであり、統計力学が関与してきてランダムなゆらぎを提供する、というようなものだ。宇宙はかつて、ビッグバンの状態にあり、そして「熱的死」以後の宇宙は永続する（あまりに永続し、時間の矢も失ってしまったので、過去と未来は無意味になっている）のだから、ビッグバンがゆらぎによって真空から出現し、宇宙をふたたびスタートさせるなどありえないとする理由は存在しないではないか——。

でも、ちょっと待ってほしい。じつは、もっと奇妙な、しかも、もっと個人的なことになるのである。

宇宙がこれまでに経験したことがあるすべての状態が、ランダムなゆらぎによってふたたび実現するのなら、まさに「いまこの瞬間」も、あらゆる細部にいたるまでまったく同じ状態で、ふたたび起こることになる。ふたたび起こるどころか、無限回再現されるのだ。

この可能性に対し、特に強い関心を抱いたのが宇宙論研究者のアンドレアス・アルブレヒトで、彼は自ら「ド・ジッター平衡状態」とよぶものについて、論文を書いている。この、平衡状態にあるド・ジッター空間という概念の骨子は、私たちの宇宙と、その中で起こるすべてのことは、宇宙定数だけを含みながら永遠に膨張する宇宙で生じたランダムなゆらぎを起源として、その結果生まれたと考えることができるというものだ。

宇宙はときどき、熱浴（十分大きいなどの理由で、温度が均一で一定のプールのようなものと見なせるもの）の状態からゆらぎによって逸脱し、エントロピーがきわめて低い一つの初期状態となり、そこから進化を始めて（徐々にエントロピーを増加させながら）、やがてそれ自体の熱的死にいたり、元のド・ジッター宇宙へと戻る。そしてそのゆらぎは、ビッグバンを生み出すのではなく、唐突に先週の火曜日——具体的にいうと、あなたがキッチンのテーブルにつま先をぶつけて、カップに注いだコーヒーを全部床にぶちまけた瞬間——を再現することもある。

そう、あの瞬間だ。そして、あなたの人生における、他のすべての瞬間も。さらには、他のすべての人が経験してきたすべての瞬間も。

なんとなく馴染みのあるディストピア風のイメージだと思われたなら、それはきっと、19世紀末にフリードリヒ・ニーチェが最初に提案した悪夢的思考実験と気味が悪いくらいそっくりだからだろう。『悦ばしき知識』の中で彼は、次のように書いている。

〈ある日、あるいはある夜、この上ない孤独に苛《さいな》まれるあなたに悪魔が忍び寄り、こういったらどうだろう？　「お前がいま生きている、そしてこれまで生きてきた、この人生を、お前はふたたび生きなければならない、しかも無限に繰り返して。新しいことはいっさいなく、お前の人生のすべての苦痛、すべての喜び、すべての思考と吐息、そしてすべてのいいようもなく小さな、あるいは大きなことが、すべてまったく同じ順序でお前に戻ってくるのだ——この蜘蛛も、木間を漏れるこの月光も、そしてこの瞬間も、私自身も。永劫の存在の砂時計は繰り返し幾度も反転される、微塵のごときお前自身とともに!」と。

あなたは床に身を投げ出し、歯ぎしりをして、そう語りかけた悪魔を罵《ののし》らないだろうか? それとも、彼に対して「あなたは神だ。私はこれほど神聖な言葉を聞いたことがない」と答えた、劇的な瞬間をかつて経験したことがあるのかもしれない。この思いが頭から離れなくなったなら、あなたは元のままではいられなくなるか、あるいは、そのことで押しつぶされてしまうかもしれない。あらゆる物事についての、「お前はこれをふたたび、そして無限回、欲するだろうか?」という問いが、あなたの行動に最大の重荷としてのしかかるだろう。あるいは、この究極の永劫の肯定と承認以上に他の何物も強く渇望することがなくなるには、どれだけ自らと人生を愛さねばならぬだろう?〉(本書のための独自訳)

「ボルツマン脳」とは何か

これは、重くて、しんどい。

ニーチェにとって、この提案の核心は、熱力学とはなんの関係もなく、人間としての生《せい》の意味や目的、経験の検証に大いに関係している。彼は、そのようなシナリオがド・ジッター平衡仮説が提唱するものとして、文字どおり、物理的に真実であるとは、夢にも思わなかっただろう。

この二つのシナリオについて、まったく同じではないと主張する人がいても当然だ。つま先をぶつける経験を再現する量子ゆらぎは、あらゆる細部についてあなたそっくりのものを生み出すかもしれないが、一つの実在としてのあなたは、そのころにはとっくに死んでいるだろう。だがこれは、「あなたであるとはどういうことか」という疑問を提起する。

原子の、ある厳密な配置があなたなのだろうか？　それとも、あなたの意識についての、言葉では表せない永続的なもので、ピースを一つひとつつないで再現することは決してできないようなものがあなたなのだろうか？

これは、テレポーテーションをめぐって、ＳＦファンたちが熱い議論を戦わせるのと同じ問題だ。あるいは、『スター・トレック』のカーク船長は、転送ビームに足を踏み入れるたびに惨殺されて、自分はカーク船長だと思い込んでいる複製された替え玉が入れ替わっているのだろうか、という議論と同じだ。ここで私たちがそれに答えるのは無理というものだろう。

だが、それは実際に「量子ゆらぎによる再生」シナリオに、もう一つの論点をもたらす――転送ビームの問題とも、マッコウクジラとペチュニアの鉢とも大いに関係があり、その全体が一種の量子力学的唯我論にまとめられるような論点だ。それは「ボルツマン脳」とよばれている。

ボルツマン脳とは、宇宙全体が量子力学的なゆらぎによって真空から出現するのなら、たった一つの銀河がそのように出現するほうがはるかに可能性が高いのではないか、なぜなら、一つの銀河のほうが単純だし、突然出現するのに必要なものも少ないのだから、という考え方だ。そして、一つの銀河のほうが出現する可能性が高いのなら、一つの恒星系、あるいは、1個の惑星のほうがいっそう出現しやすいだろう。

実際、それよりもはるかに可能性が高いのが、ゆらぎによって真空から人間の脳がただ1個だけ出現することだ。その脳は、あなたのすべての記憶を保有していて、自分は完全にまともに機能する世界の中で暮らしており、ちょうどいまコーヒーショップの中に座って、宇宙の終焉についての本の第4章をパソコンに打ち込んでいる最中だと思い込もうとしているところである。

ボルツマン脳の問題とは、次のような主張である。

「この、出現したならほとんど即座に量子ゆらぎによってふたたび真空へと戻る運命にある不運な脳は、宇宙全体よりもはるかに出現する可能性が高いので、私たちの宇宙を生み出すのにランダムなゆらぎを使いたければ、じつは私たちがすべてのことを脳内で想像しているだけなのだという可能性のほうがはるかに高いことを受け入れなければならない」

この問題は、まだ解決していない。このような意味のボルツマン脳を提案した最初の一人であるにもかかわらず、アルブレヒトは現在、ド・ジッター宇宙は脳のようにちっぽけですぐに再吸収される運命のものよりも、ビッグバンのようなエントロピーがきわめて低い状態を作り出す可能性のほうが高いという立場を支持している。その基本的な主張は、エントロピーが低い状態を生み出すには、量子ゆらぎのエネルギーが大量に必要だと思えるかもしれないが、実際には、系の総エントロピーのごく一部を使うだけですむというものだ。

しかし、多くの宇宙論研究者は、これとは逆のアプローチを取り、量子ゆらぎにとっては、エントロピーがきわめて低いポケットを一つつくるよりも、比較的高エントロピーの状態を生み出すほうがかんたんだという。この問題が解決できれば、宇宙全体の起源について、一つのシナリオを理解する端緒になるだろうし、また、人生の最も不快な瞬間を無限に繰り返す運命にあるかもしれないことについて、少しは気持ちが安らぐだろうが。

一部の宇宙論研究者にとっては、私たちの宇宙が、いかにして初期宇宙における低エントロピー状態から始まったかを理解し、ボルツマン脳やポアンカレの回帰定理について心配すべきか否かを判断することは、私たちの宇宙モデルの基盤そのものをゆるがすような重大なことである。第7章で論じるように、低エントロピーの初期状態を設定できるような方法を見つけようとして、まったく新しい宇宙の歴史の仮説を構築した研究者たちもいるが、問題の解決にはまだまだほど遠い。

そして、ゆらぎの可能性は、理に適った宇宙という描像にはあまりに大きな不安の種であるため、ショーン・キャロルはこれを「認知的に不安定」だとよんだ。これが真実だなんてありえないというわけではないが、もしも真実なら、何も意味をなさなくなるし、宇宙を理解しようという努力をすべて諦めるのと同じになってしまう。この件に関しては、まだ結論は出ていない。

もっと悪いことになる可能性

肉体から切り離された意識をもった脳が、パッと出現したり消失したりする可能性にそれほど心乱されない人には、稀にしか起こらないランダムなゆらぎは、ある意味で「熱的死」の虚無的無秩序にいくばくかの秩序を見出せる糸口になるかもしれない。

しかし、この最も楽観的な立場においてさえ、宇宙定数に支配された宇宙が、その中に存在するすべてのものに破滅をもたらすことには変わりはない。なにしろ、一貫性のある構造はすべて、暗く孤独な空虚さと崩壊へと運命づけられているのだから。

ダークエネルギーが発見される以前は、フリーマン・ダイソンのような物理学者たちが、計算が徐々に遅くなっていくような機械は、宇宙の未来のなかで任意に長いあいだ存続できるという仮説を提唱していた（ダイソンの名前は、SFに登場する「ダイソン球」という概念の生みの親としてご存じかもしれない。ダイソン球は、恒星の放射を100パーセント捉えて、高度な文明のエネルギー源とする目的で、エイリアンたちが恒星の周囲にすでに建造している可能性があるという途方もなく大きな球だ。ダイソン球から放射されていると期待される、赤外域の電磁波として漂っている廃熱を検出しようと観測がおこなわれているが、いまのところ成果は出ていない）。

しかし、この理想的な機械でさえ、第二法則によるエントロピー増大を被って崩壊していき、やがてはド・ジッター地平面に直面して廃熱に帰すだろう。永遠にわたる真の熱的死である最大エントロピーに達する時間尺度は陽子の崩壊時間に依存するが、陽子のこの属性はまだ確定していない。とはいえ、私たちを含むすべての思考する構造が、記憶の可能性を断たれるまでには、まだ10^{1000}年という十分な長さの時間が残されている。

もっと悪いことになる可能性もある。

ダークエネルギーに関しては、定常的で予測可能な良い宇宙定数は、最良のシナリオなのである。それ以外の可能性も排除されてはいない。その一つ、「ファントムエネルギー」とよばれる強力なダークエネルギーは、もっと劇的で、もっと差し迫った、ある意味ではるかに潰滅的な「ビッグリップ」をもたらすのである。

第5章 ビッグリップ

終末シナリオ その3

ファントムエネルギーによって急膨張し、
ズタズタに引き裂かれる

おれはな、よく川の中の二人を考える。どこかにある川で、すごく流れが速いんだ。で、その水の中に二人がいる。互いに相手にしがみついてる。必死でしがみついてるんだけど、結局、流れが強すぎて、かなわん。最後は手を離して、別々に流される。おれたちって、それと同じだろ?

（カズオ・イシグロ『わたしを離さないで』土屋政雄訳、早川書房）

宇宙の中で最も重要といってほぼ間違いないであろう宇宙論的現象にしては、ダークエネルギーを研究するのは驚くほど難しい。いま知られているかぎりでは、それは宇宙のどこにでも存在し、完全に均一で、宇宙そのものに織り込まれており、それが唯一発揮する効果は、宇宙をごくわずかずつ膨張させることだけで、遠く離れた銀河と銀河のあいだの広大な空間よりも小さな尺度では、検出可能な影響はいっさい及ぼさない。

ダークマターを研究する物理学者は、研究対象の扱いにそれほど苦労しない――ダークエネルギーと同じく見えないけれども、ダークマターは、これまでに私たちが観測したほぼすべての銀河または銀河団の周囲に集まっていることが知られており、重力場を支配し、光を湾曲させ、最初の瞬間から宇宙の歴史の流れを左右している。一方のダークエネルギーは……、ただひたすら膨張するのみだ。

だからといって、ダークエネルギーの研究が完全に閉ざされているわけではない。ダークエネルギーを解明する糸口が、主として二つ存在する。宇宙の膨張の歴史と、銀河および銀河団の成長過程だ。両者を調べるために、私たちは遠方の「かつての宇宙」を観測し、宇宙の進化を時間を追ってたどろうとしている。しかし、いかにして観測するにせよ、微弱な信号と統計学を使って、小さな効果を探り出そうと努力するほかないのである。

このようなたぐいの研究は、困難であると同時に、取り組むだけの価値はある。というのも、ダークエネルギーは宇宙で最も優勢な成分であると同時に、私たちの現時点での理解を超えた「新しい物理学」が存在するという確かな証拠だからである。

そのことと、ダークエネルギーの正体が何であると判明するかによっては、想像したよりもずっと早く、ダークエネルギーが不可避的に、宇宙を激しく破壊してしまう可能性も生じうる。いかにもふさわしく、「ビッグリップ」と名付けられた、ダークエネルギーによる突然の劇的な終焉がありうるなら、熱的死のような遅々としてしか進まない崩壊を待つことなどないではないか。

量子論的ゆらぎが関与しようとしまいと、逃れられない破壊であるのみならず、実在の構造そのものをズタズタにする破壊であり、宇宙に存在し、思考するすべての生き物は、自分たちの宇宙がわが身の周囲で引き裂かれていくのを、なすすべもなく見守るしかないだろう。

この不気味な可能性は、突拍子もない奇説などではない。じつのところ、私たちが手にしている最善の宇宙論的データが、これを排除できないのみならず、いくつかの観点からすると、これをやや優勢とするのである。そのような次第で、少し時間を割いて、ダークエネルギーによるビッグリップが私たちに何をもたらすかを詳しく見てみる価値は十分にあるのだ。

「孤立化させる力」としての宇宙定数

ダークエネルギーは、宇宙を膨張させる宇宙定数だと見なされることが多い。おのずと膨張していく傾向を宇宙に与え、宇宙の膨張を加速させているのだ、と。巨視的な尺度においては、これは良い説明だ。

しかし、銀河や恒星系の内部、あるいは、一般に組織化された物質のごく近傍においては、宇宙定数はなんの影響も及ぼさない。宇宙定数はむしろ、「孤立化させる力」と考えたほうが正しいだろう――二つの銀河が、すでに遠く離れているなら、それらをいっそう遠く離れさせ、個々の銀河や銀河群、あるいは銀河団を、時が経過するにつれていっそう孤立させるのが宇宙定数の仕事だ。宇宙定数は、どんな意味においてであれ、すでにまとまった構造をもっているものをバラバラにすることはできない。したがって、重力がすでに結びつけたものは、宇宙定数には引き離せないのだ。

宇宙定数が、このような手加減をわずかながらでもしてくれる理由は（公平のためにいっておくと、それでも宇宙定数は、結局は宇宙全体を破壊してしまう）、それが「定数」だという点にある。ダークエネルギーが宇宙定数であるなら、その決定的な特徴は、宇宙が膨張しても、宇宙の任意の部分のダークエネルギーの密度はつねに一定だということである。膨張速度は一定ではないとしても、ダークエネルギーそのものの密度は、宇宙の任意の部分で一定なのだ。

このようなことは、宇宙のすべての微小部分に、一定の量のダークエネルギーが自動的に付与されるとしたら、合理的に可能だろう。しかし、それでもやはりこれは、きわめて奇妙だ。なにしろ、宇宙が大きくなっていくにつれて、ダークエネルギーは、自らの密度を一定に保つために、どんどん量が増えていくということを示しているのだから。

それはまた、宇宙の任意の場所で、一定の大きさの球を描いて、その内部に含まれるダークエネルギーの量を測定し、これと同じことを未来のどこかでおこなったなら、そのあいだに宇宙がどれだけ膨張していようが、まったく同じ値が得られるということでもある。最初に描いた球の内部に、銀河団が一つと、ある量のダークエネルギーがあったとすると、10億年経っても、その領域の内部のダークエネルギーの量は同じだろう。

そして、球を描いた最初のときに、その量のダークエネルギーは銀河団をぐちゃぐちゃにするには足りなかったのなら、10億年後もそうであるはずだ。その球の内部における物質とダークエネルギーのバランスは、外側の宇宙が容赦なく空っぽになっていくように見えていても、さほど変わらないだろう。

そうとわかれば安心だ。あなたがたまたま宇宙に存在する物質の集合体であって、しかも、重力で結びついた安定な銀河を形成したいと思っていたとすると、何かをつくるのに十分な量の物質をいったん集めてしまえば、ダークエネルギーによってその努力が水の泡になったりすることはないと、安心していい。

ただし、ダークエネルギーが宇宙定数よりももっと強力なものでないかぎりにおいて、だが。前章で論じたように、宇宙定数は、ダークエネルギーの正体である可能性をもつものの一候補にすぎない。ダークエネルギーについてほんとうにわかっているのは、それが宇宙の膨張を加速させるということだけだ。あるいは、より正確にいえば負の圧力をもっていることだけである。

負の圧力とは奇妙な概念だ。なにしろ、圧力といえばふつう、何か「外へ向かって押すもの」を思い浮かべるのだから。しかし、アインシュタインの一般相対性理論の立場から宇宙を考えると、圧力は、質量や放射と同じように、また別種のエネルギーにすぎない。したがってそれは、先にも登場した「エネルギーと質量は等価である」という関係から、重力による引力をもっているわけだ。そして一般相対性理論では、重力による引力は「空間のゆがみ」の結果にすぎない。

物質が空間の湾曲に及ぼす影響の比喩として第3章で使った、トランポリンをへこませるボウリングのボールのイメージを覚えておられるだろうか？（118ページ参照）

一般相対性理論を考慮すると、ボールが重いほど深くへこむことになるが、ボールが高温である場合や内圧が高い場合にも、そのへこみは深くなる。このように、圧力は他のかたちのエネルギーと同様、多くの点で質量のようにはたらく。重力の観点からすると、圧力は引力だ。たとえば、ガスの塊が及ぼす重力の効果を計算するときには、ガスの質量のみならず、その圧力も考慮に入れなければならない。両方とも、ガスが周囲のものに及ぼす重力に寄与するからだ。じつのところ、圧力は、質量よりも大きな影響を時空の湾曲に及ぼすのである（訳注：一般相対性理論では、圧力も重力源として寄与する）。

果たしてダークエネルギーは宇宙定数か

では、負の圧力をもつものにとって、これは何を意味するだろう？

ある奇妙な物質の圧力が負になりうるとすると、その物質は、少なくとも時空の湾曲への影響に関しては、自身の質量を事実上、打ち消すことができるのである。宇宙定数のかたちのダークエネルギーについて、その圧力と密度を適切な単位で書き出すと、圧力は密度に負号をつけたものにぴったりと一致する。

ある物質の密度と圧力の関係は通常、「状態方程式パラメータ」とよばれる、wと表記されるものを使って表す。このwは、圧力をエネルギー密度で割ったものに等しい。その際に用いる単位は、圧力とエネルギー密度の比較が意味をなすようなものを選ぶ。

ここで私たちが興味をもっているのは、ダークエネルギーの状態方程式であり、十分長い時間が経過すると、それは宇宙全体の状態方程式になるはずである。というのも、他のすべてが希薄になっていく膨張宇宙の中では、ダークエネルギーはその重要性をどんどん増していくからだ。

測定値が厳密に$w=-1$なら、圧力と密度は絶対値が同じで符号が逆となり、ダークエネルギーは宇宙定数だということになる。宇宙定数のエネルギー密度はつねに正なので、それは一見、物質のようにふるまって重力を高め、宇宙の膨張を減速するはずだ、と思えてしまう。しかし、負の圧力は、方程式の中でより大きな重みづけがされるので（訳注：一般相対性理論による宇宙膨張の式では、密度の係数が1であるのに対し、圧力の係数は3となっている）、宇宙定数は結局、宇宙の膨張の加速にしか貢献しないのだ。

少なくとも、その貢献は予測可能なかたちである。$w=-1$の宇宙定数の場合、総エネルギー密度は、宇宙が膨張をつづけるあいだはつねに厳密に一定であり、増加も減少もしない。それ以外のw値をもつダークエネルギーの場合は、これはもはやあてはまらない。したがってここでは、ダークエネルギーとは、ほんとうのところ何なのかをはっきりさせることが肝要だ。

ダークエネルギーが初めて発見された直後の数年のうちに、何かが宇宙の膨張を加速させており、したがって、負の圧力をもつ何かが宇宙に存在していなければならないということが明らかになった。wが$-\frac{1}{3}$以下の値であるものはなんでも、負の圧力と加速膨張をもたらすこともわかった。

しかし、wの値がわかれば、ダークエネルギーは真の宇宙定数（つねに$w=-1$）なのか、あるいは、なんらかの動的なダークエネルギーで、時間が経過するにつれて宇宙に及ぼす影響が変化するようなものなのかがはっきりする。そのため、天文学者たちはwの値を正確に特定する方法を探しにかかった。もしもダークエネルギーが宇宙定数ではないことが明らかになったなら、私たちは宇宙ではたらいている新しい種類の物理学を発見するのみならず、それは何か、アインシュタインが予測していなかったものだというボーナスまで手にすることになるだろう（彼にしたって、何かは間違っているはずだ）。

数年にわたり、wを測定して、ダークエネルギーに何が起こっているのかを突き止めることが最重要課題となった。多くの観測がおこなわれ、何件もの論文が書かれ、どのw値がデータと一致するかを示すグラフがいくつも作成された。宇宙定数の問題は、すぐにも決着がつきそうに見えた。

ところが、１９９０年代後半から２０００年代初頭にかけて、ある小さな宇宙論研究者のグループが、それまで議論されていなかった重要な仮定を指摘し、彼らの同僚たちがそれを考慮に入れた計算をおこなった。それは完全に合理的な仮定で、それを無視すると、理論物理学のきわめて根本的な原理であるために誰もそれを破りたくないような、長く支持されてきたいくつかの原理を破ることになってしまうのだった。

しかし、それらの原理は、宇宙定数にまつわる当時のデータには必要なかったため、結局、われわれは科学者なのだから、最も忠実に対すべき相手はデータだということになった。たとえそれが、宇宙の運命を書き換えることにつながるのだとしても。

険路を打開した「シンプルな問いかけ」

理論物理学者のロバート・コールドウェルとその同僚たちが投げかけたのは、こんな単純な疑問だった。

「もしもwの値が−1より小さかったらどうだろう？　たとえば、−1.5とか−2だったなら？」

そのときまでは、そのような可能性はあまりに突拍子もないので考慮に値しないと考えられていた。論文に記載されている、データに基づいて特定したwの許される領域を示したグラフは、−1でぷっつりと終わっているのが通例だった。グラフの軸は−1から0、あるいは、−1から0.5までと、大きい側には多少の違いが見られたが、小さい側の−1は堅牢な壁のように固定されていた。ちょうど人間の身長のグラフで、0が絶対的な下端の値となるように。

しかし、コールドウェルがこの問題について検討した際、wの観測値はすべて−1、もしくは、それにきわめて近い値を指し示していた。だとすれば、誰かがチェックすれば、−1よりも小さな値を許すようなデータがあるかもしれないということではないか。このように−1より小さい仮説上のダークエネルギーを、コールドウェルは「ファントムエネルギー」と名付けた。

だがこれは、先ほど述べた、誰も破りたくない「物理学の重要な原理」とは真っ向から矛盾する——具体的には、「優勢エネルギー条件」と矛盾するのだ。これは、大雑把にいうと、エネル

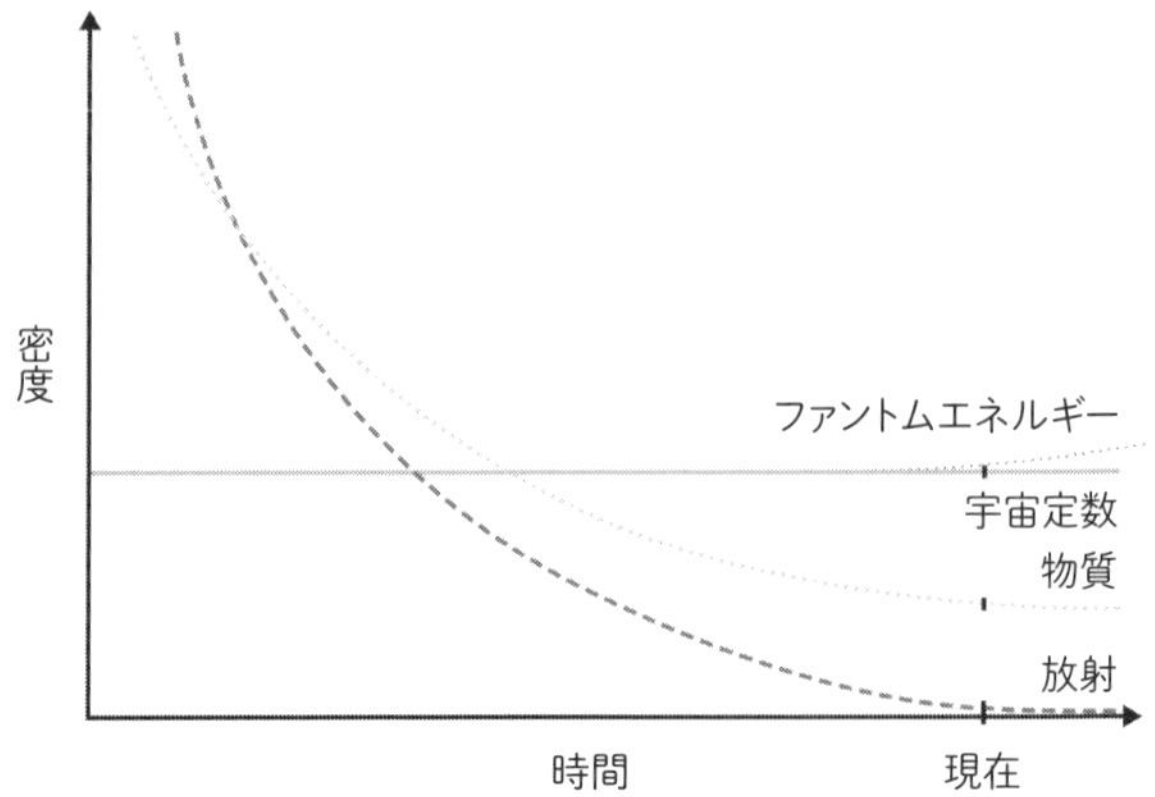

図14：ダークエネルギーの進化　宇宙定数のかたちの場合と、ファントムエネルギーの場合を、物質と放射のそれぞれと比較したグラフ　宇宙定数は宇宙が膨張しても密度が一定のままだが、ファントムエネルギーは密度が上昇する

ギーは光よりも速く流れることはできないという条件だ（「ファントムエネルギー」という概念に初めて言及した1999年の論文で、なぜ「幽霊」を意味するファントムという言葉を使ったのかを説明する際に、コールドウェルは次のように記した。「幽霊は視覚、もしくはその他の感覚ではっきりと捉えられるのに、物質的な存在ではない。したがって、型破りな物理学で記述せざるをえないような形態のエネルギーにふさわしい表現である」）。

　優勢エネルギー条件を宇宙に課すのはまったく妥当だと思えるが、光（あるいは任意の種類の物質）には究極の制限速度があるという通常の文言とは少し違っており、現時点では、証明された物理学の原理というには足りず、「とてもいい考え」でしかない。おそらく、それほど確固たる条件ではないのではないか？

ともかく、コールドウェルとその同僚たちは、この考えに沿った線で進み、wが取りうる値のすべての範囲に基づいて観測データからかかってくる、ダークエネルギーのパラメータへの制約を計算した。彼らは、−1以下の値もデータと完全に辻褄が合うことを見出したのみならず、単純な計算によって、wがごくわずかだけでも−1より小さいなら、ダークエネルギーは宇宙全体をズタズタに引き裂いてしまい、しかもそれは、計算可能な有限の時間内に起こることを発見した。

ここで少し立ち止まって、申し上げておきたいことがある。この、「ファントムエネルギー：$w<-1$のダークエネルギーは宇宙の終焉をもたらす」と題された論文は、物理学のなかで、私が大好きな論文の一つなのだ。現在の見解に、ごくわずかにしか見えない変更を加え、一つのパラメータをほんの少しずらしただけなのに、それが「すべての宇宙を破壊する」ような事態をもたらすと気づく、などといったことは、めったにない。

それだけではない。この論文は、宇宙がいかに破壊されるか、そしてそれはいつのことで、そのとき、すべてが滅びゆくときにどのような様相を呈するかを、厳密に計算する方法も提供しているのだ。

その様相とは、次のようなものである。

すべてを引き裂く「ビッグリップ」

それは、「解体」のようなものと考えることができる。最初に失われるのは、最も大きく、最も希薄な結びつきだ。巨大な銀河団の中では、数百から数千の銀河が、絡み合った長い軌道に沿ってゆっくりと運動しているが、その軌道が長くなっていく。これらの銀河が数百万年から数十億年かけて横切る広大な空間は一段と広がり、その結果、辺縁にある銀河たちを、しだいに大きくなっていく宇宙の虚空へと追いやってしまう。やがて、最も密度が高い銀河団さえもが、否応なく拡散していき、そこに属していた銀河たちは、引力で中心へと引かれているとはもはや感じなくなる。

天の川銀河の内側の、見晴らしのいいところから眺めると、銀河団の消失が、「ビッグリップ」が起こっているという最初の不吉な兆候となるはずだ。しかし、光速が有限なので、この兆候が見えるころには、影響が自分たちに迫りつつあることはもう感じられているだろう。私たちが属する局部銀河群が含まれる、おとめ座超銀河団が散逸しはじめる。もともと天の川銀河からゆっくり遠ざかっていたおとめ座銀河団（訳注：おとめ座超銀河団の中心にある銀河団）は、後退速度を徐々に上げていく。しかし、この効果はそれほど派手ではない。次にご説明する効果は、これとは対照的に派手である。

すでに、われわれには全天サーベイ観測（訳注：サーベイ観測とは、天空の一部または全体をくまなく専用の望遠鏡と観測装置で観測すること）が可能だ。天の川銀河内にある数十億個の恒星の位置と運動が観測できる（最新の全天サーベイ観測は、ガイア衛星という宇宙望遠鏡によるもので、天の川銀河の恒星の見事なまでに詳細なマップを作成している。2013年の打ち上げ以来、すでに私たちの宇宙論的な歴史について素晴らしい洞察を提供してくれている。私たちがこの先どんな運命にあるかについて何を教えてくれるかは、これから判読せねばならない）。

ビッグリップが迫るにつれ、銀河の辺縁部にある恒星は、従来の軌道の上を運行するのをやめて、パーティーのお開き近くに一人また一人と帰っていく客のように、漂うように離れていく。それからまもなく、天空に帯のように横たわる天の川銀河の光は弱まっていき、夜空は暗くなるだろう。銀河が蒸発しているのだ。

この段階からは、破壊のペースが上昇する。惑星の軌道は、もはや本来のものではなくなり、らせんを描きながら徐々に遠ざかっていくのがわかるだろう。終末の数ヵ月前になると、地球よりも外側を周回する外惑星はもうとっくに、巨大化してさらに広がっていく暗闇の中に失われている。地球は太陽からふらふらと離れ、月は地球から離れていく。孤立無援となった地球も、暗闇に呑まれていく。

だが、この「孤立」という新しい静けさは長続きしない。この時点で、まだ損なわれていない構造はすべて、それ自体の内部の空間が膨張する圧力で大きな負担を受けている。地球の大気は、最上部から薄れていく。地球の表面を覆うプレートは、変動する重力に応じてカオス的に移動する。ものの数時間で、地球はもはや、自らを一体に保てなくなる。地球は爆発する。

地球が破壊されたとしても、理屈の上では生き延びることは可能だ。兆候を正しく解釈していたなら、あなたはすでに省スペース型カプセルに乗り込んでいるだろう（空間そのものが危険なときは、できるかぎり空間が小さい構造物の中にいたほうがいい）。

しかし、この猶予も長くは続かない。やがて、あなたを構成する原子や分子を一体に保っている電磁力が、すべての物質の内部の空間が膨張の一途をたどるのに耐えきれなくなる。最後の1秒を切るころには、分子がちぎれ、まだ生き延びていた思考する生物はすべて、内側から個々の原子へと解体していく。

この時点から先は、この破壊を見守る術《すべ》はいっさいなくなるが、破壊そのものはなおも進んでいく。やがて、原子の中心にある超高密度物質である原子核そのものが崩壊する。ブラックホールの、ありえないほど高密度な中心部も、いわば骨抜きになってしまう。

そして最後の瞬間——、空間の構造そのものが引き裂かれていく。

ビッグリップはいつ起こるか

今から何年後に起こるか	事象
1880億年以上	ビッグリップ
ビッグリップのどれだけ前に起こるか	
20億年	銀河団の消滅
1億4000万年	天の川銀河の破壊
7ヵ月	太陽系の解体
1時間	地球の爆発
10^{-19}秒	原子がバラバラになる

図15：ビッグリップの展開（現在予測されている最悪のwの場合のシナリオ）　ビッグリップまでの時間は、少なくとも約1880億年ある。この表は、ビッグリップの前段階のさまざまな破壊が、ビッグリップのどれだけ前のタイミングで起こるかを示す。また、実際の地球は約50億年後に赤色巨星化する太陽に呑み込まれてしまうが、ここではビッグリップ以外の事象については考慮していない（出典：Caldwell, Kamionkowski, Weinberg, 2003）

残念ながら、私たちはビッグリップを免れていると、言い切ることは決してできないだろう。それは、「熱的死の運命にある宇宙」と「ビッグリップに向かう宇宙」との違いを観測で見きわめることは、まったく不可能であろうという問題があるからだ。

ダークエネルギーが宇宙定数なら、状態方程式パラメータwは-1に厳密に一致し、宇宙は熱的死に向かう。もしもwが少しでも-1より小さければ——たとえば、10^{16}分の1だけでも小さければ、ダークエネルギーはファントムエネルギーであり、宇宙をズタズタに引き裂くだろう。

それがなんであれ、不確定性のない正確さで、完璧に測定することは不可能だ。したがって私たちにできる最善のことは、たとえビッグリップがほんとうに起こるのだとしても、それはあまりに遠い未来のことなので、実際にそれが起こるまでには、宇宙に存在しているすべての構造はもうすでに崩壊しているはずだ、と言明することだろう。ダークエネルギーがファントムエネルギーだった場合でも、wの値が−1に近づけば近づくほど、ビッグリップが起こるのは、それだけ遠い未来になる。

ビッグリップが起こりうる最も早い時期はいつか。プランク衛星による2018年のデータに基づいて私がおこなった最新の計算では、約2000億年後という答えになった。

やれやれ。

しかし、宇宙が、そして物理学そのものの構造が被る可能性のある影響の大きさをふまえ、天文学コミュニティーに属する私たちは、$w=-1$から「凄惨な宇宙の最期」までの目盛りのどのあたりに私たちがいまいるのかを明らかにすることを、かなり優先度の高い課題としている（あなたに訊ねられたら、私の同僚たちは、ダークエネルギーの性質を理解しようと取り組む真の動機は、それが物理学の基盤と宇宙論のモデルについて重要なことを教えてくれるからだと答えるだろう。しかし、ほんとうの動機は恐れなのだということは、この私がよく知っている）。

wを直接測定することはできない。しかし、宇宙の過去の膨張速度を測定し、異なるタイプのダークエネルギーのそれぞれについて、理論的に推定される過去の値と比較することによって、間接的にwを決定できる。前章で、このことについてもっともらしい説明をしたのだが、じつのところ、過去の膨張速度を特定するのは、途方もなく難しいのである。

理論的には、wの値を得る方法は数通りあり、そのうちいくつかは、特定の距離における膨張速度を計算せずに実行できる。しかし、ダークエネルギーを捉える最も直接的な方法は、私たちの宇宙が経過した膨張の歴史全体を明らかにすることだ。ところが、じつをいえば、「あの銀河はどれだけの距離離れているの？」という問いに答えるという一見シンプルなことをしようとすると、宇宙論の奇妙さのすべてが押し寄せてくるのである。

「宇宙の距離はしご」

宇宙の異なる2点における局所的な空間の膨張速度の、意味のある比較をおこなうためには、まず、それぞれの点が私たちからどれだけの距離にあるかを正確に把握しなければならない。これは、地球上にあるものや、月くらいの近さにあるものの場合は、大した問題ではない。なぜなら、レーザービームを照射して、反射ビームが戻ってくるまでの時間を測定すれば、たちどころに距離がわかるからだ。

そう、実際にこの方法で月までの距離が測定されている。それが可能なのも、アポロ宇宙船の乗組員たちが、月に鏡を設置してくれたからだ。月の距離を知る（面白トリビア：現在、月は毎年、約3・8センチメートルずつ地球から遠ざかっている）ほか、その軌道を注意深くモニターすることで、重力の性質を検証する際にも大いに役立つ便利なツールである。

このような尺度の距離でなら、宇宙は非常に「まとも」だ。基本的には、AからBへの距離を直接測定できる定常的な宇宙のようにふるまい、理に適っていて、すべてがうまくいく。しかし、太陽系の外のものとなると、①遠方のものほど観測が困難になり、そして②より大きな尺度になるほど、膨張のおかげで、距離の定義自体が変わってしまうために、状況ははるかにややこしくなる。

天文学者たちは長年にわたり、境目では重複する多数の定義や距離の測定法をつぎはぎし、組み合わせてきた。これらの定義や測定法は、以前のものに次々と新たに積み上げられてきたものだ。いまだに多少間に合わせのように見えることもあるにせよ、これは数十年にわたる観測天文学とデータ解析のイノベーションの成果であり、「宇宙の距離はしご」と総称されている。しかし、この「距離はしご」は、直感的にわかりやすいとはいえ、戦略として使いこなすのは難しい。

たとえば、ある部屋の横幅を測定しなければならないとしよう。使える道具は、ふつうの長さの定規1本だけだ。床を這いまわるのが嫌でなければ、定規を繰り返し床に当てて、部屋の端から端まで長さを測ればいいだろう。あるいは、もう少し工夫して、自分の歩幅の長さを測ってから、部屋を端から端まで歩き、歩数を数え上げることもできる。歩数法を選んだ場合、それは、

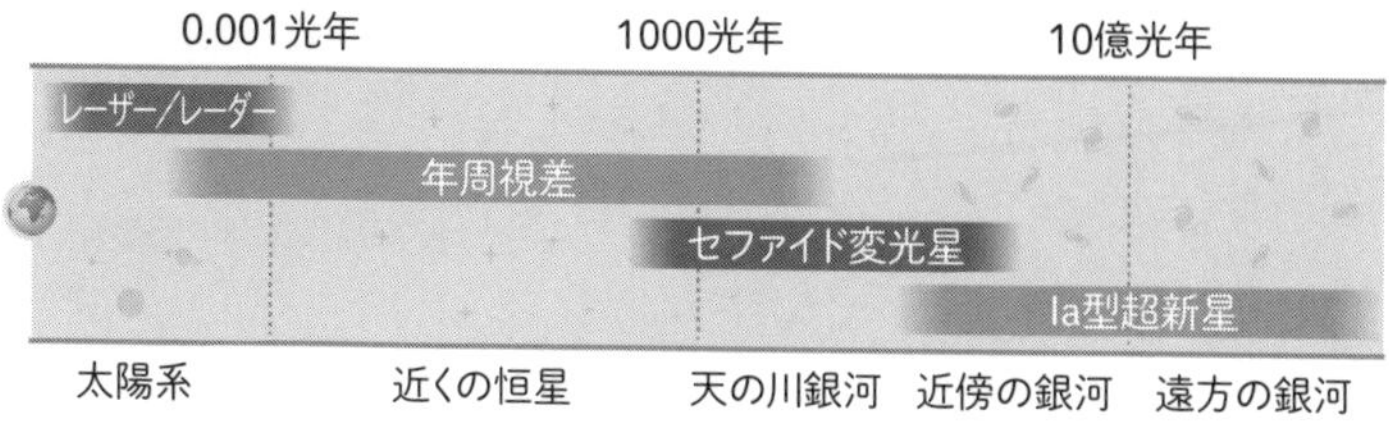

図16：宇宙の距離はしご　太陽系内の天体に対しては、レーザーまたはレーダーを（ケプラーの第三法則の、公転周期と軌道半径の関係に加えて）使って距離を測ることができる。近くの恒星までの距離は、年周視差を使って測定する。また、セファイド変光星を使えば、天の川銀河および近傍のいくつかの銀河の内部のものを測距できる。それより遠方の銀河には、Ia型超新星を使うことができる

何か測定しやすいものによって測定法を較正することにより、非常に長い距離を測る「距離はしご」をつくることに相当する。

天文学では、距離はしごには一連の段があって、数十億光年離れた天体にも到達することができる。太陽系内なら、直接のレーザー測定や、ケプラーの第三法則に基づく公転周期と軌道半径の関係からの計測、そして「食」などが、距離のデータを集めるのに役立つ。

それより遠方の測定には、まず「視差（年周視差）」を使う。これは、自分が「どこから観測するか」という視点を移動させると、遠方のものは固定された背景のように動かないが、近くのものは位置が動いて見えるという事実を利用する方法だ。顔の前に指を1本立てたとき、左右の目を交互につぶって見ると、指が瞬時に左右に移動して見えるのと同じ効果である。

近くにある恒星を6月に観測し、その後、同じ恒星を12月

に観測するという例について考えよう。地球が太陽を回る軌道上の異なる位置に移動しているため、その恒星は、もっと遠方にあって背景となっている他の天体に対し、少し位置を変えたように見える。対象となる恒星が近いほど、位置の変化は大きい。残念ながら、天の川銀河の外側にあるものの場合は、この位置変化は小さすぎてとらえることができないため、別の手段が必要になる。それは、明るい物体の距離を、その光の性質のみから決定するという手段だ。

これよりも遠いものを測距するカギとなるのは、「標準光源」である。前章で少し論じた概念だ（128ページ参照）。それ自体の明るさを知ることができるような物理的属性をもった天体（恒星など）が、標準光源として使われる。その天体が、どれくらい明るく見えるかを観測すれば、どれくらい遠くにあるかがわかるわけである。この方法は、「60ワット」と表示された電球を見るのとちょっと似ている。ワット表示のある電球ならどれだけ明るいはずかはわかるが、遠くにあるなら、それだけの光は届かないだろう。

もちろん、自分の明るさを表示してくれている天体など、宇宙には存在しない。しかし、ほとんどそれと同じくらい便利なものがあるのだ。

「無名の天文学者」による大発見

天文学における標準光源の利用を初めて可能にした画期的な発見は、20世紀初頭に天文学者へンリエッタ・スワン・リービットによってなされた。ちなみに、彼女は当時、天文学者とはよばれなかった。計算手（英語で「コンピュータ」）という女性の被雇用者の一人だった。計算手としての彼女らは、天体写真乾板を確認する低賃金の労働者として採用されたが、やがて天文学に不可欠な大量の計算をおこなうようになった。

エドウィン・ハッブルも、宇宙の大きさと膨張速度を測定する際にリービットの発見を用いたが、のちに彼は、彼女はノーベル賞に値すると称賛している。残念ながら、身近な同僚たちに認められ、尊敬されていた以外、リービットは存命中、ほぼ完全に無名の存在だった。

ハーバード大学天文台に勤務していた彼女は、「セファイド変光星」とよばれるある種の恒星が周期的に明るくなったり暗くなったりしており、その変化が予測可能であることに気づいた。もともと明るいセファイドは、ゆっくりとその明るさが変化し、長い周期で少し明るさが増しては、少し暗くなっていた。もともと少し暗いセファイドは、もっと短い周期で明るさが増減し、最も明るい状態と最も暗い状態の、明るさの振れ幅が非常に大きかったのである（明るいセファイドは、のっそりした巨体のセント・バーナード、暗めのセファイドは、すぐに興奮して跳ね回るチワワ、と思い浮かべるのが私は好きだ）。

これは革命的な発見で、天文学史上最も重要な発見の一つといえるだろう。私たちの周りに広がる宇宙の大きさを、ついに測定できるようにしてくれたのだから。セファイド変光星が見えるところならどこでも、信頼性のある距離の値を得ることができ、実用的な天空マップの作成に乗り出すことができる。セファイドの変光周期を測定し、地球から見たときにどれぐらいの明るさに見えるかを把握することによって、リービットはその恒星の真の明るさをきわめて正確に特定し、ひいてはその距離までも得ることができたのだった。

これを使って、どこまで測距できるだろう？ セファイド変光星は、天の川銀河や近傍の銀河ではいたるところに見られる。したがって、比較的近くのセファイド変光星に視差による測距をおこなって距離を特定し、変光周期と見かけの明るさを注意深く較正する。次に、これをもっと遠方の、離れたところの銀河にあるセファイド変光星に適用すれば、遠方の銀河が測距できる。

距離はしごの次のステップは重要な測距法なのだが、そこでの状況はかなり混乱している。前章で、ある種の超新星は測距に使えるとお話しした。それが「Ia型超新星」だ（127ページ参照）。これは、白色矮星がなんらかの原因で、もう一つの、同じぐらい不運な恒星から質量を取り込み、大爆発を起こしてバラバラになる現象である。

白色矮星はどれも比較的単純なもので（ともかく、恒星としては単純だということ）、その破壊を支配している物理学は、そこそこ理解できていると思われるものなので、Ia型超新星は標準光源としてうまく使えると、しばらくのあいだ考えられていた。この型の爆発はどれもほとんど同じであると思えたのだ。

ところが、Ia型超新星はやがて、セファイド変光星の場合と同じような方法で「標準化が可能なもの」といったほうが正確な存在だとわかったのである。Ia型超新星の光度がいかにして最高に達し、その後、どのように低下するかを観測できれば、その爆発で放出されたエネルギーの総量をかなり正確に見積もることができ、ひいてはその真の明るさも推測できるというわけだ。

太陽に待ち受ける運命

だが本書は、「宇宙の破滅」をテーマにした本なので、Ia型超新星は「爆発する恒星の一種」にすぎないときれいごとですましたのでは、手抜きの誹《そし》りを免れないだろう。白色矮星は、私たちの太陽がやがて到達する運命にある姿だが、それ自体、恒星がたどる進化の驚異である。白色矮星が爆発するときは、星全体が全面的に熱核反応爆発を起こし、自らが属する銀河全体の明るさを凌駕する輝きを放つ。

あなたがなんらかの種類の恒星だったとすると、その生涯のどの段階にいようとも、あなたの存在は、あなたのコア（核）で生じる圧力と、あなたを形成している物質の重力とのあいだでおこなわれる、精妙なバランス調整に依存している（このバランスの関係は、「静水圧平衡」とよばれるが、要するに、恒星が爆発も、収縮による崩壊も起こさないでいるためには、外へ向かう力が内へ引き込む力と等しくなければならないという考え方から仮定されているだけである）。

たいていの場合、恒星はコアで核融合をおこなうことによって「外向きの圧力」を生み出す。つまり、原子核どうしを非常に強く押しつけて融合させ、より重い原子に変えるのだ。最も軽い数種類の元素はどれも、核融合によって放射を生じ、その放射こそが恒星全体を崩壊せぬように保つ圧力となる。

太陽のような恒星の場合、外向きの圧力は、水素を融合してヘリウムをつくる過程で生じる。じつのところ、たいていの恒星は巨大なヘリウム工場であり、宇宙に豊富に存在する水素を、毎秒何十億とも知れないおびただしい回数、融合させているのだ。

感傷的な理由から、私たちの太陽を特に取り上げて考えてみよう。

現在のところ、太陽は順調に水素を燃やしつづけ、コアの部分に過剰なまでのヘリウムを生じるが、時が経過するにつれて、水素とヘリウムのバランスが傾くたびに、温度と圧力が変化する。ヘリウム工場の効率は温度と圧力の両方に依存するので、エネルギー出力と太陽の大きさは、時とともに変化するだろう——最も特筆すべきことに、今後２００万～３００万年のあいだは少し輝きを増し、少し大きくなるだろう（現在の推定では、太陽はすでに、年に約２・５４センチメートルずつ半径を伸ばしている。だが同時に、地球の軌道も大きくなっており、年に約15センチメートルずつ太陽から遠ざかっているので、さしあたって太陽の表面が地球に迫りつつあるわけではない）。

10億年ほど経つと、私たち全員が焼かれてしまう段階に達する。しかし、地球が「生物の消え去った黒焦げの岩」へと着実に進んでいる一方で、太陽にはまだ長い道のりが残っている。高まる熱で内惑星（水星と金星）が焼かれ、地球の海はすべて蒸発しつつある状況で、太陽の水素の大部分が焼き尽くされると、中心のヘリウムが詰まったコアを取り囲むように、水素が殻のかたちで残るのみとなるだろう。

コアはその後、十分高温に達し、ヘリウムの融合によって酸素と炭素が形成され、太陽は巨大に膨れ上がった赤色巨星となる。赤色巨星化してから数十億年後、ついに融合すべき水素をすべて使い果たした太陽は、いよいよ断末魔の声を上げる段階に移行するだろう。

コアにはまず酸素が、そして次に炭素が満ちていく。この酸素と炭素の生成は、コア以外の部分の重力で、コアが締めつけられることによって進む。だが最終的に、太陽が膨張して金星の軌道を呑み込み、地球が燃え滓になるころには、太陽の重力は弱まり、それ以上の核融合の進行を支えることはできなくなってしまうだろう。太陽の外圏大気は剝がれ、コアは収縮しはじめる。「これで太陽も終わりだ」と思われるかもしれない。消耗し、変貌し、惑星を呑み込み、もはや自らを支えるに足りる十分に強力な核融合反応は起こりえないのだから。

ところが幸いなことに、赤色巨星期を終えた太陽や他の同様な恒星を、完全に崩壊してしまわないように維持することのできる、核融合反応よりもいっそう強力な圧力が存在する。おかげで太陽やその他の恒星は、白色矮星として「回復期」を生き延びることができるのだ。そしてこの圧力は、量子力学から直接もたらされるのである。

フェルミオンとパウリの排他原理——「積もる量子」のふるまい

まず知っておくべきは、あなたが大好きな、お馴染みの原子以下の粒子の大半——電子、陽子、中性子、ニュートリノ、クォーク——は「フェルミオン」だということだ。この話のなかで最も重要なフェルミオンの特徴は、それが粒子物理学的な意味で、猛烈に強い独立性を示すという点だ。具体的には、フェルミオンは、同じ場所と同じエネルギー状態に、同時に複数が存在することは決してないという、「パウリの排他原理」に従うのである。

高校の物理の授業で習った人は思い出されるかもしれないが、原子に結びついた複数の電子がそれぞれ異なる「軌道」に入るのも、この排他原理のおかげだ。ちなみに、この電子の軌道というものは、じつのところ「異なるエネルギー状態」にすぎないのである。

いずれにせよ、燃え尽きて崩壊しつつある恒星のコアでは、非常に多くの原子がきわめて密に圧縮されているため、それらの原子に属する電子はソワソワしてくる。このような圧力の下では、電子は特定の原子には拘束されなくなり、一つの巨大な〝ぐちゃぐちゃの原子塊〟に、みな一緒に詰め込まれているような様相を呈する。あまりにひしめきあっているので、電子はみなが同じ一つの状態に入るのを避けるために、どんどんエネルギーが高い状態へとジャンプしていく。これは、「電子の縮退圧《しゅくたいあつ》」とよばれる一種の圧力を生み出すが、それは恒星の崩壊を阻止し、まったく新しい種類の天体を生み出すほど強力である。その天体こそ、白色矮星だ。

白色矮星は、まったく燃えていない恒星である。すなわち、核融合をおこなわないのだ。それは、電子どうしは互いにあまり好きではないという、量子力学の排他原理だけによって、崩壊しないよう自らを維持している。

この白色矮星は、わずかにくすぶりつづけながら数十億年を生きながらえるが、ついにはゆっくりと希薄化しながら冷えて暗くなっていき、他のすべてのものとともに、宇宙の「熱的死」ではバラバラになり、「ビッグクランチ」では発火し、ファントムエネルギーがもたらす「ビッグリップ」ではズタズタに引き裂かれる。

ただし、ほんの少しだけ質量を増すと、話はまた別だ。

電子の縮退圧は、多くのことをなしうる。一つの恒星を丸々支えることもできる。だがそれも、あるところまで、である。何かが起こって白色矮星がそこを超えてしまうと——伴星から物質を取り込んでしまうか、あるいは、他の白色矮星に衝突するかによって——それ以上は崩壊が進まないように縮退圧が支えられる質量の限界を超えてしまう。そのバランスがいったん傾いてしまうと、たくさんのことが矢継ぎ早に起こる。

白色矮星の中心コアの温度が上昇する。炭素が燃焼しはじめる。白色矮星をなしている物質が対流をはじめ、攪拌《かくはん》され、中心の炎から物質をさらに引き出したり、そこへ物質を送り込んだりする。爆燃が起こって白色矮星を引き裂き、強力な熱核爆発が起こって、星全体が目を見張るような激しさで、完全にバラバラになる。

白色矮星の爆発は非常に明るく、それが属する銀河全体の明るさをも、しばらくのあいだ凌駕してしまうほどだ。数十億光年離れたところで望遠鏡を覗いている観察者にも見える。

大昔、天の川銀河内の離れた場所や、近傍の銀河で生じた超新星が、道具なしに肉眼で、しかも真っ昼間に目撃されたことが何度もあった(1006年4月30日から5月1日のあいだに出現し、長期間観測された超新星SN1006は、天の川銀河内の地球から約7000光年離れたところで起こった、2個の白色矮星の衝突によって生じたIa型超新星だったと考えられている。その残骸は今日なお観測可能で、そのX線画像は色とりどりの煙のボールのように見える)。

この大雑把な描像以外に、Ia型超新星が発生する正確なメカニズムはまだまったくわかっておらず、天文学コミュニティーにはイライラの種となっている。この爆発のおもな原因は、伴星から白色矮星に物質が取り込まれることなのか、それとも白色矮星どうしの衝突なのかをめぐって、現在も議論がつづいている。

この爆発が恒星の内部をどのように突き抜けていくのかに関するシミュレーションも、コンピュータによる計算がきわめて困難だ。たいていのシミュレーションでは、恒星物質が沸騰し、うねり回るようすを見事に描いた画像が得られるが、爆発そのものまで描いたものはめったにない。とはいえ、その課題への取り組みが目下進行中である（恒星は、じつは思った以上に複雑なのだ。とりわけ、量子力学と熱核爆発の両方が重要な場面では）。

「チャンドラセカール限界」の発見

Ia型超新星の観測から何か有用なことが学べると私たちが考えるのは、超新星爆発を起こすとき、白色矮星はほとんどつねに同じ質量であることが、合理的に期待できるからである。

１９３０年、インド出身の弱冠20歳の天才物理学者スブラマニアン・チャンドラセカールは、ケンブリッジ大学で研究を始めるためにイギリス行きの船で航海中、時間を持て余していた。そんななかで彼は、思いがけずも恒星進化の理論を革命的に変えてしまったのである。従来の計算を改善し、相対性理論の重要な帰結をいくつか加えることで、電子による縮退圧力が支えられる質量には、どんな恒星にも共通する一つの厳格な上限が存在することを、彼は発見したのだ。

太陽質量の約1・4倍というその上限値は、至極順当に「チャンドラセカール限界」とよばれるようになった。この限界を超えるに足りる質量を獲得した白色矮星は瞬時に、超新星として激しく爆発する運命にあるというわけだ。そして、その爆発を支配する物理学はつねに同じだとはっきりわかったいま、Ia型超新星の明るさは、その本質的な性質だということも明らかになった。したがって、その見かけの明るさを観測すれば、距離を正確に測定できるのである。

チャンドラセカールを乗せた船が港に到着すると、彼の画期的な発見は既存の科学の支配層のなかに、いわば知識のデトネーション波（超音速で伝播する燃焼波）のように駆け抜け、これらの奇妙で素晴らしい爆発性の恒星状天体に対する私たちの見方を完全に変えてしまった。

だが、誰もが納得したわけではなかった。有名な大物天文学者サー・アーサー・エディントンは、彼自身の研究もチャンドラセカールが精緻化してくれたにもかかわらず、この新人のおかげで影が薄くなるのが面白くなくて、何年にもわたってチャンドラセカールに惨めな思いをさせたが、結局はこの若き物理学者の計算が傑出していることを認めるにいたった。

エディントンの名に聞き覚えがあるとしたら、おそらく、彼が1919年におこなった日食の観測が、アインシュタインの一般相対性理論の「観測による最初の証拠」となったというエピソードをお聞きになったことがあるからだろう。地球に届くまでの途中、太陽をかすめて通った遠方の恒星からの光が、太陽が空間をゆがめたせいで曲がっていたことが、それらの恒星の観測によってはっきりと示されたのだ（このような観測は、日食で太陽が覆い隠されたときにしかできない）。当時の新聞の見出しのなかで、特に知られているものは、こう謳っていた。

「天空で光はすべて曲がる――科学者（MEN OF SCIENCE）はみな日食観測の結果に心躍ら

せる」

この書き方からすると、女性科学者たちは、そんなものはつまらないと思っていたらしい。

ダークエネルギー解明の「最善手」

白色矮星が、チャンドラセカール限界を超えるに十分な質量に達すると必ず爆発するのなら、各恒星の状況の微妙な違いを加味するために少し工夫すれば、この星の爆発を「距離の標準」として使えるのではないかという希望が生まれる。これを具体的に、いかにしておこなうかをめぐっては、いまなお天体物理学コミュニティーで非常に激しい議論がつづいている。これにはさまざまなことがかかっているため、それも不思議はない。

Ia型超新星は、宇宙の広い範囲で測距の絶対的基準（ゴールドスタンダード）になっている（Ia型超新星が元素合成で金を生み出せたなら、これはうまい洒落になっていただろうに。実際には、Ia型超新星は爆発のあいだに他の元素を生み出すことはできるが〔たとえば、かなりの量のニッケルなど〕、極端な高温と高圧になるため、残念ながら金のおもな生成源はこの超新星ではなく、中性子星どうしの衝突だと思われる）。

Ia型超新星が使えたからこそ、天文学者たちは1990年代後半に宇宙の膨張が加速していることを発見できたのだ。そしていま、天文学者たちは、Ia型超新星をダークエネルギー解明の最善の端緒と見ている。

（恒星の大爆発を距離の基準にするなんて妙だと思われるかもしれない。なにしろ、いつ、どこで恒星が爆発するかを正確に予測することはできないのだから。しかし、じつは恒星の爆発頻度は十分に高いのだ。一つの銀河の中で1世紀に一度は超新星爆発が起こるというのが、そこそこ確かな経験則である。そして、銀河は非常にたくさんあるので、毎晩多数の銀河の写真を撮るだけで、前の晩にはなかった輝点が結構ひんぱんに見つかるだろう。そうしたら、より詳細な観測をさらにおこなって追跡すればいい）

私たちが現在、超新星を使って銀河の距離を較正できる精度は非常に高く、誤差1パーセントレベルに近づいている。おかげで、さまざまな銀河がどれだけ遠くにあるか、それらはどんな速さで遠ざかっているかを決定することにより、宇宙の膨張速度を測定することが可能になった。第3章で論じたように、膨張速度は、銀河の距離とその後退速度の比であるハッブル定数を使って表す。本書執筆時点において、超新星の観測により、ハッブル定数は2・4パーセントの精度で測定されている。これは妙な話だ。というのも、この方法で得られた値は、宇宙マイクロ波背景放射（CMB）の観測から得られたハッブル定数の値とはまったく違っているからである。

果たして「誤差」か？

この数年間、超新星を用いた測定から、ハッブル定数は約74キロメートル毎秒毎メガパーセク（74km/s/Mpc）という値が得られている。これはつまり、1メガパーセク（約320万光年）離れた銀河は、約74キロメートル毎秒で私たちから遠ざかっているということだ。その倍の距離だけ離れた銀河は、私たちに対し、その約2倍の速度で遠ざかっている。

ところが、ハッブル定数は、もう一つの方法でも間接的に測定することができる。それは、CMBの高温部と低温部の分布を幾何学的に詳しく調べるという方法である。この方法で測定すると、得られる値は67キロメートル毎秒毎メガパーセクに近くなる。

これら二つの方法は、宇宙の歴史のなかの、まったく異なる時代を調べているのだが、どちらも現在の膨張速度を教えてくれる。「宇宙が何でできているか」について、私たちが現在理解しているとおりのもので宇宙ができているなら、ハッブル定数を決定するどちらの方法でも同じ値が得られなければならない。だが、そうではない。

このことは、それほど大きな問題ではないと思われていた時期もあった。というのも、どちらの測定も、問題に決着をつけられるほど高い精度だとは誰も思っていなかったからだ。

最近になるまで、CMBからアプローチする人々は、「宇宙の距離はしご」になんらかの誤りがあって、距離の推測に誤差があり、やがてそれが解決すれば、ハッブル定数の値は少し小さくなるだろうと考えていた。

一方、超新星からアプローチする人々は、CMBからのハッブル定数測定とは、つまるところ「宇宙のかたち」そのものを測定しようという試みから派生したもので、あまりに複雑であり、実際の値はもう少し大きいと示すものが何か出てくるに違いないと考えていた。そのような推測はまったくの無茶ではない。誕生してまもない宇宙の姿を見て、そこから現在の膨張率を求めようという多数の計算や換算がおこなわれているのだから。

そして、同様に距離はしごも、じつに複雑である。超新星そのものの性質で、この問題に関係するすべてを考慮に入れないとしても、無意識に影響を及ぼすおそれのあるすべてのバイアスをチェックする前の段階ですら、変光星を較正するのは容易なことではない。また、比較的近い銀河でさえ、その距離の特定には大きな不確定要素がいくつも関与している。

そのようなものの一つが、近くで観測されるセファイド変光星たちは遠方のものとは異なっているという事実で……、というようなことを、いくつも挙げることができる。ここでは、さまざまな議論がおこなわれているというにとどめておこう。

「いつでも起こりうる」危機

両陣営による「相手方が何か間違ったのだ」という臆測は、まだ完全には消えていないものの、両者ともに自分たちの手法を改良しており、知られている測定バイアスの源をすべて排除しているにもかかわらず、ますます精度を上げていくハッブル定数の測定値が依然として一致しないという事実によって、いっそうまずい状況になっている。

最終的に何がこの問題を解決するのかは、現時点ではよくわからない。データの系統的な誤差、あるいは測定そのものに関するなんらかの問題かもしれない。見かけ上はそんなことはなさそうに思えるが、統計的な偶然かもしれない。

最も魅力的な説明は、ごくふつうの宇宙定数ではなく、もっと禍々《まがまが》しい何か――ビッグリップにつながりそうな――、すなわちダークエネルギーを使ったものだ。二つの測定法の不一致の解消に向かう、理に適った道を進みそうな仮説が一つある。ファントムエネルギーが優勢な宇宙の初期段階として期待されそうなかたちで、ダークエネルギーが徐々に強まっているという仮説だ。

ここはまだ、パニックになるべき段階ではないと思う。先に触れたように、データそのものがそれほどはっきりしていない。状態方程式パラメータであるwの測定の大半で、−1と完全に一貫性のある値が得られているし、−1より小さな値のほうが、ほんの少し可能性が高いと示唆されることが確かにあるにしても、それは統計的に有意なほどの差ではないからだ。

ハッブル定数の不一致に関しては、すべての測定が正しかったとしても、宇宙の終焉につながらない説明――ダークマターの一風変わった新しいモデルや、初期宇宙の条件として従来と違うものを仮定するなど――が、非常に有力な候補として登場している。じつのところ、ダークエネルギーをいろいろ調整しても問題を完全に解決できないようなら、解決策は別のところにあると考えるのは理不尽ではない。そして、最近の宇宙史においてダークエネルギーの影響が急上昇しており、ファントムエネルギーのようなものを示唆しているとしても、ビッグリップが起こるまでには時間はたっぷり残されている。

実際、本章までにすでに議論してきたすべての宇宙終焉シナリオに共通する一つの特徴が、「当面のあいだ、そんなことは絶対起こらない」ということだ。私たちがもっている最善の物理学の知識からわかるかぎりでは、最も極端なビッグクランチの収縮が突然起こるまでには少なくとも数百億年あり、ビッグリップは数千億年以内にはいっさい起こりそうにない。たいていの研究者がより可能性が高いと考えている熱的死は、それを記述する言葉がほとんど見つからないほど遠い未来の宇宙に起こるだろう。

しかし、明らかに他のすべてのシナリオよりはるかに脅威的な可能性が一つある。それは、宇宙そのものの構造の中に〝製造時にできた欠陥〟とでもいうべきものによってもたらされる終焉という可能性だ。それは、じつにもっともらしく、十分に記述されており、しかも、これまでに実施された最も正確な基礎物理学の実験の最新の結果によって支持されている。

そしてそれは、文字どおり任意の瞬間に起こりうるのである。

第6章 真空崩壊

終末シナリオ その4

「真空の泡」に包まれて
完全消滅する突然死

いつだって、心配したとおりのことは起きない。思いもかけないようなことが起きるのよ。

（コニー・ウィリス『ドゥームズデイ・ブック〔上〕』大森望訳、早川書房）

２００８年３月、アメリカ政府の元・原子力安全管理官ウォルター・ワーグナーは、同政府に対し、科学者たちに大型ハドロン衝突型加速器（ＬＨＣ：Large Hadron Collider）の始動をやめさせるよう求める訴訟を起こした。ワーグナーの観点からは、それは世界を救う窮余の一策だった。

もちろん、その訴訟は失敗する運命にあった。一つには、ＬＨＣはアメリカ政府ではなく、欧州原子核研究機構（設立準備段階の組織名のフランス語表記の頭字語から「ＣＥＲＮ《セルン》」と通称される）の管轄下にある。そして、ワーグナーの科学に基づく懸念は、誠実なものだったとは思われるが、根拠のないものだった。結局、ＣＥＲＮの上層部は、彼らの衝突型加速器に関する技術上の安全性について安心感を与えそうなプレスリリースをおこない、ＬＨＣの建設と稼働は予定どおりに進められた。

しかし、そんなことで一部の市民の不安は収まるはずもなく、最初の粒子衝突実験の予定日が近づくにつれて、彼らの不安はいっそう高まり、パニック状態に近づいていった。ＬＨＣは、史上最強の素粒子物理学実験になるはずのものだった。外周27キロメートルに及ぶ巨大な円形の、極低温に保たれ、真空状態に密閉された地下軌道上の４ヵ所で、陽子どうしを衝突させることになっていた。

この衝突によって、検出器の内部に非常に強力なエネルギーが瞬間的に発生し、そのエネルギー強度は宇宙誕生最初の瞬間の数ナノ秒後における「ホットビッグバン」時の条件を再現できるとされていた。初期宇宙の条件のみならず、物質とエネルギーの構造そのものについても洞察を得ることができるだろうと、科学者たちは期待していた。

それまでの実験で、物理法則はエネルギーに依存する――粒子と力の相互作用は、それらがどんなエネルギーレベルの条件下にあるかによって異なる――ことが示されていたので、よりエネルギーの高い衝突を起こせば、物理学のありように関する人類の理解の先端部を探ることができるはずだった。

そして、それよりもさらに魅力的な報酬が視野に入ってきた。何十年も前、物理学者たちは、一つの新しい粒子の存在についての理論を構築していた。物質のふるまいにとってきわめて重要な粒子で、素粒子物理学の標準模型を完成する最後のピースとなる粒子である。「ヒッグス粒子」とよばれるその粒子が発見されたなら、このすぐあとで説明する理由によって、「初期宇宙で、基本粒子たちがいかにして質量を獲得するにいたったか」を説明する最有力理論とされるものが、検証されるのだ。それはさらに、私たちが現在探究している領域を超えたところにおける物理法則の構造についての手がかりも与えてくれるのではないかと期待された。

しかし、そのような見込みそのもの――実在の未知の領域を探るという見込み――が、傍らで見守っている人々を不安にさせるには十分だった。このようなエネルギーでの衝突を起こした者は、それ以前には存在しなかった。そのような環境で、物理法則がいかにシフトしたり変貌したりするか、誰にもわからなかったのである。

世界中に流布した「最悪のシナリオ」

〝最悪のシナリオ〟がいくつも登場し、インターネット上を駆けめぐった。

曰く——。LHCはきっと異次元への扉を開き、空間の構造そのものをズタズタにしてしまうだろう。高い確率でマイクロブラックホールができて、それが成長し、地球全体が呑み込まれるのではないか。必ずや「ストレンジレット」が誕生するに違いない……、などなど。

最後に登場したストレンジレットとは、アップ、ダウン、ストレンジの3種類のクォーク（クォークは質量と電荷が異なる6種類が存在し、これを6種類の「フレーバー」と表現することもある。それらは、アップ、ダウン、トップ、ボトム、チャーム、ストレンジとよばれ、1960年代に命名された）が、ほぼ同数ずつ集まってできたとされる仮想的な粒子で、一部の人々は、カート・ヴォネガットの小説に出てくる「アイス・ナイン」のように連鎖反応を起こし、接触するすべての物質を自らと同じ「ストレンジ物質」に変えてしまうと信じている（ヴォネガットのSF小説『猫のゆりかご』では、液体状の水よりも安定な新種の氷、「アイス・ナイン」が発明される。小説のなかでは、アイス・ナインの粒子が一つでも接触した水はすべてアイス・ナインになり、人々の暮らしと世界の存続を脅かす)。

しかし、これらの懸念に対し、物理学者たちは気にもかけない素振りで計画を進めた。LHCは2009年11月に、最初の高エネルギー陽子衝突を発生させた。

地球に生物がまだ存在しているのだから、臆測された存続の危機はどれ一つ起こらなかったと申し上げても、ネタバレにも何にもならないだろう(それでもまだ心配なら、最新情報が次のウェブサイトで公開されている:www.hasthelargehadroncolliderdestroyedtheworldyet.com)。しかし、私たちはただ運が良かっただけなのではないか? 潜在的なリスクがたくさんあるのに、ほんとうにLHCの実験の安全は保障されていたのだろうか?

物理学者はつねに用心深いとはいえないが、「もしも~なら」というシナリオを頭の中であれこれ試すのは私たちの本業だし、究極の破壊の可能性を示唆する仮説の背後にある本物の物理学について深く考える機会は見逃しがたい(間違いないですよ。当事者の私がいうのだから)。

実際、2000年に4人の物理学者(そのうちの一人は、のちにノーベル賞を受賞する)が、『レビューズ・オブ・モダン・フィジックス』誌に「臆測されたRHICにおける『破滅のシナリオ』の再考察」という28ページに及ぶ論文を発表した。RHICとは、LHCに先立って稼働していたブルックヘブン国立研究所の相対論的重イオン衝突型加速器(Relativistic Heavy Ion Collider)の略称だ。

この加速器は、金などの重元素の原子核を高エネルギーで衝突させる目的で建設された。それ自体が先駆的な実験だったRHICもまた、地球（あるいは宇宙）を危険にさらす予期せぬ影響を生むのではないかという不安をよんだ。この論文は、そういうたぐいの噂を徹底的に検証し、できれば払拭する目的で書かれたのだった。

真空崩壊とは何か

再考察の結果は明るいものだった。論文を書いた研究者らは、理論的な考察だけに基づいて、ストレンジ物質やブラックホールができる可能性はきわめて低いと結論しただけでなく、それを支持する実験データが存在することを示したのだ。その実験とは、具体的には月の存在である。

衝突型加速器が誘発した奇妙な現象が私たちを破壊するという議論はどれも、これらの加速器で起こる超高エネルギー衝突はまったく予測不可能なので、何が起こるかわからないという認識に基づいている。だがこれは、重要な事実を一つ見落としている。

RHICやLHCが到達するエネルギーは、われわれちっぽけな人間には未踏の世界かもしれないが、宇宙の中を旅している宇宙線はしょっちゅう超高エネルギー状態に達しているし、他の物体や宇宙線どうしで衝突を繰り返している。件《くだん》の論文の著者たちの言葉を借りれば、「宇宙線が、RHICのような『実験』を、大昔から宇宙のいたるところでおこなってきたのは明らかである」。

地球上の加速器が到達しうるよりもはるかに高いエネルギーにおける衝突が、宇宙の全域で数十億年にわたって起こりつづけているのだから、もしそれが宇宙を破壊できるのなら、私たちは間違いなくすでに気づいていただろう。

「ちょっと待って」と、あなたはいうかもしれない。「もしも遠方の宇宙で起こる宇宙線の衝突はほんとうに途方もなく破壊的だけれど、遠すぎて私たちには影響しないだけだったらどうなの？　ストレンジ物質の塊は宇宙のいたるところに存在するけれど、私たちが知らないだけだったらどうなの？」と。

そう思うのももっともだ。衝突型加速器の内部で生じた粒子はたいてい、形成されたら即座に外界へと素早く逃げ出してしまうように十分な運動量を使い残していると思われるが、検出器の中に居座ってしまうような危険な何かを生み出してしまう可能性もないわけではない。もしもそうなったら、どうなるのか？

幸い私たちは、月を危険予知センサーのように使うことができる。地上に設置された多数の検出器や宇宙望遠鏡による十分なデータから、高エネルギー宇宙線がひっきりなしに月に衝突していることがわかっている（実際、電波望遠鏡を使えば、月をニュートリノ検出器として使うことができる。これは「アスカリャン効果」とよばれるものによる。アスカリャン効果とは、粒子線が高密度の物質の内部を超高速で通過する際に、電波またはマイクロ波領域の放射が生じる現象をいう。超高エネルギーのニュートリノが月の表土を通過する際にもこのような電波が発生すると予想され、この電波を電波望遠鏡で捉えられるのではないかと考えられている。現状の望遠鏡では感度が不十分だが、次世代の装置では、このような信号が検出できるはずだ。いまの話題とは別に、それ自体素晴らしいことだ)。

高エネルギー粒子の衝突が、近傍のふつうの物質をストレンジ物質に変えうるのなら、もうずっと以前に月でそれが起こっているはずで、私たちの空には、あの月とはまったく違うものが存在していることだろう。同様に、小さなブラックホールが月にできていたなら、夜空は見るからに様相を異にしていたに違いない。

しかも人類は、実際に月に行き、月面を歩き回り、ゴルフボールを何個か打ち、試料を持ち帰っている。月はなんら問題なく存在している。ゆえに、RHICがわれわれ全員を殺すなどという事態は生じないだろう。再考察の著者たちはそう論じた。

しかし、間違いだとはっきりした宇宙終焉シナリオは、ストレンジ物質とブラックホールだけではない。やはり宇宙線のエネルギーのほうがはるかに高いことをふまえて却下されたもう一つの終焉シナリオは、十分に強力な衝突は「真空崩壊」という、宇宙を破壊する量子事象を引き起こすかもしれない、というものだ。

真空崩壊という概念そのものが、私たちの宇宙にはそもそもの始めから一種、致命的な不安定さが組み込まれているという仮説に基づいている。ごくわずかな可能性としてだけであったとしても、恐ろしく聞こえるかもしれないが、RHICが作動していたあいだ、そのような欠陥があるという信憑性の高い証拠が出たことはなく、そのため、特に真剣に受け止められることはなかった。

しかし、2012年にLHCがヒッグス粒子を発見すると、その状況は一変した。

ヒッグス粒子とヒッグス場

素粒子物理学者をうんざりさせたければ、ヒッグス粒子のことを、それを有名にしたニックネームでよぶといい。「神の粒子」というのがそれだ。

われわれ物理学者の多くが、この高貴な仇名《あだな》にイライラするのは、科学と宗教がいっしょくたにされているのが不快だからというだけではない（だが、多くの者にとって、それは理由の一つである）。「神の粒子」というのは、とんでもなく不正確で、率直にいって、おこがましく聞こえるというのも大きな理由なのだ。

ヒッグス粒子は素粒子物理学の標準模型のきわめて重要な一部ではないといいたいわけではない。それどころか、標準模型の他の部分が互いに整合しているのもヒッグス粒子のおかげといってもいいくらいだ。しかし、素粒子物理学全体のしくみと、宇宙の本質において中心的な役割を果たしているのは、ヒッグス粒子ではなく、「ヒッグス場」なのである。

この話を短く説明すると、こうなる。ヒッグス場というのは、すべての空間に広がり、他の粒子と相互作用をすることによってそれらに質量を与える、一種の「場」である。ヒッグス粒子は、ヒッグス場に対して、電磁力（と光）の運び手である光子が、電磁場に対してもっているのと同じ関係にある。つまりそれは、より大きな空間に広がっているものが局所的に「励起《れいき》した」ものなのである。この話を長く説明するには、電弱理論——弱い核力を電気と磁気に結びつける理論——と、「自発的対称性の破れ」とよばれるプロセスがこれらの力をいかに分離するかに触れる必要がある。

（ここは、本書の中で「場の量子論」のすべてをみなさんにお教えしたくてたまらなくなるところなのだが、英雄的な努力によって自制し、重要な点をいくつかご紹介するだけにする。もしもみなさんが、この背後にある数学を学ぶ決心をされたなら、そのほうがずっと面白いこと請け合いだ。この点については、私を信頼してほしい）

第2章で、異なるエネルギーでは物理学のはたらき方が違ってくるとお話しした。たとえば、電磁力と弱い核力は、私たちが日常生活で扱う種類のエネルギーでは完全に異なる現象であるかのようにふるまう。ところが、ごく初期の宇宙や、超高エネルギーにおいては、両者は同じ一つのものの異なる側面にすぎない。この移行において、ヒッグス場が活躍する。それが変化すれば、物理法則も変化するのだ。

これは、私たちがなぜ衝突型加速器を建造するかという、最大の理由である。検出器の内部の微小な空間の中で、宇宙の始めに存在した状態をつくり出すのである。その状態は、物理学のなかにあるすべてのものがいかにして互いに整合するかを支配している、根底に存在する物理学の原理についての洞察を与えてくれると期待できるのだ。

基本的な考え方は、こうだ。「なんらかのかたちの、包括的な数学的理論が存在し、それが、可能なすべての条件のもとでの粒子の相互作用の青写真を提供してくれるに違いない」。そして、よりエネルギーの高い相互作用を次々と発生させつづければ、より大きな枠組みの姿がますます明らかになってくるだろう。

一つの比喩として、水を考えてみるといい。最も基本的なレベルでは、水は水素と酸素の原子が特定の配置で結合してできた分子の集まりだ。しかし、私たちが日常経験する水は、均一な無色の液体か、結晶した固体か、あるいは、湿気だったりする。運が悪く湿気だったときには、もううんざりで、タオルでできた服を着ていたかったと思うことだろう（本書のこの部分は、8月のノースカロライナで書いていた）。

これら異なる形態における水のふるまいを調べてやれば、分子そのものを観察できる強力な顕微鏡をもっていなくとも、水の本質とは何かを推測することが可能だ。たとえば、雪の結晶の形は、配列してそのような姿の結晶をつくっている分子自体の形について、ある程度のことを教えてくれる。水が蒸発するようすからは、分子どうしを結びつけている結合について、ある程度のことがわかる。

もしも、水を一つのかたちだけでしか経験したことがなかったなら、その全体像を得ることはできないだろうし、本質まで知ることはなおさら難しいだろう。これと同じように、原子以下の粒子の相互作用についての私たちの経験も、実験のエネルギー（または温度）によって変化し、そのエネルギーごとの変化を把握することによってこそ、現象の本質をよりよく見通すことができるのである。

電弱対称性の破れ——質量の起源

素粒子物理学で私たちが知りたいのは、粒子どうしがいかにして相互作用をするのか、そして、たとえば質量などの、素粒子の基本的な性質が現在知られているような値になったのはなぜか、という二つのことである。質量をもつ任意の粒子の顕著な特徴は、力を加えないかぎり加速しないということ、そして、決して光速には到達しないということだ。

極初期宇宙では、ヒッグス場が相転移を起こし、その結果、電弱力が電磁力と弱い核力とに分離した。また、そのプロセスにおいて、いくつかの粒子（光子やグルーオン以外の）がヒッグス場そのものと相互作用する能力を獲得した。その相互作用の強さが、各粒子の質量を決定する。光子は宇宙の中を光速で飛び回りつづけるが、質量を得た粒子は、ヒッグス場から受ける、一種の抵抗のような引きずりの大きさに比例して、速度が遅くなる。

初期宇宙における粒子のふるまいと、同じ粒子の現在のふるまいとを比較するのは、あなたが水蒸気と液体状の水それぞれに対して、どのように関わるかを比べるようなものだ。水蒸気がヒッグス場だったと仮定しよう――ヒッグス場は、空間のあらゆる点に存在する、一つのエネルギー場である。そして、ある時点において、そのヒッグス場が、まるで水蒸気が液体の水へと凝縮するように、劇的にがらりと性質を変える（それがすなわち、相転移を起こすということだ）と想像してみよう。

蒸し暑い空気以外に経験したことがないなら、水が満たされたプールを歩くのは、まったく違う経験だろう。ヒッグス場が突然、その性質を変えたとき、さまざまな物理法則が根本的に異なるかたちに凝結したかのような状況だった。それまで宇宙の中を光速で邪魔されることなく動き回っていた粒子は、突如として、ヒッグス場との相互作用によって減速させられてしまった。こうして、それらの粒子は質量を獲得したのである。

このプロセスは、「電弱対称性の破れ」とよばれている。

「パターン」としての対称性

物理学における「対称性」は、方程式を使わずに説明するのがきわめて難しい、精妙で抽象的な概念だ。だが、それはまた、私たちが物理学者として考えるすべてのことにとってきわめて重要なものでもあり、軽く触れるだけですませることは道義上できない。

対称性は、自然法則を記述する作業の、そしてまた、しばしば新しい自然法則を構築する際にも中核となる。あなたがたまたま、世界を支配する数学の方程式を使って世界について考えることに慣れているなら、理論というものは、それが従っている対称性によって記述できるという考え方に、おそらくすでに満足されていることだろう。そうでなければ、あなたにとってそれは意味不明なたわごとだろうが、それも無理もない。

そのような次第で、ちょっと回り道をして、対称性について詳しくご説明しよう。なにしろ、対称性は素晴らしく美しいもので、それについて知ったなら、その後はいたるところにそれが見出せるようになるからである。

対称性とは、何かを鏡に映すとまったく同じに見えるかどうか、というだけの話ではない。物理学における対称性の意義とは、「パターン」こそが大事で、パターンが、根底に存在する構造に関する非常に深い洞察を与えてくれるということなのだ。

例として、元素の周期表について考えてみよう。どうして元素は、今日私たちが見慣れている、縦横の列に配置されているのだろう？　化学を学んだことのある人なら、縦の列には、似た性質をもった元素が集められているのをご存じだろう。いちばん右の列に並ぶ貴ガスの元素はどれも、化学的に反応したがらないが、そのすぐ左隣のハロゲン元素は、どれもきわめて反応性が高い。

これらのパターンは、周期表が完成するよりも前に発見されており、実際、周期表の作成者であるドミトリ・メンデレーエフは、未発見だが、パターンからすると存在するはずだと思われる元素のために、表に空欄をいくつも残していた。

周期表に見られるパターンは、電子軌道に関する理論の構築へとつながり、ひいては原子より微小なサブアトミック物質の基本的な性質の発見をもたらした。科学者たちは、観察したことのなかにパターンを見出し、そして、そのパターンの背後にあって、いったい何が起こっているのかについて洞察を与えてくれる隠れた性質を探す、というやり方で、自然法則を何度も発見してきた。

じつは、科学者でなくとも、私たちはみな、そうとは気づかずにこれと同じことをしょっちゅうおこなっている。幹線道路の交通量が一日のあいだにどのように変化するかを見れば、標準的な事業者の営業時間が推測できる。カーペットの色褪せのパターンは、部屋の中でどこに日光が最もよく当たるかを教えてくれる、といった具合だ（さらにそれによって、間接的に、太陽系の中で地球と太陽がどのような位置関係にあるかもわかる）。

「対称性の破れ」とは何か

素粒子物理学の場合、対称性を使うことは、新しい周期表を作成することによく似ていることが多いが、それらは、自然界のいっそう小さな構成要素の表になっている。

粒子どうしの類似性——電荷、質量、スピンなど——は、それらの粒子の形成や、基本的な力との結びつきについての共通点に関する手がかりを提供してくれることがある。これらの粒子を、そのパターンに従って配列することで、物理学者たちは、理論全体を定義づける特徴かもしれない対称性を特定することができるのである。

このようなパターンは、えてして数学的に見るのがいちばん見つけやすい。ある物理的なプロセスを記述する方程式を、あなたがつくったとしよう。その方程式が記述する物理的現象を変えることなく、いくつかの項を入れ替えることができるとわかったなら、あなたはそこに「数学的対称性」を発見したのである。おそらくそれは、あなたが記述している粒子や場について、なんらかの深いことがらを教えてくれているはずだ。

このように、粒子や粒子どうしの関係を、対称性の考え方でとらえる方法は、物理学では非常に広まっているため、理論そのものの省略表現として、その理論の数学的対称性を使うことが物理学コミュニティーにおける慣習になっている。たとえば、電磁力はしばしば「U(1)理論」とよばれるが、これは、電磁力の理論の数学が、円の対称性と同じ種類の対称性をもっており、円の回転対称性を記述する数学的な群が「U(1)」と略称されるからである。

「対称性の破れ」とは、条件が突然変化した結果、それまで粒子の相互作用を記述するものとされていた方程式が変化して、対称性が低い構造になってしまうことをいう。対称性の破れが生じたあとは、方程式の中で以前と同じように項を入れ替えることはできず、この対称性の破れは、物理的世界におけるふるまいの変化として現れる。

私たちが物理学で取り組んでいる対称性のなかには、抽象的で数学においてのみ明らかなものもあるが、ごく当たり前のことである場合も少なくない。たとえば回転対称性とは、ある角度で回転させても見え方が変わらないという対称性だ（円や、五つの突起をもつ星形＝☆などのように）。また並進対称性とは、一方向にシフトさせても、見え方が変わらない場合（たとえば、長い囲い柵を、柵の杭1本分の距離だけずらした場合や、長い直線を5センチメートルずらすなど）を指す。

対称性の破れは、その対称性が成り立たなくなるようなことをおこなったときに起こる。ワイングラスは完璧な回転対称性をもっているが、1ヵ所に口紅の跡がつくと、それは失われてしまう。杭の柵は並進対称性をもっているが、杭が1本折れると、その対称性は失われてしまう。ディナーパーティーでさえ、対称性の破れを孕んでいる。物理学者たちのグループでも、会議のあとの夕食会でアルコールが出されたあとに、しばしば起こるように。どういう順番で使うのかわからないナイフとフォークが左右に並び、パンが載った小皿も左右両方にあって、どうしようかとどぎまぎしつつ、丸テーブルにみんなで座って食事の始まりを待っているあいだ、あなたは回転対称な状況にある。誰かが一人、右か左のパン皿に手を伸ばすと、対称性は破れ、他のみんなもそれに倣《なら》う。

二人の人間が同時に反対側のパン皿に手を伸ばした場合には、物理学者なら「位相欠陥」とよぶような、一種の玉つき事故現象が起こる。この夕食会の例では、「ドメインウォール」とよばれるタイプの欠陥となるだろうが、これは、宇宙の中で放置しておくと、宇宙を支配し、やがてビッグクランチをもたらしうる。私がいつも、誰か他の人がパン皿を選ぶまで待ち、自分から勝手にパンを取ろうとしないのはこのためだ。

「ヒッグス真空」に感謝しよう

どのような種類の対称性に取り組んでいるのであれ、物理学者である私たちは、それを相互作用を記述する方程式の中にとらえる。回転対称性、鏡像対称性、並進対称性のそれぞれについて、方程式の中でコード化する方法が存在するので、問題の系をいかに回転し、反転させ、あるいは移動させようが、物理学が不変であることをつねに確認できる。

方程式は、群論や抽象的な代数によって最もよく記述されるような、もっと精妙な種類の対称性もコード化できる。これらの群論や代数は非常に面白いが、残念ながら、本書の範囲からは大きく外れている。

宇宙が成熟した大人になった、誕生から約10^{-12}秒後という最初期の瞬間に「電弱対称性の破れ」が起こったとき、それはいわば、物理学の構造の根本的なレベルにおける再編であった（この相転移と、それが極初期宇宙に対して何を意味したかについては、第2章ですでに論じた。77～78ページ参照）。粒子の相互作用が従うべきルールが、電弱対称性の破れ以後の宇宙では完全に変わってしまったのだ。それまで水蒸気のようだったヒッグス場が、大海のようになってしまったのである。

ただし、ここで水を比喩に使うのには、ちょっと問題がある。水の中で動いているとき、水の抵抗のせいであなたの動きは遅くなるが、それは、動く努力をやめたなら、あなたはまったく進めなくなってしまうということだ。

ヒッグス場と相互作用している重い粒子の場合は、相互作用そのものが時間をかけて粒子を減速するのではない。真空中を移動していくものはすべて、それが「いまおこなっていること」をそのまま続けようとする傾向をもつ。いわゆる「慣性の法則」だ。

重い粒子の場合には、これはしばしば、宇宙の中を超高速で（しかし、光速以下で）運動しつづけるということを意味する。重い粒子と質量をもたない粒子との最大の違いは、速度を変えるためには、真空中を運動する重い粒子は外部から押して加速（ないしは減速）してもらわなければならないが、質量のない粒子はなんの苦労もなしに光速で運動しつづけるということである。じつのところ、質量をもたない粒子は、光速以外では運動できないのである。

そのような次第で、ときどきじっと座っていられることを満喫している私たちは、ヒッグス場が過去にあることをおこなって、電弱対称性を破ってくれたことに感謝すべきだ。ヒッグス場は、粒子に質量をもつことを可能にするのみならず、電子の電荷やいくつかの粒子の質量などの、一部の自然定数をも決定している。

私たちが存在している、この特定の物理的状態は、ヒッグス場が現在の値にうまい具合に安定してくれている状態であって、「ヒッグス真空」または「真空状態」とよばれている。ヒッグス場がいまとは違う値だったなら、私たちはまったく存在できなかったかもしれない。私たちは、粒子の質量と電荷が完璧にうまく設定されていて、それらの粒子が集まって分子になり、構造を形成し、生物に必要な化学的プロセスを実行できるような値になっているこの宇宙を享受している。

しかし、もしもヒッグス場が別の値だったなら、この精妙なバランスは崩れ、これらの粒子の結合を不可能にしてしまうおそれがある。私たちの肉体的存在（すなわち物理的存在）のすべてが、ヒッグス場がいまの値に落ち着いてくれたことのおかげなのだ。

そして、じつはここで「確率」が顔を出してくる。

初期宇宙を模した極端な条件を生み出すＬＨＣのような実験は、物理学の諸法則がどのようなものであるかのみならず、状況が異なっていたなら物理法則はどのようなものになっていたかという可能性についても、検証することを可能にしてくれる。

２０１２年、粒子衝突によってついにヒッグス粒子を生み出すことに物理学者たちが成功したとき、その質量の測定によって、素粒子物理学の標準模型の最後のピースが得られた。それにより、ヒッグス場の現在の値だけでなく、少しでもチャンスがあればヒッグス場が取りうるすべての値に関しても、見当がついてきたのである。

良い知らせは、ヒッグス粒子の質量の測定値は、これまでのところどんな実験による検証に対しても合格してきた標準模型の、合理的かつ数学的一貫性がある定式化と完璧に一致していることだ。

悪い知らせは、この標準模型の一貫性ある描像も、私たちのヒッグス真空——と、それが支える物理的世界を支配する、完璧に均衡が取れた一連の法則——は安定ではないと示していることだ。

私たちの美しい宇宙の全体は、「限られた時間」しか存在できないということらしい。

「先行き危うい」宇宙——ポテンシャルという考え方

「私たちの宇宙の真空は、安定ではないかもしれない」という考え方は、新しいものではない。すでに1960年代と70年代に、物理学者たちは嬉々として、真空の崩壊によって宇宙が壊滅的な崩壊プロセスを経て、私たちが知るすべての生物のみならず、物質が組織化しうるあらゆる可能性までもが破壊されてしまうという、〝ありうべきシナリオ〟を臆測する論文を書いていた。もちろん当時は、真空崩壊は方程式の中でいじりまわす面白い説の一つでしかなく、それを支持する実験データなど皆無だった。

いまは、まったく違う。

真空崩壊を理解するには、「ポテンシャル」という概念を理解しなければならない。ポテンシャルは、ある場の値がいかに変化しうるか、そして、どの値であることを「好む」かを表す数学的な概念だ。ヒッグス場は、斜面を転がって谷に落ちる小石のようなものと想像することができるが、その斜面の形が表しているのがポテンシャルだ。

小石が谷底に落ち着くように、ヒッグス場はエネルギーが最も低い状態、すなわち、ポテンシャルが最低値の状態へと向かい、これを阻止するものが何もなければ、そこに落ち着く。ポテンシャルを模式図的に表すとU字形の曲線となり、「U」の底が谷底にあたる。電弱対称性の破れが起こったとき、ヒッグス場を支配するポテンシャルが形成された。ヒッグス場は現在、このポテンシャルの底に無事に落ち着いていると、私たちは総じて考えている。

問題は、「それはほんとうの底ではないかもしれない」ということだ。ポテンシャルのいっそう低い部分に、別の真空状態が存在するかもしれないのである。

「W」の文字を少し傾けた形を想像してみよう。私たちのヒッグス場が入っていない側の谷のほうが、もう一つの谷よりも低いとする。ヒッグス場のポテンシャルに、そのような、より低い谷があったとすると、それは突然、もはや便利な数学的概念などではなくなり、宇宙全体の存在を脅かす脅威へと変貌する。

現在のヒッグス場がポテンシャルのどこにあるかにかかわらず、それは完璧に「心地よく生物が存続できる宇宙」を提供してくれている。私たちの自然定数は、結合状態にある粒子や、固体、生命と両立可能な構造と、すこぶる相性がいい。しかし、ポテンシャルがより低いところに、もう一つ別の状態がありうるのなら、これらすべてが危機に陥る。

そのような状況では、ヒッグス真空は準安定状態でしかない。さしあたっては安定らしい……、といった程度のものだ。ポテンシャルの谷底のように見える部分にはまっているが、実際にはそれは谷底ではなく、谷の側面にできたくぼみにすぎない。

そこに長いあいだとどまっていることは可能だ。銀河が成長し、恒星が誕生し、生物が進化し、誰もがうんざりするほどたくさんのスーパーヒーローの映画が製作され、配信されるのに十分長いあいだ。しかし、十分大きな擾乱《じょうらん》が起こり、ヒッグス場がポテンシャルの谷から追い出されてしまうと、それが真の谷底まで落ちるのを阻止するものは何もないだろう。そしてそれは、ほんとうに、まさしくほんとうに、絶望的なほど悪いことになるだろう。

その理由は、このあとすぐ、身の毛もよだつほどに詳しくお話しする。

量子的な「死の泡」

残念ながら、素粒子物理学における標準模型のすべての測定結果と辻褄が合う現時点における最善のデータは、ヒッグス場は現在、ちょうどそのようなくぼみにはまっているのだと示唆している。この準安定状態は、谷底の「真の真空」に対して「偽の真空」とよばれている。

偽の真空の何が悪いのだろう？　おそらく、すべてが。

偽の真空はせいぜい、最終的な破壊を一時的に猶予するだけだ。偽の真空の中では、粒子が存在できる能力そのものも含めた物理法則が、不確かなバランス調整に依存しており、それはいつ転覆してもおかしくないのである。

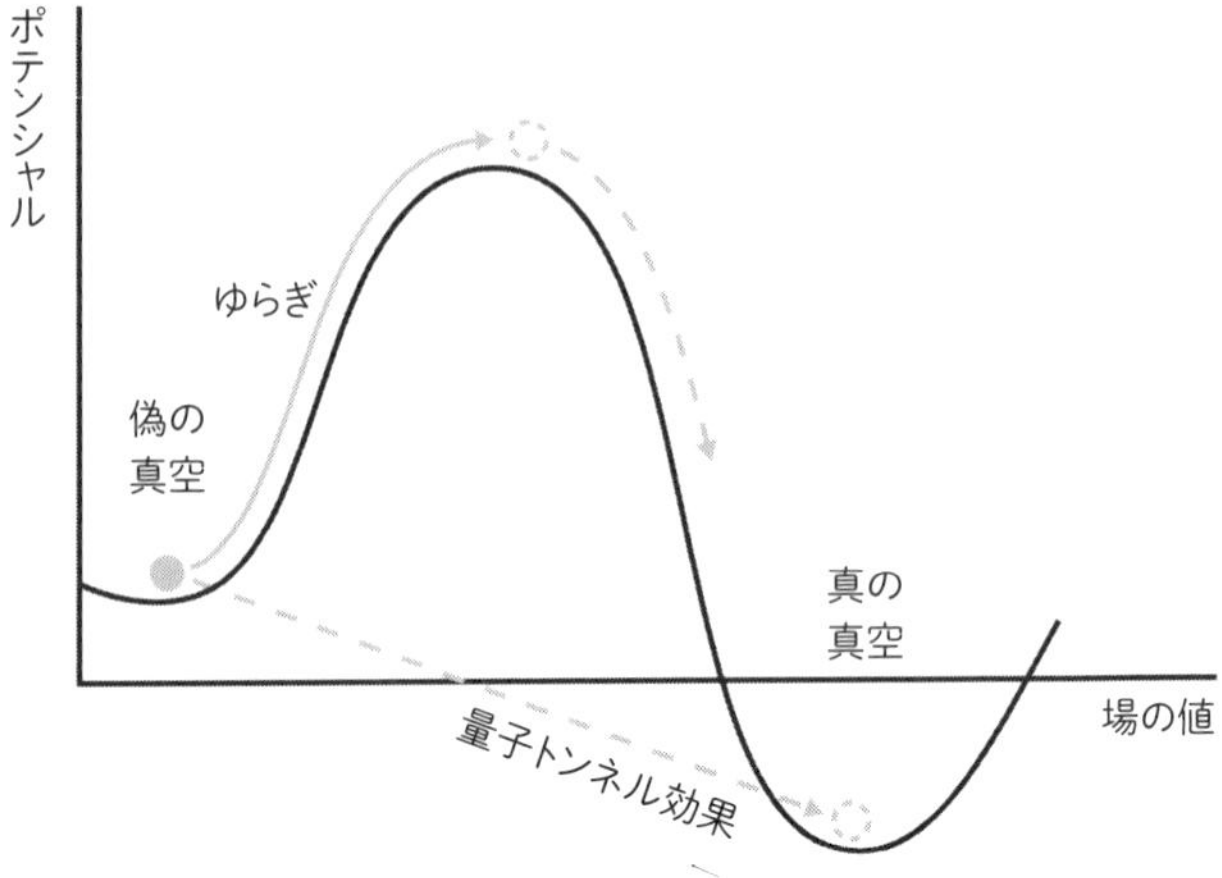

図17：「偽の真空」状態をもつヒッグス場のポテンシャル　ポテンシャルの谷の一つひとつが、ありうる宇宙の状態に対応する。私たちのヒッグス場が高いほうの谷（偽の真空）に存在しているとすると、高エネルギー事象（図中では「ゆらぎ」と表示）か、あるいは量子トンネル効果によって、もうひとつの状態（真の真空）に転移できる。私たちが偽の真空に存在していたとすると、ヒッグス場が真の真空に転移するのは大惨事だろう

その転覆が起こることを、「真空崩壊」とよぶ。それは素早く、徹底的で、痛みをともなわず、完全に万物を破壊することができる。

真空崩壊が起こるためには、「きっかけ」がなければならない——ヒッグス場がくぼみから十分遠くまでさまよい出て、ポテンシャルの「真の真空」にあたるところを見つけて、むしろこちらにいようと思わせるものが何か必要だ（もちろん、ヒッグス場は選《え》り好みなどせず、そのポテンシャルによってのみ支配されている。しかし、可能なら真の真空に即座に転移してしまうようすには、どう見ても熱意がうかがえる）。

超高エネルギー爆発やブラックホール

の最期の蒸発といった破壊的現象、あるいは、不運な量子トンネル現象（これについては、のちに詳細に説明する）が、その「きっかけ」になりうる。宇宙のどこであれ、これが生じると、停止することは不可能な破壊的なことが連鎖的に起こり、それに耐えられるものは、宇宙の中に存在しない。

そして、それは「泡」から始まる。

真空崩壊がどこで起ころうが、そこには、真の真空の微小な泡が生じる。この泡の内部には、まったく異なる空間が含まれている。その空間では、物理学のプロセスが異なる法則に従っており、自然界の粒子の配列も変わる。形成された瞬間には、泡は無限に小さな点にすぎない。しかし、その泡はすでに、超高エネルギーの壁で覆われており、この壁に接触するすべてが燃えてしまうおそれがある。

次に、この泡が膨張しはじめる。

真の真空は、より安定した状態なので、宇宙はそれを「好み」、わずかでも機会が与えられれば、真の真空に移行してしまう。斜面に置かれた小石が転がり落ちるのと同じだ。泡が出現するや否や、そのまわりを取り囲むヒッグス場は、ゆさぶられて谷底へと落ちてしまう。その最初の事象で、危なっかしくバランスを取りながらやっとのことで静止している周囲の小石がすべて小突き落とされ、それをきっかけに、雪崩が広がるようなイメージだ。

「泡の地平面」の内と外

こうなると、真の真空状態に降伏する空間がどんどん広がっていく。運悪く泡が広がる先に存在するものはすべて、光速に近いスピードで接近してくる超高エネルギーの壁に接触する。続いて、それは「徹底的で完全な分解」としかよびようのないプロセスをたどる。それまで、原子や原子核の内部でさまざまな粒子を一体に保っていた力が、もはやはたらかなくなるからだ。

それが迫ってくるのをあなたが目にしていないのは、きっと、とてもありがたいことだろう。どこか高みから見下ろして眺めれば、いかにもドラマチックなプロセスのようだが、泡が出現するときに、たまたま近くにいたとしても、それには気づかないはずだ。光速で迫ってくるものは、目では見えない。それを警告するような小さな閃光があったとしても、それは泡本体と同時に届く。泡の接近を見る方法も、あるいは、何かとてもまずいことになっていると知る方法も、まったくありえない。

もしも泡が下からあなたに接近してくるなら、あなたの足はもはやなくなってしまったのに、あなたの脳が「自分はまだ足を見ている」と思い込んでいる時間が2~3ナノ秒は存在するだろう。幸い、このプロセスは完全に無痛である。あなたの神経パルスが、泡によるあなたの分解に追いつくことはまったくないからだ。これはほんとうにありがたいことだ。

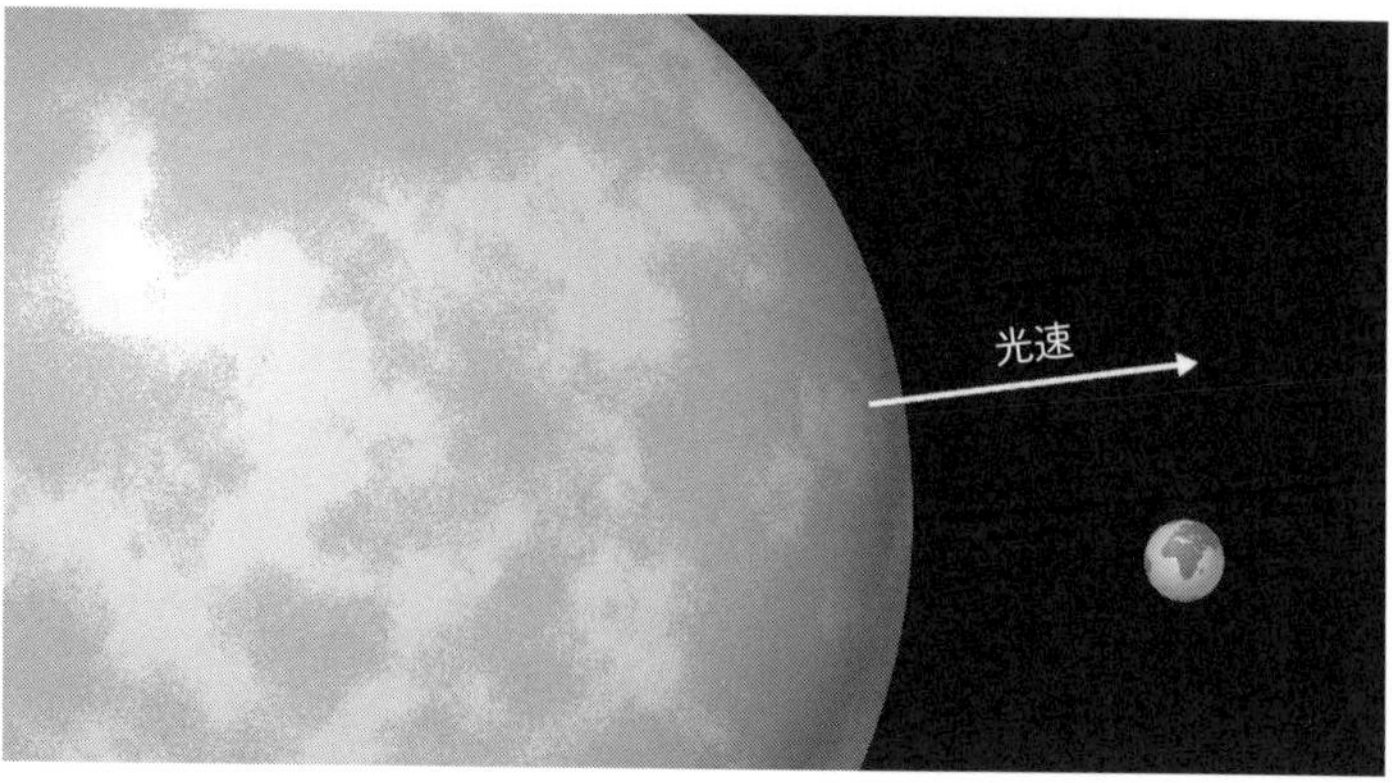

図18：「真の真空」の泡　真空崩壊の事象が宇宙のどこか1ヵ所で起これば、その泡は光速で外へと広がり、その進路にあるすべてのものを破壊していく

もちろん、泡はあなたで止まったりはしない。膨張の一途をたどる泡の半径の内側に入った惑星や恒星はすべて、同じように何が迫っているかに気づくことなく、同様の運命をたどるのだ。

真の真空は、宇宙全体を取り消してしまう。それを逃れることができるのは、きわめて遠方にあって、宇宙の加速膨張のおかげで、「泡の地平面」の外側に永遠にいられる領域だけだ。

じつのところ、私たちがいま座って、心静かにお茶を飲んでいるあいだにも、真空崩壊がすでに起こっている可能性は十分にある。私たちは運が良くて、泡は私たちの宇宙の地平面の向こう側で、その存在すら私たちが知らないような銀河をどんどん呑み込んでいるのかもしれない。あるいは、宇宙論的には隣にあたるようなすぐ近くでもう泡が発生していて、光速に近い速度で、私たちに気づかれることなく接近しており、次の息をつくまでのあいだに、不意に私たちを捕らえるさだめなのかもしれない。

真空崩壊を怖がらなくていい理由

真空崩壊は、あなたが心配すべきことがらではない。ほんとうだ。理由はいくつかある。もちろん、すぐわかる理由がある。起こっているなら止める手段がないということ。そして、起こりそうだというのも知りえないこと。さらに、痛くはなさそうだということも、心配する必要がないことの説明となるだろう。

それに、あなたがいなくなって悲しむ人も、同時にいなくなるわけだし。だったら、心配する意味などないのでは？　自宅の火災報知器を二重にチェックし、そしてお望みなら、火力発電所の閉鎖を求めて議員に陳情するなどしたほうがずっといいだろう。

だが、そういわれてもちっとも安心できないというのなら、そこそこの確かさでいえることがある。真空崩壊が起こる可能性はきわめて低い——少なくとも、今後、何兆年かのあいだは。

理論的には、真空崩壊が起こりうる状況がいくつか存在するのは確かだ。最も直接的なのは、なんらかの高エネルギー事象である。それはいわば、くぼみの外に小石を飛び出させて、谷底に真っ逆さまに落としてしまう地震のようなものだ。

幸い、この場合の「地震」は、ほんとうに計り知れないほど強くなければならない。現時点での最善の推測では、真空崩壊に必要な事象は、私たちがこれまでに観測したことのある最も激しい爆発よりもはるかに高エネルギーでなければならず、大型ハドロン衝突型加速器などの人間がつくった装置で到達可能なエネルギーの何桁も高いエネルギーが必要なのは間違いない。

不安になったときはいつでも、宇宙で起きている粒子の衝突では、大昔からLHCやその他の装置に可能であるよりもはるかに高エネルギーに到達しているという事実をあらためて思い出せばいい。したがって、私たちがまだ消え去っていないかぎり、石と石をぶつけて石の中身を知る目論見の現代版であるLHCの高エネルギー粒子衝突実験は、実際にはなんの脅威でもない。

真空崩壊を直接的に起こすことの困難さは、煎じ詰めれば、偽の真空と真の真空を隔てるポテンシャルの障壁の高さに起因する。くぼみにはまった小石の描像に戻ると、ポテンシャルの障壁とは、くぼみをポケット形に見えるようにしている、土地の隆起部に相当する。

ヒッグスポテンシャルのほんとうの形はどうなっているかに関する、私たちの現時点での最善の推測によれば、このくぼみはれっきとしたくぼみで、いっそう深い真の真空の谷から、きわめて高い尾根で隔てられている。その尾根を越えて小石を飛び出させる（あるいは、ヒッグス場にそのポテンシャルの障壁を越えさせる）のに必要なエネルギーは非常に大きいので、思い悩むだけの価値はほとんどない。

ただし……、私たちは、このようなルールに従わない宇宙に存在している。私たちの宇宙は、根本的に量子力学に基づいており、量子力学では、もしもあなたが原子以下の尺度に存在しているなら、ある場所から別の場所にあなたが移動するときに、きわめて稀ではあるが、堅牢な物体を、なんの問題もなくまっすぐ通過する経路をとることがある。

壁の前に立つあなたは、壁を跳び越えるだけのエネルギーをもっている必要はないかもしれないのだ。すんなりと、壁の中を通り抜けることができるかもしれないのである。とりわけ、あなたがヒッグス場であったなら。

「量子トンネル」とは何か――「場」でも起こる奇妙な現象

量子トンネルといわれても、まるでSFか、あるいは、物理学者が椅子に座って理解不能な方程式を書きながら薄笑いを浮かべて考えている、得体の知れない理論上のもののように聞こえる。

量子力学では確かに、ある粒子がどこに存在しているかや、運動している粒子がどの経路を進んでいるかに関して、正確なことは決していえないことになっている。そのため、粒子の運動に関する量子力学の計算を正しくおこなうには、すべての経路について項を書き下し、計算しなければならない。粒子を実験室の片側から反対側まで送るだけの話でも、街を三つ越えた遠くにあるコーヒーショップを経由するような、とんでもない経路まで考慮に入れなければならないわけだ。

だが、だからといって、その粒子がほんとうにそんな経路を進んだりはしないよねと、みなさんは思われるかもしれない。

じつのところ、粒子がほんとうに何をやっているのかという問いに答えるのは、驚くほど難しく、量子力学の解釈について、何十年にもわたって議論を引き起こしている。粒子は、局所化された小さなものとして観測されるのに、なおも、空間の全体に広がる波動の数学にも従うことができるのは、いったいどういう意味かという問題が未解決なのと同様に、粒子が地点AとBのあいだでどこを通るかは、いまなお大いに謎のままなのだ。

誰もが同意するのはデータからわかることだけで、これらのデータは、見るからに通過不可能と思える障壁を通過するのは、粒子が日常的に嬉々としてやっていることだと、はっきりと示している。途中で粒子が実際にどこへ行こうが、壁がそれを阻止できないのは明らかだ。

このような脱出マジックは、粒子にとってはごくふつうのふるまいであり、携帯電話やマイクロプロセッサーなどの設計者は、ふだんは大人しくふるまっている電子が、突然チップの反対側に出現してしまうことがときどきあるという事実を考慮に入れなければならないほどだ。フラッシュメモリーをはじめとする、ある種の技術では、これを都合よく利用することがある。走査型トンネル顕微鏡は、量子トンネル現象が起こる確率を、試料表面に電子を下ろす際にバルブのように使って、試料を構成している個々の原子の像を捉える。

電子に、細いギャップをそっと跳び越えさせたり、絶縁バリアをすんなり通過させたりするのは、パーティーで隠し芸として披露すればウケるだろうが、量子トンネル現象が「粒子」のみならず、「場」でも起こることに気づけば、はるかに不気味な話になってくる。

真の真空の谷からポテンシャルの障壁によって隔てられているヒッグス場のような場は、量子トンネル現象によって、その障壁を通過する可能性がある。私たちのいる居心地のいい宇宙と、究極の宇宙規模の災厄とのあいだに立っている唯一のものが急に、それまでのような堅固なものではなさそうに見えてくる。

すべては確率の下に

（いくぶんか）いい知らせは、量子トンネル効果のような奇妙なものも、実際になんらかのルールに従っており、少なくともそれが起こりうる確率に関してはそうだ、ということだ。

量子トンネル現象の生じる確率は、系の物理的性質に基づいている。つまり、ある特定の長さの時間のあいだに、それが起こる可能性がどのくらいあるのかは、きわめて正確に知ることができるのだ。量子トンネル現象は、完全に無秩序に起こるわけではないのである。量子力学を完全に理解したり解釈したりするのは難しいとしても、少なくともそれは計算可能なのだ。

しかし、私たちが計算するこれらのルールは、確率以外の、もっと安心できるようなかたちでは得ることができない。たとえば、次の30秒間に、ヒッグス場が量子トンネル現象で障壁を通過し、あなたの真横に量子力学的な死の泡を形成して、未来永劫にわたって空間を引き裂いていく想像を超えた破壊のプロセスを開始することはないと、確信をもって断言することはできないのだ。あくまでも、「そのようなシナリオの可能性は非常に低い」としかいえないのである（少なくとも、「次の30秒間に」の部分は。私たちの真空がほんとうに準安定なら、厳密にいって、やがては泡が出現しなければならない）。

　現在の最善の計算から、私たちの心地よい真空が劇的な相転移を起こすことは、当分のあいだなさそうだとわかっている――本書執筆時における最新の推測は、10^{100}年以上先のこととしている。それまでには「熱的死」のプロセスに入っているか、もしも非常に運が悪ければ、「ビッグリップ」によってズタズタに引き裂かれているだろう。そんなときに、真空崩壊で瞬時に殲滅《せんめつ》されるのは、それほど悪いことではないかもしれない。

　そのような次第で、「真空崩壊はいますぐには起こりそうにない」と、合理的な根拠から断言することはできない。また、われわれの太陽系のどこかで、あるいは天の川の反対側や他の銀河の中で真空崩壊が起こって、光速で膨張する泡が発生し、いま私たちが話をしているあいだにもひそかに近づきつつある、などということはまだ起こっていないと断言することもできない。

だが、あなたが自分の妄想に優先順位をつけたいなら、申し上げられることがある。あなたは、生涯のうちに、真の真空の泡の自発的出現に見舞われるよりも、雷や暴走自動車、大暴れする牛の群れ、もしくはコースを外れた隕石に打たれるほうが、はるかに可能性が高いのである。

だが、もう一つだけお話しすべきことがある。

現時点で実施可能な高エネルギー粒子衝突実験では真空崩壊の泡をつくり出すことはできないし、量子トンネル現象が自発的に起こる確率もきわめて低いので、真空崩壊の話を聞いたこと自体、最大限の努力を払って忘れてしまうのがいちばんいいということはすでにお話ししたとおりだ。しかし、最近になって、真空崩壊で宇宙を破壊するもう一つの方法を、物理学者たちが思いついた。しかもそれは、なかなか洒落た方法なのである。

「小さいブラックホール」の絶大な影響力

2014年、ルース・グレゴリー、イアン・モス、ベンジャミン・ウィザーズが、このテーマについての既存の研究を基盤の一部として発表した新しい論文が、私の目にとまった。その説明によれば、自発的な真空崩壊はうんざりするほど遅いが、ブラックホールが存在すると、そのプロセスは格段に加速し、総じて事態をより面白くするというのだ。

じつのところ、ほんとうに危険なのは小さいブラックホールなのだという。粒子程度の大きさのブラックホールは、その真上で真空崩壊が起こる確率を劇的に上昇させるから、というのがその理由だ。もしかすると、10^{100}年も待たなくてもいいのかもしれない。

そのからくりは、湿度の高い室内で塵の粒のまわりに微量の水が凝結するときや、上層大気中で雲が形成されるときと似ている。塵の粒は「核形成部位」にあたる。核形成部位とは、その点を他から区別し、特定のプロセスがはるかに発生しやすいようにするものだ。雲と水の場合は、水分子が最初にくっつきやすいものがあったほうが、その後に水分子どうしがくっつきあうプロセスが容易に進む。

このように、不純物は、それがなければそれまでとまったく同じように物事が進んでいただろうところで、何かの連鎖反応を開始するきっかけになりうる。微小なブラックホールが、真の真空の泡に対して、このような核形成部位になる可能性があるのだ。ただし、きわめて小さなブラックホールだけに限られた現象なのだが。

宇宙にとっては幸いなことに、現在の重力物理学によれば、微小ブラックホールを形成するのは容易ではない。大雑把にいえば、ブラックホールが形成されるのは、私たちの太陽よりも質量が大きい恒星が、生涯の終わりに崩壊するときだけだと私たちは考えている。これらのブラックホールがさらに物質を引き込んだり、互いに融合したりして、より大きくなることはあるかもしれないが、より小さくなるというのは、まったく違う話である。

ブラックホールが質量を失うのは、ホーキング放射（第4章152ページ参照）によってのみで、それには長い時間がかかる。太陽と同じくらいの質量のブラックホールの寿命は、10^{64}年程度だと考えられている。その寿命が尽きる少し前あたりで、ブラックホールが十分に小さくなって、真空崩壊を誘発できる可能性もあるが、それを心配することがほんとうに必要となるまでには、まだ相当な時間がある。

また、初期宇宙では、ホットビッグバンの極端に高い密度のせいで、微小ブラックホールがいくつも形成されたという仮説も提案されているが、これまでのところ、そのような証拠はいっさい得られていない。だが、もしほんとうに形成されていたとしたら、そして、微小ブラックホールがほんとうに真空を不安定化させうるのだとしたら、私たちはいま存在していないだろう。

このことを考慮に入れて真空崩壊の可能性を信じれば、微小な原初ブラックホールの形成を予測する理論はどれも間違っていることになる。なぜなら、現に私たちは存在しているのだから。

微小ブラックホールをつくり出せ

遊び感覚でもあるのだが、宇宙開闢以来、このような微小ブラックホールが存在したことがなかった場合に、これらのものをなんとかつくり出す方法がないだろうかと、私や一部の同僚たちは考えている。

微小ブラックホールをつくり出せないかという話は以前からあった。この小型モンスターは、怖いことを予測する理論に出てくる、すごく可愛いもの、というだけではなく、重力はどのようにはたらくのか、ブラックホールはほんとうに、あのクールな蒸発の現象を起こすのか、そして、これ以外の方法では見ることができない、空間の余剰次元が存在するかどうかについて、教えてくれるかもしれないからである。

何年にもわたり、物理学者たちは衝突型粒子加速器からのデータを徹底的に調べ、陽子どうしの衝突で、微小な空間に膨大なエネルギーが集中し、その空間全体が瞬時に収縮して微小ブラックホールになってしまったと思《おぼ》しき兆候がないかと探している。そんなブラックホールが出現したとしても、従来からの考え方によれば、それは無害に違いないということになっているが、それは真空崩壊の可能性を考慮していない。

理論によれば、そんなブラックホールは瞬時にホーキング放射によって蒸発するはずで、仮に蒸発しなかったとしても、相対論的なスピードでいずれかの方向に運動している可能性が高く、ごく短時間のうちにわれわれから遠く離れてしまうだろう、というのだ。その理由は、衝突が完璧にタイミングよく、粒子が完全に停止するように狙って起きることは決してないのだから、というわけである。さらに、衝突型粒子加速器で起こる衝突に、微小ブラックホールを生み出すことが可能となるためには、原子以下の粒子たちが感じる重力が、アインシュタインの重力法則が示唆するよりも強くなければならない。

そして、そんなことが起こる唯一の可能性は、私たちが知るかぎりにおいては「空間の余剰次元」が存在する場合だ。これについては次章でさらに詳しく取り上げるが、大まかに話すと、空間が通常の三次元を超える次元をもっていると、重力はあらゆる微小尺度においていっそう強くなり、そのためLHCでの衝突で微小ブラックホールが生成することが可能になるのである。

したがって、LHCでブラックホールをつくることができるなら、空間には思っていたより多くの次元があるという証拠になる。これは、ワクワクするような新しい物理学の兆候を探している物理学者にとって素晴らしいニュースだ！　もちろん、私たちがLHCでつくろうとしているこれらの微小ブラックホールが真空崩壊を引き起こして、宇宙を終わらせてしまったなら、大変なことなのだが……。

ありがたいことに、そんなことはありえない。

それについては、物理学者が近づきうる最も近くといっていいほど、絶対的な確信で断言できる。LHCで出現しうる微小ブラックホールをその件で無罪放免にする最大の根拠は、前にも述べたとおり、宇宙線が、人間がつくった衝突型加速器で起こせるどんな衝突よりもはるかに強力な衝突を起こすことができるという事実である。

もしも私たちが、陽子どうしを衝突させてブラックホールをつくることができるとしても、宇宙はすでに数え切れないほどの回数これをおこなっており、そして、私たちはまだここにいる！したがって、ブラックホールはこの宇宙のどこにおいてもつくり出されていないか、あるいは、最初からずっと無害だったかのどちらかだ。

もう一つの根拠は、仮定上の話としてさえ、微小ブラックホールが危険になるには、到達すべき質量の閾値が存在するらしいということだ。衝突型加速器でつくり出すことのできる種類のブラックホールは、確実にその閾値の下にあるようだし、宇宙で起こっている衝突の大半も、そうである可能性が高い。

おまけに、一部の物理学者はこの事実を、私たちが存在しつづけているという事実とともに、余剰次元が取りうる大きさには限度があると論じる根拠として使う方向で研究している（ここで「一部の物理学者」というのは、具体的には、私と、同僚のロバート・マクニースで、2019年の『フィジカル・レビューD』に共著で論文を発表している。楽しい研究だった）。

（物理学のさまざまな理論を検証することに興味を抱く物理学者として、個人的な感想を述べさせていただくと、宇宙の破壊的終末が起こらないということが、一つのデータ点として使えるのは、いつも面白い）

ふたたび未知の領域へ

微小ブラックホールはここで脇に置いておくことにして、これらのことから、真空崩壊は私たちにどんな影響を及ぼすといえるだろう？

ここまでに見てきた他の宇宙終焉シナリオでは、それが起こるのは遠い未来のことなので、人類が滅亡したあとに宇宙に生息しているであろう存在に憂慮してもらうに任せればいいと大いに確信できるという、小さな慰めを少なくとも提供してくれた。だが、真空崩壊は、理屈の上では、たとえ確率は天文学的に低いとしても「いつでも起こる可能性がある」という点で特殊である。それはまた、一種独特の極端さで決定的で、ほとんど不当なほどだ。

1980年、シドニー・コールマンとフランク・ド・ルチアは、真の真空の泡は、素粒子物理学がまったく異なる（しかも致死的な）構造をしているほかに、重力的に不安定な性質をもっていることを計算によって示した。泡が形成されたなら、その中に含まれるものはすべて、数マイクロ秒のうちに重力崩壊するだろうと彼らは論じた。続いて、彼らは次のように記している。

〈陰惨な描像だ。われわれは偽の真空に存在しているかもしれぬという可能性を熟考するのは、決して楽しいことではない。真空崩壊は、究極の生態学的災厄である。新たな真空では、自然定数も新しい。真空崩壊後は、われわれが知る形の生物が不可能であるのみならず、われわれが知る形の化学も不可能だ。しかし、やがて時が経てば、その新たな真空も、われわれが知る形のものではないにせよ、少なくともなんらかの、喜びを知る能力をもった構造を持続させるようになるだろうとの可能性に思いを馳せれば、いつでもつつましき慰めを感じることができよう。しかし、この可能性は、これまでのところ排除されている〉(この議論は今でも、私が学術誌で見た最も美しい物理学の詩の一つである)

真空崩壊はもちろん、他に比べれば非常に新しい概念で、さまざまな種類の極端な物理学が盛り込まれているため、これをどう受け止めるかは、今後数年で劇的に変わる可能性も大いにある。より詳細で厳密な計算がおこなわれたら、答えが変わってしまうかもしれない。これらの疑問は、困難かつ複雑で、共通認識にいたるまでにはまだまだ長い道のりが残されている。

私たちの真空がほんとうに準安定的だと結論するなら、それは宇宙のインフレーションの理論とは両立しないおそれがある。インフレーション期の量子ゆらぎや、その後の環境温度は、宇宙誕生後の最初期に真空崩壊を誘発し、その結果、私たちの存在そのものを否定するに十分だったとみられているからだ。そうならなかったことは間違いない。だとすれば、私たちが初期宇宙を理解していないか、真空崩壊はそもそも不可能だったかのいずれかだろう。

初期宇宙の理論を信頼するかどうかにかかわらず、真空崩壊を真剣に受け止めるか否かは、素粒子物理学の標準模型をどの程度信じるかによる。しかし、標準模型がすべてを網羅しきれていないことは、すでにわかっている。ダークマター、ダークエネルギー、そして、量子力学と一般相対性理論の矛盾はすべて、宇宙には、私たちがいま書き下すことができるよりも、もっと多くのことがあると指し示しているからだ。

とはいえ、標準模型に取って代わるものが何であれ、それは、いまはなかなか払拭しきれない、得体の知れない量子的死の泡にまつわるぼんやりとした不安から、すっきり解放してくれる可能性がある。

あるいは、基礎物理学をさまざまに拡張すると、まったく新しい宇宙終焉シナリオが登場するのかもしれない。空間に余剰次元がある可能性――衝突型加速器で微小ブラックホールをつくろうと目論《もくろ》む物理学者をじらしているのと同じもの――は、宇宙を新たな未知の領域へと拡張する。われわれは、地図の縁《へり》にいたる探検家と同様に、何が見つかるかわからぬままに外へと手を伸ばす。

より高次元の空間は、重力理論に関する長年の未解決問題に決着をもたらすかもしれないが、それにも警告表示がついている。拡張の一途をたどる宇宙マップの辺縁部、くるくる巻かれて隠れている部分に、「怪物出没」と記されているのだ。

第7章 ビッグバウンス

終末シナリオ　その5

「特異点」で跳ね返り、
収縮と膨張を何度も繰り返す

ハムレット：なにを言う、このおれはたとえ胡桃《くるみ》の殻に閉じこめられようと、無限の宇宙を支配する王者と思いこめる男だ、悪い夢さえ見なければ。

（ウィリアム・シェイクスピア『ハムレット』小田島雄志訳、白水社）

2015年9月14日、協定世界時午前9時50分45秒、あなたはほんの一瞬、少しだけ背が高かった。

そのときあなたを通過した重力波の波頭は、太陽の30倍もの質量をもつ二つのブラックホールが合体した際に発生して以来、13億年にわたって、通り抜けた空間をゆがませながら、宇宙を旅してきたのだった。そのおかげで身長が伸びたことなど、あなたは気づかなかっただろう――なにしろ、伸びたのは陽子の直径の100万分の1以下だったのだから。

だが、レーザー干渉計重力波天文台（LIGO：Laser Interferometer Gravitational-Wave Observatory）の物理学者たちは気づいた。彼らがおこなった重力波の初検出は、新技術の開発と実験物理学史上、最高感度の装置の製作を必要とした数十年に及ぶ研究の成就を意味していた。「時空のさざ波」をついに検出できたことは、アインシュタインの一般相対性理論の究極の検証として称賛された。

だがそれは、むしろ天文学的観測の新時代の夜明けとしての意味のほうが大きかった。それによって宇宙が、まったく新しい観測方法に対して開かれたからだ。遠方の発生源からやってきた光や高エネルギー粒子を収集する代わりに、手を伸ばして空間の振動そのものを感じることができるようになったのである。おかげで、実在の基盤そのものをゆるがしうる、遠方で発生した宇宙規模の激しい事象を覗き込む窓が、初めて形成されたのだった。

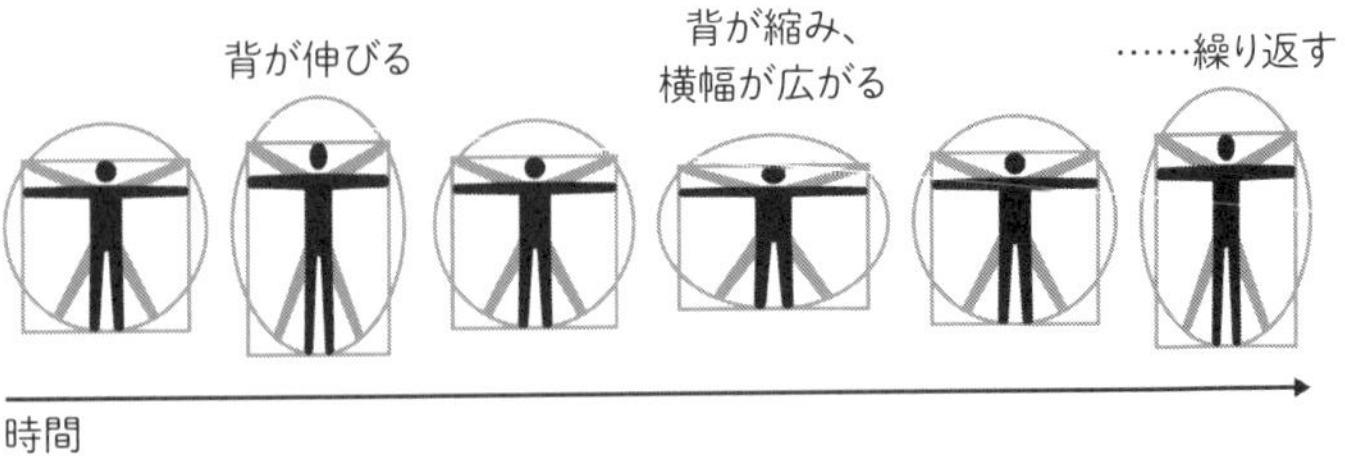

図19：通過する重力波の影響　正面からやってくる重力波は、通過する空間を縦方向に引き伸ばすと同時に、横方向に圧縮する。つづいて、縦横逆の変形をおこなう。波頭が1個通過するたびに、交互にこのような変形を起こす。
この重力波の進路内にいた場合、あなたは、少し背が伸びては、次に背が縮んで横幅が広がるという変形を交互に、波が通りすぎるまで繰り返す。とはいえ、その体の伸びは、陽子の直径の100万分の1程度というわずかなものにすぎない

その最初の発見以来、重力波天文学は、ブラックホールと中性子星のインスパイラル運動（訳注：連星が互いの周りを回転しながら接近する運動）や破壊的な合体などを観測しては、私たちに示してくれている。おかげで、重力のからくりを前例のないレベルの正確さで研究することが可能になった。

しかし重力波は、それよりもなお根本的なことへのカギを握っているかもしれない。重力波は、私たちの宇宙の形状と起源についての新しい視点を提供し、宇宙の外側に何かが存在するかどうかを決定する可能性をもたらしてくれるかもしれないのである。その何かは、やがてすべてを破壊する可能性を秘めている。

重力の耐えられない弱さ

重力には何か問題があるに違いないと、私たちはとうの昔から知っていた。うまくはたらきすぎているからだ。

アインシュタインの一般相対性理論はこれまで、検証を受けたあらゆる状況において、完璧に機能してきた。物理学者たちは数十年にわたり、アインシュタインの理論の簡潔な方程式が不可避的に破綻するのを示してくれるなんらかのズレを、どこかに見出そうと努力してきた（ここで「簡潔」といっているのは見方によるかもしれない。一般相対性理論の方程式を扱うには微分幾何学への深い理解が要求され、それは物理学か数学で卒業論文でも書かなければ学ばないたぐいのものだからだ。しかし、まさにそのような経験をした人にとっては、この方程式は精巧なガラス工芸品のようにエレガントで、見通しのよいものなのである）。ブラックホールの縁や中性子星の中心に存在する粒子どうしのあいだなどの極端な状況においては、重力方程式になんらかのヒビが入っているに違いない、というわけだ。

これまでのところ、実施されてきたさまざまな研究のどれにおいても、そのような兆候は見つかっていない。しかし、絶対にあるはずだと、私たちは確信している。

重力にこのような疑いを抱くのには、十分な理由がある。他の力に比べ、重力は〝変わり種〟なのだ。数学的観点からまったく異なって見えるのみならず、あまりに弱すぎる。

確かに、銀河一つ分、あるいは、ブラックホール1個分に足る質量を集めれば、重力はかなり強いように思える。だが、日常生活では、重力はあなたが出会う力のなかで、間違いなく最弱だ。コーヒーカップを持ち上げるたび、あなたは地球全体がカップを引っ張っている重力に打ち勝っている。原子を一体に保っている原子間力や核力に比べられるだけの重力を得るには、太陽の質量を一つの都市程度の大きさに詰め込まなければならないほどだ。

しかし、力を比較するということは、単に強さを比べるだけの話ではない。極度に高エネルギーの環境においては、すべての力を同じものの異なる側面としてとらえ直すことができるという考え方は、物理学のしくみを真に理解するためのカギだと、広く考えられている。素粒子物理学における他のすべての力と重力を結びつけて、万物を説明できるようななんらかの究極の理論——万物の理論（ＴＯＥ）——が、宇宙には存在するはずだという希望を私たちは抱いている。

だが、これまでのところ、重力は調子を合わせてくれていない。電弱力（電磁力と弱い核力を統一した力）については、実験で検証された堅固な理論が存在している。また、電弱力と強い核力を統一する大統一理論の完成にも、有力な手がかりがいくつもある。

ところが、重力を加えようとするたびに、その弱さがすべてをダメにしてしまう。さらに、それとは別に、重力と量子力学（重力以外のすべての力のはたらきを記述する）は、「ブラックホールの縁では何が起こるはずか」といったことがらの予測において、あからさまに対立する。重力を同調させる方法が見つかれば、大いに助かるのだが。

「統一」の夢を捨てられるか

この状況を前に、いくつかの選択肢が考えられる。

すぐ思いつくのは、「統一」という目標自体を放棄し、「重力は一種の孤高を気取っており、自分以外の物理学との断絶を決め込んだ力なのだ」として放っておくことだ。万物の理論など存在せず、すべての力を理に適った方法で統一することなど決してできない可能性も十分にある。

しかし、ただこう書いているだけで、物理学者としては気が滅《め》入《い》ってくるので、とりあえずいまのところは、そういう考えは「人類存亡に関わる緊急時には、ガラスを割って使用してください」と書いた頑丈な箱の中にしまって、触れないでおくのがよさそうだ。

もっと魅力的で知的興奮を与えてくれる選択肢として、「問題なのは私たちの重力理論なのだ。一般相対性理論には、修正もしくは差し替えが必要で、それが実施された暁には、きちんと他の力と統一されるだろう」と考えることができる。この方向への、やる気満々の優れた試みには事欠かない。

弦理論とループ量子重力理論を最も有名な例とする「量子重力理論」は、素粒子物理学と重力を結びつけ、弦で、あるいはループで、その全体をまとめる方法を探っている理論家たちのあいだでは、ホットな話題でありつづけている。だいたいどういうことかは、おわかりだと思う。これらのシナリオはどれも、量子化可能な——つまり、力や空間の曲率ではなく、粒子や場によって表現された——重力理論をもたらすのだ。

そして、これらの粒子や場は、クォーク、電子、光子の相互作用と、原子以下の微細なものの世界全体を説明する、場の量子論の粒子や場とぴったりと嚙《か》み合うのである。この図式においては、重力は「重力子」という粒子の交換が力として現れたものだ。光子が物体のあいだで移動することで、電場が現れるのと同じように。重力波についてはいまのところ、時空が繰り返し、引き伸ばされては圧縮されているものだと考えられているが、これもまた、重力子の波としての性質が現れたものと見なすこともできるだろう。

残念ながら、数十年にわたって大変な努力と、途方もなく精緻な計算が重ねられているにもかかわらず、物理学コミュニティーに広く受け入れられる理論はまだ確立できていない。提案された理論のなかで、素粒子実験によって検証されたものは皆無だし、そもそも実験で検証が可能かどうかすらはっきりしていない。

量子重力理論の候補となる二つの理論を書き上げ、続いて、たとえば大型ハドロン衝突型加速器（ＬＨＣ）でおこなわれるような実験で、その二つが異なる予測をするような実験はどのようなものかを考案するのが理想的だ。しかし、ＬＨＣでの衝突より何桁も高いエネルギーにおいて初めてその効果が明らかになるような理論どうしを区別しようとする場合、これは非常に困難になる。

そのため物理学者たちは、すべての可能な宇宙という範囲を絞っていくことを目指す抽象的な議論から、「実験による証拠が決して出現しないかもしれない理論しかない領域で、前進するにはどうすればいいか」という哲学的議論にいたるまで、さまざまな解決法を模索している。

初期宇宙を「より深く」理解する

そういう取り組みよりもむしろ、新しいデータのほうに希望をもっている者たちにとっては、万物の理論についてのヒントを提供してくれる何かを手にする最善の策は、宇宙論、とりわけ、初期宇宙の研究にありそうだ。途方もない高エネルギーにおける粒子の相互作用についてのデータが必要なら、太陽系の大きさをした衝突型加速器をつくろうとするよりも、ビッグバンを詳しく調べる新しい方法を見つけるほうが、総じて容易だろう。

私たちはすでに、この方向に少し動かされつつある。これまでのところ、素粒子物理学の標準模型（あるいは、それをほんの少しだけ修正したもの）の範囲内で説明できない物理的現象として観察されているものは、ごくわずかしかない。そのうちの目立つもの、すなわちダークマターとダークエネルギーは、観測による証拠によって強く支持されている。

しかし、その証拠のすべてが、宇宙論と天体物理学からきているのは間違いない。これらの摩訶不思議な宇宙の構成要素はいったい何なのか、そしてそれらはどのような性質をもっているのか。これを明らかにすることこそ、理論が今後、いかに発展すべきかを探る最善の希望ではないだろうか。

私たちを宇宙論に向かわせるもう一つのことが、宇宙における物質と反物質の不均衡だ。現在の理論からは、物質と反物質は同じ量で存在するはずだと考えられるのだが、私たちが世界で経験していることと、触れるもののすべてが消滅されつづけるのを避けることができているという事実から、通常の物質が反物質よりもはるかに大量に存在していることがわかる。

どうしてそのようなことになったのかはいまなお謎だが、その謎を解く手がかりは、この非対称性が初めて生じた初期宇宙を、より深く、より詳細に研究することにある可能性が高い。

どの領域でデータを探すことになるにせよ、万物の理論を探究するには、二つの相補的なアプローチがある。

一つは、既存の物理理論にあてはまらないような自然界における現象で、すでに知られているものを詳しく調べ、それらを説明できるような、よりよい理論を新たにつくるという方法だ。

もう一つは、いまある理論をとにかく壊してしまう方法である——まだ実験によって検証されていないであろう極端な仮説を考え、そのような状況でもなお理論が機能するか否かを判別できるようなデータの新しいとらえ方を見出せるか、検討してみることだ。

この二つを組み合わせたものは、私たちが物理学において前進するときに、毎回のように使ってきたアプローチなのである。日常的な状況できわめてうまい具合に機能するニュートンの重力理論から、アインシュタインの一般相対性理論へと、私たちが移行したのもこの方法によってであった。一般相対性理論は、斜面を滑り落ちるブロックに対して使うにはあまりに大げさすぎるが、宇宙に存在する途方もなく重い物体の周囲で光が曲がることや、太陽の重力の井戸の奥深くにある水星の軌道が示す微細なズレを説明するには、絶対に不可欠だ（訳注：惑星の軌道には近日点移動という「ズレ」があり、ズレの大半はニュートン力学で説明できるが、説明しきれないぶんの解決には一般相対性理論が必要だった。水星は太陽に最も近く、太陽の重力ポテンシャルの最も深いところに位置しているため、一般相対性理論の効果が特に大きく、最初に一般相対性理論の威力を示す例となった。しかし、水星の近日点移動は100年間で角度にして0・16度という微細なもので、そのうち相対論的効果は約7パーセントにすぎない）。

より優れた理論である一般相対性理論に移行するためには、ニュートンの重力理論を差し替えなければならなかった。こんどは、一般相対性理論が、次の大きな理論へと差し替えられる番だ。ところが、これまでのところ、一般相対性理論はこのような努力に抵抗を示しつづけている。もしかすると私たちは、代わりに宇宙全体を配置換えすることになるのかもしれない。

「宇宙に問題が起きている！」

『スター・トレック』シリーズの一つ、『新スター・トレック』のある一話では、主要登場人物の一人でクラッシャー博士こと、ビバリー・クラッシャーただ一人が乗った宇宙戦艦「エンタープライズ」が、靄《もや》がかかったような奇妙な泡に閉じ込められてしまうシーンがある。他の乗組員が忽然と消えてしまったこと以外にも、さまざまな奇妙なことが起こる。

それらすべてが、各種センサーが表示している値とは矛盾していることから、彼女は医学の専門知識を駆使し、自分は幻覚を起こしている可能性がきわめて高いと推測した。ところが、医学的に診断して自身になんら問題はないことがはっきりすると、彼女は次の論理的な結論を引き出す。

「私に何も問題がないのなら、きっと宇宙に何か問題が起きているのだ！」というのがそれだ。そして彼女は、まったく正しかったのである（ネタバレになったのは申し訳ないが、これが放映されたのは1990年のことで、その後30年も経過しているのだから、みなさんももうご覧になっているだろう）。

一部の物理学者たちはこのところ、重力の不釣り合いな弱さを前に、自分たちもクラッシャー博士と同じ結論を下さざるを得なくなっているのではないかと訝《いぶか》しんでいる。重力の強さには、なんら問題はないのではないか。重力を実際よりも弱く見せている宇宙のほうに問題があるのではないか、と。

重力を弱く見せるなんて、そんな芸当がいったい何にできるだろう？　その答えは、まるで肩透かしを食ったような気がするほどふつうのことかもしれない。「重力の漏れ」がその答えだ。重力が、もう一つの次元に漏れているのである。

「大きな余剰次元」理論

どういうことかご説明しよう。お気づきだと思うが、私たちはふつう、この宇宙は三次元の空間（西－東、北－南、上－下）をもっていると考えている。相対性理論では、時間も一つの次元だと考え、古典物理学の空間と時間の概念をまとめて、「四次元時空の中の位置」という新しい概念（空間の中の一つの位置と、過去から未来につづく時間という連続体のどこかの瞬間を合わせたもの）でとらえる。

「大きな余剰次元」という理論では、この四次元の他に、一つ、または複数の方向が存在するが、私たちはそれにアクセスすることができない。私たちの時空のうち、空間にあたる次元はすべて、三次元の「ブレーン」とよばれるものの中に閉じ込められている。それに対して、「大きな余剰次元」はその外側で、人間の限られた脳には数学的に概念化するほかない、なんらかの新しい方向（つまり次元）のなかに伸びている。

また、「大きな余剰次元」の「大きな」という言葉は、やや誤解を招きやすい。この宇宙に実際に余剰次元があったとしても、私たちの通常の三次元の中では事実上、無限大である可能性があるが、余剰次元の中ではせいぜい1ミリメートルしかないと推測される（大きな、非常に薄い一枚の紙を思い浮かべてほしい――二つの次元における大きさが、三つめの次元における大きさに比べてはるかに大きいが、これは、理屈の上では三次元の物体だ）。

ところが、原子が巨大に見えるような距離を測定することに慣れている素粒子物理学者たちにとっては、ミリメートルはマイルとそれほど変わらない感覚なのである。したがって、私たちがいるブレーンの外側にある余剰空間のことを、「バルク（bulk）」と呼び習わしている。

このシナリオでも、素粒子物理学と重力は互いにまったく違うふるまいをする。だがそれは、それぞれの固有の強さのせいではない。どう違うかを説明しよう。

素粒子物理学におけるすべての力――電磁力、強い核力、弱い核力――は、ブレーンの上でのみ存在するよう制限されている。これらの力には、より高次元のバルクは存在しない。ところが、重力だけは、そのようには制限されていない。重力は直接、時空で作用し、その範囲には三次元のブレーンの外側の時空も含まれる。

したがって、私たちの宇宙の中の重い物体によって生じた重力は、その見かけ上の強さの一部がバルクに漏れ出しており、そのぶんの強さを失ってしまう。紙にインクを落としてできた染みが、インクが紙に染み込むにつれて薄くなるようなものだ。

余剰次元が、われわれの通常の次元に比べて非常に小さいということは、ミリメートル程度の距離での物体の重力効果を測定しないかぎり、この漏れに気づくことはないということを意味している。そして、そんな重力効果の測定は至難の業だ。なにしろ、あなたが何かの物体のそばにいて、その物体から1ミリメートル離れたとしても、あなたが及ぼす重力が低下したとはふつう、気づかないだろうから。

しかし、ミリメートルの尺度で測定する方法がわかったなら、重力の低下が標準の方程式から期待されるものなのかどうかを検証することができるようになる。インクの染みの比喩に戻ると、一枚の紙に1ガロン（約3・785リットル）のインクを落としたとしても、そこにはやはり1ガロンのインクがあるように見えるだろう。しかし、インクを一滴ずつ量ることにすると、紙の繊維に染み込んだぶん、インクの一部が失われたことが感じられるようになる。

余剰次元の幅が数ミリメートル程度で、このような尺度での重力の変化でも測定できるなら、その余剰次元のバルクに失った重力の量は、あなたが検出しようとしている重力の大きさと同じ程度になる。漏れが起こらない空間における一般相対性理論から予測されるよりも、急激に重力の強さが低下するのがわかるだろう。そして、「何かがおかしい」ということを、はっきりさせてくれるはずだ。

ここまでのところ、重力の弱さを説明する他の説で、広く支持されているものはまだないが、重力を非常に微小な尺度で測定する技術がますます向上しているにもかかわらず、このような漏れが実際に起こっているという確固たる証拠もまだ見つかっていない。

余剰次元は、理論的な観点からは魅力的に聞こえるかもしれないが、その存在は、この宇宙の性質として確かめられたものとはいえず、興味深い可能性の範疇にいまなおとどまっている。加えて、重力の漏れが提唱されたそもそもの動機が、早くもかなりの程度失われてしまっている。というのも、重力の弱さを漏れによって説明する最も説得力のある理論のほぼすべてが、すでに排除されてしまったからだ。なぜなら、それらの理論は、私たちがすでに測定してしまったはずのレベルで、変化を予測していたからである。

それでも、余剰次元が実在すると明らかになったなら、重力と宇宙について、まったく新しい見通しが得られることから、私たちは探究を続けている。この宇宙全体が、より広大な時空の中に含まれている一つのブレーンの上に存在するなら、この時空には、他にもいくつもの宇宙が、おそらくは近傍のブレーンの上に存在しているという可能性が出てくる。なおいっそう劇的なことに、ブレーンどうしの相互作用は、この宇宙の起源を、そして究極的にはその破壊を説明する、新しいシナリオを提供してくれるかもしれない。

ここに、「エキピロティック宇宙」が登場する。

「エキピロティック宇宙モデル」とは何か

宇宙の起源（と運命）を説明する「エキピロティック宇宙モデル」に私が初めて出会ったのは、その生みの親の一人、ニール・トゥロックがケンブリッジ大学でおこなった、じつに興味深い物理学の講演を聴いたときのことだ。

そして二度めは、エイリアンを題材としたSF小説の中でだった。初期宇宙に関する物理学の複雑な問題を解決するために考案された仮説の、どちらかといえば難解な理論上の構造物が小説に登場することは珍しいので、それは当時、目新しくて関心を引いた、ということだろう。

ローリ・アン・ホワイトとケン・ウォートンの『ミックスト・シグナルズ』というその小説では、さまざまに奇妙な出来事が描かれているが、最終的には、それらはすべて重力波と結びついているらしいことがわかる。もっと詳しくいうと、それはやけに強力で、あまりに規則正しいので、ふつう原因と考えられている、ブラックホールや中性子星の衝突に帰すことができない重力波だ。

やがて主人公たちは、その重力波は、知性ある存在が別のブレーンから高次元バルクを通して送った信号だったと突き止める。著者らは、エキピロティック宇宙モデルについても言及し、この理論では、私たちの宇宙は、高次元空間に存在する多数の三次元ブレーンの一つにすぎないこと、そして、その高次元空間では重力のみが伝播できること、さらに、重力が「バルク」を通過できるなら、重力波は優れたブレーン間通信手段になることを説明する。

近傍のブレーン宇宙の上に他の文明が存在する可能性は、理論的に排除されてはいないが、この仮説のおもな目的は、この宇宙の起源と破壊を説明することだった。例の講演を聴き、SF小説を読んでまもなく、私は、エキピロティック宇宙モデルの構築でニール・トゥロックの共同研究者だったポール・スタインハートの下で博士論文研究をおこなうことになった。私自身は、この宇宙の起源に関する他のいくつかの理論に焦点を当てたのだが、グループ会議やディスカッションでエキピロティック宇宙モデルにしょっちゅう出くわすようになった（どういうわけか、エイリアンは一度も話題に上らなかった）。

それ以来、エキピロティック宇宙モデルは修正され、普及したが、最新版では余剰次元はまったく含まれていない。だが、科学ではよくあるように、新しく登場したが結局うまくいかなかったアイデアでも、その問題をとらえる別の考え方を刺激するもの——まったく新しい（そして願わくはより良い）方向に導いてくれるもの——として復活できるのだ。

そのような次第で、まずもともとの説から始めよう。それは実際、非常に興味をそそられる、ドラマチックな宇宙の終焉の可能性を教えてくれる。

「創造と破壊」を繰り返す宇宙

「エキピロティック」という言葉は、「大火」を意味するギリシア語に由来し、「宇宙の誕生も最終的な死も火に包まれている」という、このシナリオの特徴を反映している。標準的な、エキピロティックでないシナリオでは、宇宙の始めには「宇宙のインフレーション」の時代があるが、これについては第2章で論じたとおりだ。

ちなみに、先の「最初期形の理論から大きく修正されたが、それでも有用なもの」というのは、インフレーションもその一例になっている。インフレーションの初期形は結局、完全な間違いだったものの、やはり天才的発想だったと広く考えられている。それはまったく機能せず、1年も経たないうちに、他の物理学者たちによって徹底的に修正された。創始者たちは、のちに最終的にビッグバン理論を成功させるために必要だったさまざまな独創的な方法が、火災時の大旋風のように湧き上がる状況をもたらす一連の解を提案したという点において、まさに正しいことをおこなったのだ。

修正版は、「新しいインフレーション」とよばれることもあり、今日論じられるインフレーションの基盤となった。

そのインフレーションは宇宙誕生後、最初の一瞬のうちに、宇宙を劇的に膨張させるが、その後、この膨張を起こしたもの（粒子やそれに付随する場には「トン」で終わる名前をつけるのが好まれているため、「インフラトン場」とよぶ）が崩壊することによって、大量のエネルギーが宇宙の中に放出され、ホットビッグバンの「高温《ホット》」相が出現した。

一方、エキピロティック宇宙モデルの最初期形では、初期宇宙が高温状態になったのは、隣り合う二つの三次元ブレーンが華々しく衝突した結果だとする。この二つのブレーンの一方が、のちに私たちの宇宙全体になるものを含んでいたと主張するのだ。

衝突後、二つのブレーンはふたたび離れて別々の方向へ進み、膨張しながら、バルクの中をゆっくりと遠ざかっていく。だが、両者はまた戻ってくる。エキピロティック宇宙モデルは、宇宙の創造と破壊が何度も繰り返されるサイクリックな宇宙論なのだ。

永遠に続く「宇宙の拍手」

私個人としては、この話全体は、物理学者がツールボックスにいつも備えている、物理学の最古のツールを使えば、もっとわかりやすくなると思う。それは、「身振り手振り」という手段だ。

あなたの左手は、私たちの3－ブレーン、つまり、私たちが存在している三次元宇宙だとする（当然だが、この部分の話は、事物の原寸にまったく比例していない。なにしろ、「身振り手振り」でやる物理学なのだから）。そして右手は、もう一つの「隠れた」ブレーンだとする（どちらのブレーンも、「世界の端《エンド・オブ・ザ・ワールド》」という名のブレーンとして公式な論文に記されている。なぜなら、それらは「宇宙の境界」に位置しているからだ。ふさわしい名だ）。

それではまず、祈りのポーズになるように、指を閉じた状態で両手を合わせよう。これが、宇宙誕生の瞬間だ。すなわち、原初の炎を発火させる、ブレーンどうしの衝突である。このとき、どちらのブレーンも、高温・高密度のプラズマで満たされている。それは想像を絶する激しい炎で、その中で最初の原子が形成され、プラズマ波が振動している。この波のゆらぎは、私たちのブレーンでは、のちに宇宙マイクロ波背景放射のゆらぎとなるものである。

さて、両手をゆっくりと離して、少しだけあいだを空けよう。このとき、両手は平行にして、指は広げておく。これは、ブレーンどうしが高次元のバルクの中で、少し離れた状態を表す。それぞれのブレーンはこのとき、別々に、それぞれのやり方で冷却しながら膨張している。

このモデルには、インフレーション相はまったく存在せず、衝突後は一定のペースで膨張しつづける。ただし、二つのブレーンは、両者を隔てるバルクの中へと膨張しているのではない。ブレーンどうしが互いに平行を保ちながら、それぞれのブレーン自体の内部が膨張しているのである。

私たちのブレーン、つまりあなたの左手は、いま私たちが見ている宇宙である。もう一つのブレーンから自分たちが遠ざかっている動きは知覚できないが、私たちが存在している三次元空間が膨張するにつれて、他の銀河からどんどん遠ざかっているのは観測できるし、この宇宙がますます空虚になって、熱的死に向かっているのも見てとれる。

一方、あなたの右手、つまり、隠れたブレーンで何が起こっているかは、私たちにはわからない。そこにも文明があって、彼らの宇宙が、私たちには見えない虚空の中を横切りながら、徐々に空虚になっていくのを見守っているのかもしれない。あるいはそこは、なんらかの理由で、物質が生物を形成する方法を見出したことが一度もない、静かな荒涼としたところなのかもしれない。それとも、言葉をしゃべる子犬がいる世界なのかもしれない。

隠れたブレーンからの重力波信号をなんらかの方法で検出しないかぎり、そのほんとうの姿など見当がつかないし、そもそも、存在するかどうかすらわからない。

では、もう一度両手をゆっくりと近づけ、次に、その両手を勢いよく「パンっ！」と打ち合わせてみよう。このシナリオでは、二つのブレーンがどんどん膨張しながら離れていって、ついに両者の距離が最長になると、またもや互いに引きつけあって近づいて衝突し、そしてまた互いに相手から跳ね返って遠ざかっていく。

あなたがいま「パンっ！」と両手を打ち合わせた動作は、ブレーンどうしの衝突から跳ね返りまでの現象に対応するが、これによって両ブレーンの上にあったすべてのものが破壊され、私たちの宇宙は終焉し、新たにビッグバンが生み出される。どちらの宇宙も、ふたたび高温期に戻り、プラズマの業火に満たされる。その生まれ変わった空間には、かつてそこにあったであろうものの物理的な名残などはほとんど、あるいはまったくひそんでいない。

さて、両手を離して、一連の動作をもう一度やってみよう。そしてもう一度。さらに、もう一度。「ブレーンワールド」どうしの衝突によって超高温のビッグバンが生じるエキピロティック宇宙は、永遠に続く宇宙的拍手であり、「パンっ！」のたびに激変が繰り返されるのである。

「ブレーンワールド」という言葉は、私たちの観測可能な宇宙が、さらに高次元の空間に埋め込まれた三次元ブレーンの中に存在しているとする宇宙モデルを指す。一種の多宇宙（マルチバース）説ともいえるが、多宇宙というときはふつう、これとは別のもの、たとえば三次元のより広大な空間の中に多数存在する、物理法則が異なっている可能性のある領域のことや、もしくは、量子力学の多世界解釈などのことを指す。後者は、宇宙論とはまったく別の理論である。要するに、私たちの観測可能な宇宙「以外」の実在を許すような理論的構造物はどれも、一種の多宇宙説である。

「サイクリック」と「バウンス」

私たちがほんとうに「ブレーンワールド」に住んでいるのか、そして、より高次元のバルクとやらに他のブレーンたちが存在しているのか、という疑問はまだ解決していない。しかし、もう少し広い概念としての「サイクリック宇宙」という考え方は、なかなか魅力的だ。というのも、それは、インフレーション理論と同じぐらい成功する可能性がわずかながらある、ごく少数の合理的な代替理論候補の一つなのだから。

なお、ここでは、「サイクリック」と「バウンス（跳ね返り）」という言葉をほぼ同じ意味で使っているが、「バウンス」はたった一度だけという可能性もあり、バウンスのモデルはサイクリックである必要はない。つまり、過去の長寿命の「ビッグバン以前の時期」から、いまの私たちの宇宙への転移として「バウンス」が起こるが、その後、新しい宇宙を生み出すことなく死に絶えることもありうる。

エキピロティック宇宙モデルとインフレーション理論が最終的にどのようなかたちになるのかは、まだ特定されていない——最新のエキピロティック宇宙モデルはブレーンをまったく必要としないが、インフレーション理論のいくつかのバージョンではいま、ブレーンを必要としている。エキピロティック宇宙モデルとインフレーション理論には、大きな違いがある。インフレーション理論では、多数の宇宙論上の問題を、極初期宇宙に急激な膨張を導入することによって解決するのに対し、エキピロティック宇宙モデルでは、跳ね返りの直前にゆっくりした収縮を仮定することによって解決するのだ。

ブレーンワールド宇宙モデルの場合、これは二つのブレーンが接近しつつある時期に相当する。インフレーション理論の場合と同じく、エキピロティック宇宙モデルも、今日私たちが宇宙で観測している物質の分布と矛盾しないかもしれないし、また、私たちの宇宙がきわめて均一で平坦（湾曲して元のところに戻ってくるとか、なんらかの大規模で複雑な幾何学的構造をもっているなどということがない）に見えるのはなぜか、ということについて説明してくれる可能性もある。

すべてが妙に均一だという事実は、二つのブレーンが、衝突して跳ね返る前に巨大で平行だったなら辻褄が合う——つまり、もしそうであったなら、この説でいう衝突時のビッグバンはいたるところで同時に、同様に起こると考えられるのだ。この途方もない均一性の中に、わずかな量子ゆらぎがときどき生じて、のちに成長して銀河や銀河団や宇宙の構造のすべてになる高密度領域が、小さな突起のようにあちこちにできることになる。

しかし、インフレーション理論と同様、バウンス理論に関しても、多くの理論上の細部について、現時点ではまだ、詰めの作業がつづいているところだ。最大の問題は、バウンス期のあいだに何が起こるかである。

真の特異点が生じるのだろうか？　それとも、究極の最大密度に達することなしにバウンスが起こって、なんらかの種類の情報がこの事象を超えて存続し、次のサイクルに受け継がれることが可能になるのだろうか？

バウンス理論の最新バージョンでは、収縮がほとんどなく、特異点のようなことは何も起こらない。このモデルでは、ブレーンどうしの衝突は収縮に関与せず、収縮を起こすのは「スカラー場」である。スカラー場は、ヒッグス場や、インフレーションを起こしたかもしれないもの（インフラトン場）と似た場だ。このモデルは、情報がサイクルからサイクルへと引き継がれるという、じつに魅力的な可能性を提示しており、しかも理屈の上では、その証拠を私たちがいつの日か観測できるかもしれないのである。

LIGOより早く「重力波を観測」!?

そのような次第で、観測による証拠という問題が出てきた。エキピロティック宇宙モデルもインフレーション理論も、宇宙論上の同じ問題を解決するために提案されたのだから、少し工夫をすれば、どちらか一方を確かめるか、あるいは排除するかができるかもしれない。これまで私たちが宇宙で観測してきたすべてのものは、標準となっているインフレーション理論と合致するようだが、その直接の証拠はまだ見つかっていないし、それに代わりうるエキピロティック宇宙モデルを証明する、あるいは否定するものもいっさい観測されていない。

サイクリック宇宙論がインフレーション理論に比べ、「理論的により魅力的かその逆か」という議論が、数年にわたってつづいているが、観測の立場からは、まだどちらともいえない。この問題に最終的に決着をつけるようななんらかのデータが切望される。

最善の策は、「原始重力波」の証拠を見つけることだろう。原始重力波は、ブラックホールや中性子星の合体を起源とするものではなく、インフレーション期の爆発的な膨張の際の量子ゆらぎを起源とする重力波だが、現時点では天文学的サイズまでに引き伸ばされていると考えられている。

インフレーションでは、インフラトン場の量子ゆらぎというかたちで、宇宙の構造の最初の種子が蒔かれたと推測されている。もしも発見されたなら、原始重力波は、なかなか見つけることができないインフレーションの直接の証拠に近づきうる最善のものといえるだろう。

２０１４年、ほんのしばらくのあいだ、宇宙論コミュニティーは興奮に沸き返った。ＢＩＣＥＰ２（ハーバード大学やカリフォルニア工科大学などを中心とする研究グループが、宇宙マイクロ波背景放射の偏光の分布を観測するために、南極点付近に大型望遠鏡を設置しておこなう観測実験「銀河系外宇宙偏光の背景撮像実験：Background Imaging of Cosmic Extragalactic Polarization」の2回めを指す）とよばれる実験のリーダーたちが、まさにこの証拠を見つけたと発表したのだ。

宇宙マイクロ波背景放射の光の偏光を調べることで、原初の火の玉宇宙の時代に空間をゆがませた重力波にしかもたらせないような、ねじれたパターンと思われるものを、彼らは見出したのだった。このパターンは、あまりに革命的な発見で、ノーベル賞も決まったようなものだと祭り上げられた。

インフレーション理論にとって何を意味するかは別にしても、重力波の確固たる観測上の証拠であり（これは、LIGOでブラックホールの衝突が初めて観測される1年以上も前のことである）、しかも、量子ゆらぎとの結びつきを理由に、重力の量子論的性質の初めての証拠でもあるとされたのだ。

幻の反証

ところが――、実際にはそうではなかった。

ほんの数ヵ月後、BICEP2プロジェクトの外部の物理学者や天文学者がデータを独自に解析し、そのパターンが、はるかにありきたりなもの、私たちの天の川銀河の内部を漂うごくふつうの塵によって、完全に説明できることを見出したのである。原始重力波がほんとうに発見されていたなら、エキピロティック宇宙モデルの反証となっていただろう。というのも、エキピロティック宇宙モデルには、そのような重力波を生み出したとされるインフレーション時の「宇宙地震」が含まれていないからだ。

残念なことに、重力波が検出されなかったことで、私たちは振り出しに戻ってしまった。インフレーション理論は、原始重力波は生み出されたに違いないとする一方で、それらの重力波は検出可能でなければならないとするものは、この理論にはまったく含まれていない。

最も人気の高いインフレーション理論では、かなりの重力波が得られることになっているが、信号としてあまりに弱い重力波しか生じず、宇宙塵のノイズに埋もれてしまうようなモデルを構築することも十分に可能だ（理論的には、モデルによっては、エキピロティック宇宙においても、ゆっくりとした収縮期に、ごくごく小さなレベルの原始重力波が生じる可能性がある。しかし、観測で見出すには、あまりにも小さすぎる）。

したがって、塵が邪魔しているという事実は、インフレーションの重力波の信号が存在する証拠ではないが、それが存在しないという証拠にもならない。

それでも、他のところから手がかりが得られるかもしれない。余剰次元を探究するなかで、ブレーンワールドの証拠または反証が見つかるかもしれないし、また、原始重力波の兆候がついに見つかるかもしれない。通常の重力波に手がかりが含まれている可能性だってある。

たとえば、「バルク」の中を伝わっていく信号を私たちに見せてくれる（次元間宇宙人によってであろうとなかろうと）とか、あるいは、宇宙の構造をマップ化する——大まかにいえば、宇宙の構造がいかにゆらぐかを観測するという方法を使って——のを助けてくれる、などのかたちで。

（隠れたブレーンの上に物質が存在するかもしれないという説は、長年にわたって文献で議論されているが、「バルク」におけるブラックホールの衝突を検出する可能性については、私が見てきたかぎりではほとんど議論されていない。れっきとした研究にしては、何重もの臆測が必要に

なるのがネックになっているのではないだろうか。しかし私は、面白いテーマだと思う）

いくつかの研究によれば、すでにブラックホールの衝突のデータが、より高次元の虚空の中に重力が漏れているという理論に水を差したという。これまでのところ、私たちの観測のすべては、何の変哲もない、昔からの退屈な、三つの空間次元しかもっていない宇宙と辻褄が合っているのである。

新しいモデル

私たちが余剰次元を発見するしないにかかわらず、サイクリック宇宙という考え方は、インフレーションに取って代わりうるものとして、魅力的でありつづけるだろう。

その理由の一つは、宇宙の無秩序が上昇の一途をたどり、やがて熱的死にいたるというエントロピーの問題だ。観測可能な宇宙の中のエントロピーの量を計算し、宇宙の歴史を振り返って、エントロピーがこれまで一定のペースで上昇していたなら、初期宇宙においてはどのような値だったかを特定することができる。

その結果、この宇宙の歴史が始まったときには、宇宙はショッキングなほど低エントロピーの――高度に秩序ある――状態だったに違いないことが明らかになった。これは、多くの宇宙論研究者にとって、ひどく嫌な描像だ。

宇宙の始めに、いったいどうすれば、エントロピーがそんなに低くなれたのだ？ まだ誰も入ったことがないと確実にわかっているはずの部屋に入ったら、床に何列ものドミノが、たったいま倒されたかのように、折り重なって横たわっているのが見つかったようなものだ。そもそもどうやって、そこまで注意深く並べられたのだろう？

ある種のサイクリックおよびバウンス理論には、大きなおまけがついてくる。それらのモデルは、宇宙の最初のエントロピーをバウンスの前に起こった何かのせいにする機会を提供してくれるのだ。ポール・スタインハートとアナ・アイジャスが共同で構築した、エキピロティック宇宙モデルの最新版では、ごく大雑把に紹介すると、現在の観測可能な宇宙の元となったのはバウンスする前の宇宙の、ほんの小さな部分であり、その小さな部分に含まれていたエントロピーのすべてが今日の観測可能な宇宙全体の初期エントロピーとなったために、私たちの初期宇宙は低エントロピーだったのだろうと示唆している。

この新しいモデル（まさに本書執筆のあいだに登場したので、ほんとうに新しい）は、それ以前のエキピロティック宇宙モデルよりも、いくつかの点で有利だ。とりわけ、バウンスの際に空間の余剰次元または特異点を必要としない点が素晴らしい。実際、収縮はかなりおだやかに起こるようで、宇宙の大きさはふた桁ほどしか縮まらないらしい。

詳細は（もちろん）複雑だが、ほんとうに循環しているのは、宇宙の中身の混合物と、観測者がその進化をいかに知覚するかである、というのが基本的な考え方だ。先に触れたとおり、収縮とバウンスを引き起こしているのはブレーンの衝突ではなく、宇宙を満たすスカラー場である。

この新しいサイクリック宇宙モデルが私たちの宇宙を記述するのなら、いつか遠い未来の時代には、遠方の銀河たちが遠ざかるのをやめて、ゆっくり方向を転換し、こちらへ戻ってくるのが見えるようになるだろう。それは最初、ビッグクランチの初期段階と区別がつかず、宇宙がほんの少し混み合ってくると、宇宙マイクロ波背景放射は「冷たい」状態から「これ、あんまり冷たくないね」の状態へと加熱しはじめるだろう。

だが、私たちが「ちょっと心配しないといけないかな」と思いはじめるころ、スカラー場が突然、否応なしにそのエネルギーを放射に変換し、新たなビッグバンで始まる次の宇宙の周期を開始すると、私たちは前触れもなく、突然、華々しく消滅する。

興味深いことに、この発表されたばかりの真新しいエキピロティック宇宙モデルが、従来のモデルと共有する特徴が一つある。それは、はみだし者の重力波は、一種の宇宙間シグナルだということだ。従来の説では、重力波の一部が、他のブレーンから出てきて、バルクの中を通過する可能性があるとされた。

この新しいバージョンでは、バウンス期に宇宙がとことん小さくなることは決してないので、重力波は一つのサイクルから次のサイクルへと通過していく可能性がある。このシグナルを検出するのは途方もなく困難だろうが、もしも存在するなら、私たちの宇宙が誕生する前にあった宇宙について、なんらかの手がかりを提供してくれるかもしれない。

　このモデルの今後の展開から、目を離さないように。

ペンローズの斬新な宇宙論

　もちろん、宇宙論における私たちの歩みに弾み（バウンス）をつけてくれるのは、エキピロティック宇宙モデルだけではない。

　現代宇宙論の初期の開拓者で、「宇宙における重力をどうとらえるか」という観点をがらりと変貌させたロジャー・ペンローズも、サイクリック宇宙論について独自の提案をしている。ビッグバンは、直前のサイクルの熱的死から生まれたという説がそれだ。

　一つの宇宙の遠い未来の時空と、別の宇宙の始まりにおける特異点とをつなぎ合わせる考え方である。数十年間にわたり、標準的な初期宇宙のシナリオにおけるエントロピー問題の重大さを指摘しつづけてきたペンローズは、宇宙論コミュニティーにおいて最も注目を集める人物の一人である。彼は、インフレーションが何かの芸当をやってのけたとはまったく考えていない。つい先ごろ、彼は私にこういった。

「初めてそれについて聞いたとき、思ったよ。そんな理論、一週間ももたないさ、とね」

ペンローズが提唱する代替モデルは、「共形サイクリック宇宙論」とよばれ、特異点の近傍では、エントロピーは通常とは異なるふるまいをすると推測する。この推測が正しければ、二つのサイクルの境界ではエントロピーが非常に低くなる——私たちの宇宙も、このような境界で始まる。また、インフレーションは必要なくなる。

ペンローズのモデルはさらに、過去のいくつものサイクルで起こった事象のなんらかの痕跡が、天文学的観測で現れ、特に、宇宙マイクロ波背景放射（ＣＭＢ）の中に特徴として出現するという、非常に興味深い可能性も含んでいる。実際、ペンローズと彼の同僚たちは、そのような特徴の証拠がすでにデータの中に確認されていると主張している。

しかし、この説への反応は、いまのところ懐疑的だ。このようなヒントがいつの日かＣＭＢに現れて、ビッグバン以前に存在した宇宙の説得力ある証拠と認められるようになるかどうかは、まだわからない。

一方、エキピロティック宇宙モデルの共同提唱者であるニール・トゥロックは、焦点を移して、ビッグバンは転換点にすぎないとする、まったく新しい宇宙モデルに取り組んでいる。レイサム・ボイル、トゥロック、そしてかつての彼らの教え子であるキーラン・フィンによるこの説は、素粒子物理学の対称性の議論を宇宙論に持ち込もうという動機から構築された。

この「ＣＰＴ対称性宇宙モデル」は、私たちの宇宙と、それを時間反転させた宇宙とが、ビッグバンの瞬間において、先端どうしが接触した二つの円錐のように接していると示唆する。最近の論文で彼らは、この描像を「無から出現する、宇宙－反宇宙対《つい》」とよぶ。円錐の先端の特異点が、エントロピー問題について、それ自体の解を含んでいる可能性もあるが、このモデルそのものも、その詳細も（本書執筆時において）まだ構築の途上である。とはいえそれは、ダークマターの性質について、いくつか具体的な予測を提示しており、したがって、今後おこなわれるさまざまな実験による検証が可能かもしれない。

すべてはいかにして終わるのか？

私たちはここから、どこへ向かうのだろう？

ビッグバンは一度限りの出来事だったのだろうか？　それとも、一つの激しい転換点にすぎないのだろうか？

別の宇宙が、まるで高次元のハエ叩きのように私たちの上に降りてきて、宇宙における私たちの存在をドラマチックに中断してしまうのだろうか？　宇宙論や素粒子物理学からのデータが、時空の真の性質を明らかにすることがあるのだろうか？

宇宙論でいう私たちの遠い未来がどのようなものになるのか、その発見にいま、どれくらい近づいているのだろう？　また、この問いに決定的に答えるためには、どんな新しい情報が必要なのだろう?
――すべてはいかにして終わるのか?

科学のすべてがそうであるように、宇宙についての私たちの理解も、永遠に向上しつづける。だが、この数十年間、その向上は驚異的で、新たな洞察が矢継ぎ早に登場している。今後ほんの数年のうちに、宇宙における私たちの歴史について、前例のない眺望を提供してくれるような、新しいツールが手に入るだろう。

それによって断片をつなぎ、私たちの起源についての物語をまとめることが可能になり、ブラックホール、ダークマター、ダークエネルギー、そして私たちが未来へとたどる経路に向かって、新しい扉が開かれるだろう。

この物語の終章では、これら新しいツールが私たちに何を見せてくれそうなのか、また、最先端の物理学における研究が、これまでに私たちが想像しえたよりはるかに奇妙な宇宙を、すでに指し示している状況を垣間見ることにしよう。

第8章 未来の未来

砂時計はどれくらい大きい？
砂はどれくらい深い？
わかると期待すべきじゃないけど、ここに立っていよう。

（ホージア「ノー・プラン」）

（訳注：2019年にリリースされたこの曲の歌詞には、「マックが教えてくれたように、闇がふたたび訪れる」という一節が含まれている。ホージアが、本書の著者、ケイティ・マックの動画に触発されて書いた詞だという）

1969年、マーティン・リースはまだ、王立天文台長・ラドローの男爵・リース卿ではなかった。彼はケンブリッジ大学のポスドク宇宙論研究者で、「万物の終焉」というテーマに取り組んでいた。

リースはその年、「宇宙の崩壊：終末論的研究」というタイトルの6ページの論文を発表した。のちに彼は、この論文は「なかなか楽しかった」と振り返っている。導入部では、観測による証拠はまだ不確かだが、「宇宙は実際に崩壊する運命にある」という兆候があると述べ、こう続けている。

「宇宙のあらゆる場面の構造的特徴はすべて、この壊滅的な収縮のあいだに破壊されるだろう」

リースにとってこの論文が楽しかった理由の一つは、来るべき収縮において、すべての恒星は、周囲の放射によって外部から破壊を被り、やがて内部まで損なわれるだろうということを計算で突き止めることができたからだ。恒星が燃え出すなどという想像をして、楽しくない人はいないだろう。

リースは「ビッグクランチ」を支持する議論をしたが、データは数十年にわたってあいまいなままだった。──宇宙は閉じている（ふたたび収縮する）のか、開いている（永遠に膨張する）のか、どちらなのか？

ダイソンの試み

1979年、フリーマン・ダイソンは、プリンストン高等研究所で、この議論の反対側の立場で探究することにした。その言い分はこうだ。

「閉じた宇宙を詳しく論じることは決してしない。なぜなら、私たちの存在のすべてが箱に閉じ込められていると想像すると、閉所恐怖症的な感覚に襲われるからだ」

開いた宇宙モデルは、心地よく広々とした代案だ。「終わりのない時間：開いた宇宙における物理学と生物学」という論文で、ダイソンは人類にとって開いた宇宙がもつであろう意味について、定量的な予測を試みた。その中で彼は、未来の生物が、自ら活動を制約して休眠状態に入ることにより、全体が解体していく宇宙にあって、無限の未来で忘却されないようにする方法を考案した（残念ながら、これを可能にする開いた宇宙モデルは、宇宙定数のないものだけだ。したがって、この一縷《いちる》の望みも、現在のデータによって潰《つい》えてしまったようだ）。

その論文の大部分は、計算と理論的考察で占められていたが、導入部には、物理学の主流派が宇宙の終末に関する研究への取り組み全体を不当に見下《みくだ》していることに対する辛辣《しんらつ》な言葉が含まれている。

「遠い未来についての研究は今日なお、30年前に遠い過去についての研究がそうであったのと同じように、恥ずべきこととされているようだ」と、このテーマに取り組む本格的な論文がめったにないことを指摘した（驚いてしまうのだが、ダイソンは自身が書いたこの論文を、自分では投稿しなかった。ある友人が彼のために、許可を求めずに『レビューズ・オブ・モダン・フィジックス』誌に投稿したのだ。つい先ごろ、ダイソンは私に「発表する価値があるとは思えなかった」のだと話した。その専門誌にふさわしくないと判断したのだという。「それはつねに、「真実かどうかよりも」意見の問題だからね」と、彼は言い添えた）。

彼は続けて、宇宙論研究者たちに立ち上がるよう呼びかける。「長期的未来の解析が、生きることの究極の意味と目的に関する疑問の提起につながるなら、これらの疑問を果敢に、堂々と検討しようではないか」

私たちがまったく理解していないこと

このような時期を経て、ついに宇宙論的終末論は、一つの学問分野にふさわしい敬意を払われるようになった――とは、私には言い切れない。宇宙の最終的な運命について、その起源に対するのと同じ厳しさと深さで研究した論文は、いまなおかなり稀である。

しかし、時の流れの両端に関する研究は、物理理論の本質を検討するうえで役に立つ（起源と終焉で、役立ち方は違うけれど）。それらの研究は、宇宙の過去、もしくは未来に対して洞察を提供してくれるかもしれないのみならず、実在そのものの根本的な性質を理解する手助けをしてくれるからだ。

「宇宙の始まりについて考えるのと同じように、その終わりについて考えることによって、いま起こっているとあなたが考えていることに関して、そして、それをいかに外挿するかに関して、あなた自身の考えを研ぎ澄ますことができます。基礎物理学では、外挿はきわめて重要だと私は思います」と、ユニバーシティー・カレッジ・ロンドンの宇宙論研究者、ヒラーニヤ・パイリスはいう。

彼女は2003年、ウィルキンソン・マイクロ波異方性探査機（WMAP：Wilkinson Microwave Anisotropy Probe）がとらえた宇宙マイクロ波背景放射の最初の詳細なマップを解析するチームの一つでリーダーを務めた。彼女はそれ以来、観測宇宙論の最先端で地位を維持してきた。

パイリスは最近、観測データ、シミュレーション、卓上小型模型を使って、初期および終末の宇宙における主要な要素——宇宙インフレーションにおける「泡宇宙」の形成や、真空崩壊の背後にあるメカニズムなど——を検証することを目標にしている。これらさまざまな謎の研究において、彼女の動機は同一だ。

「この時代を理解しなければならないと、私は確信しています。私たちがいまおこなっていることを、これらの時代の上に直接投影したとき、どんなマップになるかはまだはっきりとはわかりませんが、この研究をおこなうことで、基本的な理論について何かを学ぶことができるだろうと思います」

学ぶべきことがたくさんあるのは間違いない。宇宙論と素粒子物理学は現在、ちょっと体裁の悪い状況にある。ある意味ではどちらも、自らの成功の犠牲者だ。どちらの分野でも、きわめて正確で総合的な世界の記述法があり、それに矛盾するものは何も発見されていないという意味で、その記述法はきわめて良好に機能している。問題なのは、それがなぜうまくいくのかに関して、私たちがまったく理解していないことだ。

標準宇宙論模型の課題

現在の宇宙論で支配的なパラダイムは、「標準宇宙論模型」または「ΛCDM」とよばれている。この描像では、宇宙には四つの基本要素がある。放射、通常の物質、ダークマター（具体的には「冷たい」ダークマター、CDM：cold dark matter）、そして宇宙定数のかたちのダークエネルギー（ギリシア文字のラムダ、すなわち「Λ」で表される）の四つだ。

これら各要素の量は、すべて正確に量られており、現在は宇宙定数が最大の成分である。宇宙が膨張するにつれて、これらがどのように変化してきたかについてはよく理解されており、また、インフレーションとよばれるきわめて急激な膨張期を含む極初期宇宙も、驚異的なまでに詳細に記述されている。さらに、十分に検証された重力理論として、アインシュタインの一般相対性理論も存在しており、標準宇宙論模型では、完全に正しい理論として扱われている。

この図式においては、現在は宇宙定数が宇宙の進化を支配しているので、私たちが理解しているところの重力理論と、宇宙の構成要素を使って、この宇宙の進化を特定すればいいことになる。実際にそうしてみると、遠い未来には熱的死が訪れることに疑いの余地はないという答えに行き着く。そして、この話はこれでおしまいである。

標準宇宙論模型の問題は、その最も重要な要素――ダークマター、宇宙定数、インフレーション――が、まったく摩訶不思議なままだということである。ダークマターが何なのか、私たちにはわからない。インフレーションがいかにして始まったか（あるいは、ほんとうに起こったかすら）わからない。そして、宇宙定数がなぜ存在するのか、それが素粒子物理学から期待されるものとは完全に矛盾するとしか思えない値なのはなぜかもわからない。

それと同時に、模型と矛盾するようなものは、データから一つも出てきていない。ダークエネルギーがなんらかのかたちで進化するという証拠もない（そんな証拠があるなら、それは宇宙定数に矛盾するかもしれないが）。ダークマターが、なんらかの実験によって検出できるものだという証拠もない（そして、実験で検出できないという証拠もない）。

そして、100年にわたって厳しい実験をおこなってきたにもかかわらず、重力がアインシュタインの一般相対性理論以外の何かであるかのようにふるまうという証拠もまた、まったく見つかっていない。

パイリスの同僚で、論文の共著者でもある（そしてまた、ケンブリッジでの私の元同僚でもある）アンドリュー・ポンツェンはダークマター理論の研究者だが、ダークマターが銀河の中で、そのようなかたちを取っているのはなぜかを説明する先駆的な研究をすでにおこなっている。彼は、私たちのデータがダークマターとダークエネルギーを含む描像ときわめてよく一致しており、この描像を変えるものが突然現れる兆候もないという意味において、私たちは宇宙論を非常によく理解していると主張する。

私たちは、それら「ダークなものたち」が宇宙にどれくらいあって、どのようにふるまっているかを知っている。一方で、両者を合わせれば宇宙の95パーセントを占めるダークエネルギーとダークマターが、どのように基礎物理学に結びついているのか、私たちにはわからない。「したがってその意味では、私たちは全然理解していないのです」と彼はいう。

標準模型が欠く重要なピース

一方、素粒子物理学から見えるものも、イライラするほどこれとそっくりだ。1970年代、物理学者たちは、知られている自然界のすべての素粒子を記述するために、素粒子物理学の標準模型をつくった。陽子と中性子をつくっている「クォーク」、ニュートリノと電子とそのいとこたちからなる「レプトン」、そして、粒子と粒子のあいだで基本的な力（電磁力、強い核力、弱い核力）を運んで行き来する仲介者としてふるまう「ゲージ粒子」――。これらが標準模型に含まれる粒子たちだ。

厳密に質量はゼロとされていたニュートリノに、ごくごく軽い質量があるとしたりする小さな調整はあったものの、標準模型は素晴らしい成功を収めており、課せられたすべての実験による検証に合格している。標準模型のパズルの最後のピースとなったヒッグス粒子も、標準模型が自ら予測していたものだ。その後の歳月のあいだ、粒子実験において、標準模型があらかじめ予測していなかったものは、何も見つかっていない。

これは「勝利として称賛すべきだ」と思われるかもしれない。この理論はうまくはたらく！すべては私たちが予測したとおりだ！という具合に。

私たちはなぜ、くつろいで、自分たちの頭の良さと成功を満喫していないのだろう？なぜなら、これはある意味で最悪のシナリオだからだ。標準模型は、実験結果と合致するという点では素晴らしいが、標準宇宙論模型と同様に、きわめて重要ないくつかのピースが欠けているに違いないということが、わかっているのだ。

ダークマターやダークエネルギーについて何もいえないことに加え、いくつか大きな「調整課題」が存在するのである。パラメータがきっちり正しい値になっていなければ、すべてが台無しになってしまうような箇所が、標準模型にはいくつかあるのだ。

理想的には、パラメータがある値になっている理由を説明してくれるような、なんらかの理論的な枠組みがあってほしいところだ。パラメータをその値にしなければならない理由が、「さもないと、私たちに良くないことが起こるから」とか、あるいはもっと困る、「観測値がこうだといっているから」でしかないと気づくとき、なんとも当惑してしまう。

超対称性理論の可能性

この数十年、標準模型の重要な側面を確認するという段階から、その有効性の限界を見出し、それに取って代わるような模型を新たに発見する段階へと、スムーズに移行することができるかもしれないという希望が私たちにはあった。1970年代、標準模型の理論上の問題をいくつか解決するために超対称性（SUSY：supersymmetry）とよばれる模型が提案された。

異なる種類の粒子どうしのあいだに新たな数学的結びつきを仮定し、標準模型とそのパラメータのややこしい構造を説明することによって、問題の解決を図ったのだ。それは、魅力的な約束までしていた。まったく新しい一連の粒子（標準模型の「超対称性パートナー」とよばれる粒子たち）が、当時の衝突型加速器で達成可能なエネルギーよりもほんの少しだけ高エネルギーの衝突によって生成されるかもしれないというのだ。

ＳＵＳＹはまた、重力と量子力学を統一する取り組みにおいて最も有力な理論である「弦理論」への足がかりとしても、広くもてはやされた。

残念ながら、ＬＨＣを改良して性能を高めようとした数十年にわたる努力にもかかわらず、超対称性が約束した粒子の兆候はまったく現れていない。一部の物理学者たちは、これらの新粒子がいっそう発見されにくくなるような微調整を理論に加えて、ＳＵＳＹへの希望をなおも持続させようとしているが、すでにある時点で微調整が極端になりすぎて、ＳＵＳＹは標準模型と同じくらい多くの問題を抱えてしまっている。

そして、シグナルはまったく出てきていない。ときおり、データに奇妙な特徴が現れると、物理学者たちは、ある検出器チャンネルに予測よりも若干多く事象が起こるのはなぜかという説明に奔走し、人々の期待が膨らんで混乱が起きる。だが、これまでのところ、予測から逸脱した事象のすべてが、次のデータが発表されるときには消えてしまう運命にある、統計的な偶然にすぎなかったことが判明している。

データについて語るとき

LHCのデータ中に、「標準模型を超えた」兆候がないかを探している実験物理学者、フレヤ・ブレクマンに、現在の膠着状態について話を聞いた。

「この分野で20年やってきましたが、いくつも『余剰』事象が出現したといわれては消え去るのを見てきましたし、人気のある模型が登場しては廃れるのも見てきました」と、彼女はいう。「話を聞いた人たちのなかには、幻滅している人もいます……。もうずいぶん長いあいだ、何か見えてくるはずだよ、といわれ続けていますが、実験で出てくるのは、標準模型だけです」

だが、ブレクマンにしてみれば、その幻滅は見当はずれだ。その人たちが、ほんとうはそこに存在しているヒントを見落としているからではなく、そのような実験で何か新しいものが発見されるという保証など、最初からなかったからだ。

そうはいっても、実験からの方向づけがまったくないのは、厄介なことではないだろうか。実際、それで素粒子物理学をあきらめて、宇宙論へと転向した研究者たちもいる。その一人が、オックスフォード大学の宇宙論研究者、ペドロ・フェレイラだ。彼は、博士課程にいたときに量子重力から宇宙論に転向し、現在は宇宙マイクロ波背景放射と天文学における一般相対性理論の研究をしている。この二つが、より良い洞察をもたらしてくれるのではないかと期待して。

「1973年以来、素粒子物理学では、観測結果につながる画期的なことは何もなされていません」と彼は語る。新しい理論上の考え方はいくつも登場し、なかには非常に魅力的なものもあったが、標準模型を超える何かについて、実験による明確な証拠がまったくないため、次はどの方向に進めばいいのか、あるいは、さまざまな提案のなかでどれが正しそうかを見きわめるのは困難だ。

「素晴らしいものがあれこれ出てきます。しかし、量子重力の問題は解決できたでしょうか？　そうは思いませんね。問題は、解決できたかどうか、どうすればわかるのか、なんです」

ありがたいことに、いま匙を投げてしまおうという人は誰もいない。私は、数十人の宇宙論研究者と素粒子物理学者に、この状況全体がどんな方向に向かっているのかについて、話を聞いた（ここで「状況全体」とは、理論物理学と宇宙論、そして実際の宇宙を指す）。最善のアプローチがどんなものであるかについて、なんら合意にはいたっていないが、共通するテーマはいくつか存在する。

その一つが「多様化」だ。どんな大きな多国籍実験やプログラムに肩入れすることに決めた場合も、アプローチを多様化して、昔からの問題をとらえる新しい観点を与えてくれるようなアイデアが湧き出るようにしなければならない。

そしてもう一つが、できるかぎり多くの新しいデータを得て、それを可能なあらゆる方法で解析することの重要性だ。

南カリフォルニア大学の理論物理学者、クリフォード・Ｖ・ジョンソンは、弦理論、ブラックホール、空間の余剰次元、そしてエントロピーの微妙な性質について研究している。私の知るかぎり、彼ほど純粋に理論的な研究を深く追究している人はいないが、そのジョンソンがいま、データについて非常に興奮している。

「私たちは、一つの『いいアイデア』はもっていないかもしれないけれど、データを提供してくれる源としては、大きなものがあると思うのです」とジョンソンはいう。「で、これって、量子力学誕生の直前の状況と似てませんか？」

当時、理論がさかんに研究されており、原子や原子核について、未完成のアイデアがたくさん発表されたが、十分な説得力をもつものはなかった。

「ですが、そのすぐあと、この素晴らしいデータがすべて、ついにかたちを取りはじめたのです。ふたたびそうならないという理由があるとは思えません。科学の歴史を紐解けば、こういう状況は、そんなふうに解消していくものですよ」

ならば、データについて話そう。宇宙論と素粒子物理学の両方で、私たちは何を、いかにして見ているのかについて。いまの宇宙の物理学に関して、そして、未来において、そのすべてがどのようにして終わるのかに関し、データが何を教えてくれるのかについて。

そして、理論家たちにもう一度話を聞いてみよう。なぜなら、彼らがいままさに語っているアイデアのいくつかは、この上なくワイルドだからだ。

「虚空」に触れる

宇宙の未来について何か知りたいことがあるのなら、誰もが知っているのに誰も触れたがらない、ひたすら膨張を続け、やがて破滅をもたらす、目には見えない巨大な存在について取り組むべきだろう。ダークエネルギーだ。

1998年に宇宙の膨張が加速していることが発見されると、私たちはこの新しいパラダイムによって、ダークエネルギーが支配する未来へとつづく道をきっちりと歩まされることになった。それは、宇宙がしだいに空虚になり、冷たくなり、そして暗くなり、やがて、最終的にはすべての構造が崩壊して「究極の熱的死」にいたる未来だ。

だがこれは、一つの外挿にすぎない。「ダークエネルギーは不変の宇宙定数である」という仮定に基づいて導き出された予測である。すでに本書でも見たように、宇宙の膨張の加速を引き起こしているものがファントムエネルギーの範疇に含まれるものか、それとも、何か時の経過にしたがって変化するものかによって、宇宙にとってそれがもつ意味も大きく変わってくる。

残念ながら、観測に関するかぎり、ダークエネルギーはわれわれの手でつかめるような「取っかかり」的なものはあまり提供してくれない。私たちが知るかぎり、それは目には見えず、実験室内の実験でも検出できず、宇宙空間に完全に均一に分布しており、わずかでも検出できるとすれば、天の川銀河よりもはるかに大きな尺度にわたってそれが及ぼす間接的な影響を探すしかない。

大まかな話をすると、測定できるものが二つある。一つは、これまでの宇宙膨張の歴史だ。現時点で私たちはこれを、きわめて遠方にある超新星を観測して、それらがいかに速く後退しているかを突き止めるという方法で、おもに研究している。

もう一つは、構造形成の歴史である。ここで「構造」とは、銀河や銀河団のことを指す。というのも、恒星や惑星などの小さなものは、宇宙論研究者にとっては、注意を逸《そ》らす細かいものにすぎないからだ。構造形成の歴史の観測は、ダークエネルギーの解明に直接的にはそれほど関係なさそうだが、大量のデータを利用する独創的な方法をたくさん活用できる。

コツは、できるかぎり多数の銀河の画像とスペクトルを、広大な空間にわたって（つまり、宇宙の歴史の長い範囲にわたって）収集し、統計学的手法を使って、それらの物質が時間の経過のなかでどのように集まったかを推測することである。この二種類の観測を合わせて使えば、ダークエネルギーがもつ「空間を引き伸ばす性質」が、これまでに宇宙全体にどのような影響を及ぼしてきたか、そして、物質が集合して銀河や銀河団や人間のようなものを形成しようとするのを、いかに阻んできたかを、明らかにできそうだ。

新しい「宇宙の見方」

「宇宙の運命のすべて」を特定するために観測できるものがたった二つしかないのなら、両者をできるかぎりうまく観測することに大いに投資するのが物の道理というものだ。この20年ほどのあいだに、「ダークエネルギー」の究明を大きな目標として掲げる新しい望遠鏡やサーベイへの関心が急上昇している。

それらのプロジェクトのなかには、膨張と構造の成長の観測をうまく使って、ダークエネルギーの状態方程式パラメータw（第5章で論じた）を決定できると約束して設計されたものもある。もしも厳密に$w=-1$なら、現在も過去も、宇宙定数は一つだということになる。他方、wが観測可能な量だけ（それがいかなる量であっても）ズレていたなら、ノーベル賞がたくさんもらえるだろう。

だが、たとえあなたがダークエネルギーなどどうでもいいと思っておられたとしても、あるいは、ダークエネルギーの正体を突き止める道のりで、われわれはごくふつうの宇宙定数に永遠にターゲットを狭めていく運命にあるという悲観的な考えに賛同されるとしても、ダークエネルギーのサーベイは、多目的銀河収集ミッションを兼ねることができるがゆえに、あらゆる種類の天文学者から支持される傾向にある。

近々運用開始が予定されている大型シノプティック・サーベイ望遠鏡（LSST：Large Synoptic Survey Telescope）は先ごろ、「ヴェラ・C・ルービン天文台」（VRO：Vera C. Rubin Observatory）と改名されたが、これは素晴らしい例だ。

チリ中部の、砂漠の高山の上に建設された口径8・4メートルの望遠鏡を擁するVROは、数百万個の超新星と100億個の銀河の画像を撮影し、新しい画像をつなぎ合わせて、数日おきに1枚のペースで、南の天空全体の画像を作成する予定だ。このように繰り返し画像撮影がおこなわれることは、超新星の研究にとって非常にありがたい。

なぜなら、個々の超新星について、その爆発が見える数日間にわたり、明るさの変動を観測することが可能になるからだ。だが、銀河の研究にとってもまたありがたい。毎晩画像を重ねていくことができるので、同種の他のサーベイよりもはるかに暗く、遠方にある銀河まで見通すことが可能になるのだから。

（余談だが、先ごろ私は、ある会議の惑星防衛に関するセッションに出席した。発言者たちは、地球に危害を及ぼすおそれがある小惑星が、私たちの脆弱な惑星への衝突コースを進んでいるのを見つけるために必要な種類の観測について議論していた。VROは、少なくとも南の天空に対しては、このようなものを早期に発見するわれわれの能力を革命的に向上させるだろう。そうすれば、衝突を阻止する方法を見つけるのも多少はかんたんになりそうだ。思うに、宇宙を最終的に破壊するであろうダークエネルギーを理解しようと試みることで、もっと短い時間のうちに、世界を救える可能性が高まるのではないか。こう思いめぐらすのは、ちょっと楽しい)

ＶＲＯには、他にも用途がありそうだが、それがなんであれ、ＶＲＯの宇宙論的価値はいくら強調してもしすぎることはない。大量の見事なデータの積み重ねができるだけでも、何か驚異的な新発見につながる可能性が高まるのだから。パイリスは、ＶＲＯは〝ゲームチェンジャー〟になるだろうという。「私たちは、これまでとはまったく違う方法で宇宙を見ています」と彼女は語る。

「以前とは違う方法で宇宙を見るたび、新しいことを学ぶのです」

期待される次世代観測装置たち

ワクワクするような新しい観測プログラムはＶＲＯだけではない。他にもたくさんの新たな望遠鏡やサーベイが計画されており、それぞれがこれまでにない方法で宇宙の姿を見せてくれることになっている。

最も熱い期待が寄せられているものには、ジェイムズ・ウェッブ宇宙望遠鏡（ＪＷＳＴ：James Webb Space Telescope)、ユークリッド衛星、ナンシー・グレース・ローマン宇宙望遠鏡（旧名称は広視野赤外線宇宙望遠鏡〔ＷＦＩＲＳＴ：Wide Field Infrared Survey

Telescope」）などの、新しい宇宙望遠鏡がある。

　これらの望遠鏡は、遠方の暗い天空領域（ディープ・フィールド）の画像とスペクトルを赤外線でとらえる。そのため、非常に遠方にあるせいで、放出された光が引き伸ばされてスペクトルの可視光領域の外に出てしまった銀河でも、見えるようになるはずだ。

　宇宙マイクロ波背景放射（CMB）の観測施設までもが、「ダークエネルギーの正体暴き競争」に参戦してきた。CMBの研究によって、初期宇宙のようすと宇宙構造の起源が明らかにできることは、第2章で見たとおりだ。

　CMBの光が放出された当時、物質とエネルギーの双方が途方もなく高密度だったために、ダークエネルギーの効果はこれに圧倒され、宇宙の中でまったく取るに足りない存在だった。それを考えると、CMBの観測から、ダークエネルギーの現在のふるまいについて洞察が得られることに、驚かれるかもしれない。

　タネを明かせば、私たちが研究したい宇宙の構造のすべて——すべての銀河と銀河団——は、私たちとCMBのあいだにあり、これらの対象物のどれもが、自らが存在している空間を自らの重力で、ほんの少しゆがませている、ということなのだ。

　透き通った池の水底にある小石を、上から覗き込んだスナップ写真が1枚あるとしよう。一つひとつの小石がどこに置かれていたか、それぞれの小石の形はどのようなものか、正確なことは知らなくても、水がとても静かだったときと、水が細かく波立っていたときの違いは、小石の画像のゆがみを見分けることで、おそらくあなたにもわかるだろう。それは、「一般的に小石はどう見えるべきか」という感覚をあなたがもっているからだ。

これと同様に、私たちは宇宙マイクロ波背景放射をとてもよく理解しているので、少なくとも統計学的な意味において、CMBと私たちとのあいだにあるさまざまなものによって光が小さなゆがみを受けているのを見分けることができるのだ。これは「CMBレンズ効果」とよばれ、宇宙構造の成長を研究する素晴らしいツールの一つとなっている。

新しいCMB観測望遠鏡は、この手法の高度化に貢献してくれるだろうが、じつはすでに、CMBレンズ効果を使った「観測可能宇宙内の全ダークマター」のマップが作成されている。このマップは非常に解像度が低く、ぼやけていて、まるで記憶だけを頼りに指で描いた世界地図のようだ。しかし、それでもやはり、私たちにこんなことができるのは素晴らしい。

トロント大学の宇宙論研究者ルネー・フロジェックは、ダークエネルギーと宇宙の最終的な運命に特に注目して、既存の宇宙論模型をよりよく理解するために、CMBと銀河サーベイを利用している。彼女は、VROのようなものがもたらすデータと、新しいCMB観測望遠鏡のデータとを連結することが、それぞれのデータセットが向上しつつあるいま、特に有効だと指摘する。「相互相関」という手法を使うことで、銀河カタログからわかる個々の対象物の位置の情報と、

CMBレンズ効果から得られる最大尺度の物質分布の情報とを比較することができる。これにより、より正確な結果を得ることができ、ひいては、標準宇宙論模型からのズレを見逃しにくくなるというわけだ。重力の変化によってダークエネルギーの効果を模倣する代替理論は、このような連結データの中では、まったく違って見えるだろうとフロジェックはいう。

「つまり、隠れる場所がなくなっていくと思うんです」

「強い重力レンズ効果」を観る

数十億個の銀河の画像を手にしたとき、他にどんなすごいことが見えるだろう？

目を引くものの一つが、「強い重力レンズ効果」だ。銀河や銀河団が、周囲の空間を極端にゆがませるため、その真後ろの天体からの光が複数の像に分裂したり、まわりを取り囲む弧のように伸びたりする現象だ。ロウソクの炎を、空っぽのワイングラスの底を通して見ているところを思い浮かべていただきたい——湾曲したガラスが、光を弧や円のように広げ、一つの炎がそのまま見えることはないはずだ。

重力レンズでこの現象が起こると、分裂してできた個々の像は、ゆがんだ空間の中をそれぞれ異なる経路で進む。したがって、たとえば、レンズ効果が生じている銀河の中で超新星爆発が起きた場合、まず一つの像として現れ、その後に少し別の像としてまた現れる、ということが起こりうる。つまり、第二の像をつくっている光は、私たちに届くまでに、より長い経路を通っているわけだ。

パーティーでウケる余興になるだけでなく（「あそこの星、見えますか？　あの恒星は、1年以内に爆発するんですよ。誤差はプラスマイナス4ヵ月です。見守りましょう。やがてわかります」〔Treu *et al.* 2016, The Astrophysical Journal より〕）、このような遅延時間の測定は、宇宙の膨張率を測定する新たな手段となりうる。なぜなら、関与する距離が非常に大きいので、宇宙膨張が計算の重要な因子の一つになるからだ。そして、現在の測定法では、答えのばらつきがあまりに大きいため、膨張率を測定する新しい方法が切望されている。

第5章での議論を覚えておられると思うが（210ページ参照）、膨張率（ハッブル定数ともよばれる）の値は、超新星を利用して得たものと、CMBを介した観測で得たものとが、食い違っている。他の方法によるさまざまな観測がおこなわれたが、どれも、これら二つのどちらかに寄った値となってしまい、矛盾の解決にはいたっていない（ごく最近出たある結果は、両者の中間の値を示したが、どちら側にも一致しない、役に立たないものだった）。

重力レンズ効果の遅延時間観測は、この問題を解決する手段となる可能性がある。というのも、VROのおかげで、私たちがこの観測に利用できる事例の数が、これまでの2～3例から一気に数百例にまで跳ね上がると期待できるからだ。LIGO（第7章261ページ参照）のような装置による重力波の観測は、ここでも洞察を提供してくれる可能性があり、今後10年ほどのあいだに、ついに問題を解決するに必要な精度に達するかもしれない。

主流をはずれたところからの眺望

宇宙論について、私が大好きなことの一つが、まったく新しい方向から宇宙の物理学にアプローチを試みて、独創的に考えることを大いに要求されることである。これは、なんの制約も受けない気ままな空想とは違う。でたらめになんでもでっちあげるわけにはいかない。あなたにできるのは（そして、しなければならないのは）、宇宙が提供してくれるあらゆるデータから、少しでも多くの洞察を引き出せるように、問題をとらえる新しい方法をつねに探し出すことだ。

この種の独創的な思考が特に重要になるのは、「標準宇宙論模型や、素粒子物理学の標準模型を、どうやって改善するのか？」といった難問に直面したときである。これまで私たちが試みたことはすべて、あまりに予測と一致しすぎて、イライラするほどだ。現在の模型の中に、壊すべきものを何も見つけられないなら、新しい模型へと進む手がかりは、どこで見つければいいのだろう？

クリフォード・ジョンソンは楽観的で、現在のように明確な方向が見えていないことは、私たちにとっていいことかもしれないと指摘する。彼は私に、「指さして、『これが未来だ！』とばかりに進んでいくものなど、私にはないですね。私は、これまで私たちが突き動かされてやってきたことが、じつにさまざまなのは……おそらく、むしろ健全なことだと感じます」と語った。

彼のいうとおり、私たちはさまざまな方向に手を伸ばしている。CMBの時代と、最初の恒星が出現した時代とに挟まれた、宇宙論の暗黒時代を明らかにすることを目指す電波サーベイがいくつもあるが、これらの観測結果によって、標準宇宙論模型からのなんらかのズレが、もっとくっきり見えるのではないかと期待されている。

新しいタイプの重力波検出器が考案されているが、それらが利用する技術には、原子の量子干渉や、パルサーからの信号を重ね合わせて、パルスの周期性のズレを特定するパルサータイミング法などがある。

これらの観測は、ブラックホールのふるまいや初期宇宙の物理学について、間接的な情報を提供してくれるかもしれない。ダークマターを発見する新しい方法を探る実験が、素粒子物理学の標準模型をどう拡張すればいいかや、宇宙論の分野で考え方をいかにシフトすべきかを教えてくれる可能性もある。CMBの偏光に関する研究は、初期宇宙についての理解を完全に変えてしまうような、宇宙のインフレーションの痕跡を見せてくれるかもしれない。

逆に、そのような信号がまったく見つからないということも、インフレーションに代わる「バウンス宇宙論」などの理論の研究に取り組む動機づけになりうる。真空エネルギーに関する代替理論の研究に取り組む実験室内における実験が、ついにダークエネルギーの問題を解決する可能性もある。それは結局、宇宙定数ではなかったと判明するとしても。

数十年にわたる観測をおこない、遠方の光源を非常に長いあいだ凝視しつづけ、それが私たちから遠ざかっていく見かけの速度が変化するのを確認することにより、宇宙の膨張を直接観測することも、不可能ではないかもしれない。

ペドロ・フェレイラも、これほどアプローチが多様であることに楽観的だ。「どれも非常に特殊化されていて、てんでんバラバラだと思えるかもしれませんね」と彼はいう。しかし、大勢の人間が、それぞれ一人で頭を悩ませていて、あるとき突然、何か新しいものを思いつくというのは、まさに私たちが必要としていることではないのか。

「その爆発の中から、誰かが名案を思いつくかもしれませんよ。『おお！　これこそ未来を見きわめる方法だ』と」

このような問題の解決にどれくらい時間がかかるかは、また別の問題だ。宇宙定数と、他のかたちのダークエネルギーとを単に区別したいだけなら、私たちには文字どおり時間はたっぷりある。太陽が地球を破壊する前に、ダークエネルギーがそうしてしまうことがありうるという理論は、まったく存在しない。

しかし、真空崩壊は様相が異なる。素粒子物理学の標準模型、あの、私たちが考案したすべての検証実験に合格したものが、全宇宙が不安定化する崖っぷちへと私たちを追い込む。

これが現実のリスクである可能性はどのくらいあるのか、あるいは、不完全な理論を外挿したことで生じたひずみにすぎない可能性はどの程度なのかは、誰に訊ねるかによって異なるだろう（念のために申し上げておくと、私が数名の専門家に質問した結果、答えは「それは、私たちの理論が間違っているということを示しているのです」から、「そのリスクはほんとうに小さなものです」「私たちは、これまで幸運だっただけかもしれませんよ」まで、さまざまだった。あなたご自身で、自由に受け止めてほしい）。

いずれにしても、「痛みなんて感じないだろうし、心配してもムダだよ」（マドリードを拠点とする理論物理学者でCERNの準研究員であるホセ・ラモン・エスピノーサのご協力に感謝致します。大いに助けていただいた）よりはもっと安心できる答えが提供できるようになりたければ、ある、非常に具体的なデータが必要になる。

幸い、どこでそれが見つかるかは、かなりわかっている。

CERNの災難

CERNほど、なんの謂《いわ》れもないのに、宇宙の潜在的破壊者という濡《ぬ》れ衣《ぎぬ》をたえず着せられている場所は、地上には他にない。

大型ハドロン衝突型加速器（LHC）の所在地として最もよく知られているCERNは、ジュネーブ近郊のスイスとフランスの国境をまたぐ約6平方キロメートルの広大な敷地内に、多数の研究棟やオフィスの建屋が並ぶ、大規模な研究施設だ。それは、いってみれば、奇妙に特化された国境の小さな町で、研究所、機械工場、そして正真正銘の反物質製造工場の他に、消防署もあれば郵便局も備えている。

CERNの物理学者たちは、LHCが建設されるはるか以前の、1950年代から陽子を加速して衝突させては、徐々により複雑に、そしてより高精度になっていく実験をおこない、原子以下の微粒子どうしを衝突させ、消滅させることによって、これらの素粒子の性質を探ってきた。素粒子物理学の標準模型を構築することができたのも、この種の実験のおかげだ。

そして、50年以上にわたって実験が続けられてきたにもかかわらず、標準模型の中に、新しい粒子を割り込ませられるようなヒビ割れを見つけることは、まだできていない。

しかし、CERNは挑戦しつづけている。そして、その理由はもちろん、物を壊すのがこの上なく楽しいからだけではない。

衝突型粒子加速器で最も重要なのは、エネルギーだ。粒子どうしをぶつける速度を上げるほど、その結果起こる衝突のエネルギーはいっそう高くなる。衝突のエネルギーが高くなれば、到達できる可能性のある新しい物理学の範囲が一段と広くなる。衝突のエネルギーは、$E=mc^2$のレートで粒子のエネルギーに交換される、通貨のようなものと考えることができるのである。

ある衝突の総エネルギーが、あなたが生み出そうとしている粒子の質量に等価なエネルギー値よりも高ければ、その粒子と、衝突を起こした粒子とのあいだに、なんらかの種類の相互作用が理論上においてありうるかぎり、その粒子が生み出される可能性が存在する。標準模型の拡張を考えるとき、これまでに検出された粒子よりもかなり重い粒子が関わってくる傾向があるので、そのような粒子を見出すために、いっそう高いエネルギーに到達しなければならなくなる。

だが、たとえ求められる高エネルギーの閾値に到達したとしても、意味のある、統計的に有意な信号を得るためには、粒子を1個、一度だけ生み出すのでは足りない。ＬＨＣは数年間にわたって稼働しつづけ、何兆個もの陽子を衝突させてようやく（それはおそらく、10^{15}に迫るものだっただろう）、容認可能な確かさで、ヒッグス粒子の発見を発表できたのである。

このように、たえずエネルギーの最前線へと駆り立てられている状況が、「存在を脅かす存在」という謂れなき非難をＣＥＲＮにもたらしているのだ。その背後にある考え方は、こうだ。

人類は、一つの場所にこれほどまでのエネルギーが集中するのを見たことがないんだから、何が起こるか、わかったもんじゃない、というわけだ。これまでの章で論じてきた「微小ブラックホールの形成」や「壊滅的な真空崩壊の誘発」などの不気味なシナリオも、ＣＥＲＮの懸念材料とされることがある。

幸い、これまでに提起された災難シナリオのどれも、私たちを取り巻く宇宙の中で起こっている粒子殲滅現象に比べれば、LHCなどほんの一瞬のノイズですらないという事実に基づいて、かんたんに片付けることができる。しかし、とりわけ心配性の、物理学者ではない人々の心には、LHCが10年以上にわたってなんら害を及ぼすことなく稼働してきたにもかかわらず、もっと漠然とした不安があり、それを和らげるのは容易ではない。

2019年2月に私がCERNを訪れたころも、LHCが異次元への扉を開くとか、宇宙を「悪いタイムライン」にシフトするなどといったジョークが、インターネット上で相変わらず流行しているようだった。

人類史上、最も高度で高精度な実験装置

CERNの構内自体は、全体として、特に印象的なところではない。きらびやかな受付ロビーを通過すると、くすんだ色の低層建築の、金属シャッターが窓にはまった1960年代風の建物の寄せ集めが現れ、ややくたびれた工業施設の雰囲気が漂う。

大きく目立つ数字が記された建物のそれぞれに、研究室や研究グループ、紙でできた仮のネームプレートが掲げられたオフィスがある。そこに駐在する科学者スタッフは、常時入れ替わっている。構内全体で、CERNに常勤している物理学者は100名に満たず、それ以外の研究室や

オフィスを、世界中からやってきた数千人の客員研究員が使っている。

彼らの滞在期間は、1週間から数年間で、多数の大規模な実験を維持するために必要な、厳しい現場の仕事を担っている。このような建物の一つで、長くて薄暗い廊下を歩いていると、世界で最も有名な実験施設の一つを訪れていることなどすっかり忘れて、どこの大学にもあるような物理学科に来て、院生やポスドク研究員がラップトップコンピュータに何かを打ち込んだり、ホワイトボードに何かを走り書きしたりしているのを眺めているのだと錯覚してしまいそうだ。

しかし、実験のようすを見たなら、そんな凡庸な印象は幻想だったかのように、瞬時に、かつ永遠に打ち砕かれる。

私のCERN訪問は、そこで実施されていた二つの実験に交互に参加するというかたちでおこなわれた。理論部門の、2階の明るいオフィスにこもって、論文を何報も読み、カフェテリアで休憩しながら方程式の概略のかたちを書き下したり、他の理論物理学者たちと、真空崩壊や、私自身のダークマターに関する研究について雑談したりする日々であった。そうでない日にはヘルメットをかぶり、地下100メートルまで降りて、金属で組み上げられた通路に立ち、高さ25メートルの、想像を絶するほど複雑なさまざまな装置が組み込まれたシリンダーを、畏怖の念で見上げていた。

CERNにおける実験装置は、人類がこれまでにつくり上げた最も高度で高精度な機械であり、数千名からなるいくつものチームが数十年にわたって設計し、建設したものだ。その目的は、数マイクロ秒のあいだに崩壊する粒子の運動とエネルギーのわずかな変化を、なんとかして検出することである。

それと並行して、理論家たちは、複雑さの度合いは装置のそれに負けないものの、対照的に抽象的な複雑さの極みである多数の方程式から、これらの実験が空間と宇宙そのものの性質に対して何を意味しているのかを引き出そうと努力している。そこは、誰もが知的活動で高揚している場なのだ。

CERNで語られる「科学以外」のこと

だが、CERNはまた、高度に官僚主義的な場所でもある。なにしろ、国際条約の制約を受けて23ヵ国からなる連合体によって運営され、さらに、地球のあらゆる場所からやってきた研究者たちを擁しているのだから。これほどの規模と費用のプロジェクトには、このような協力が不可欠だが、CERNの組織構造の核心にあるのは、この施設の未来と、ここでおこなわれるすべての新しい実験の未来は、科学上の問題だけではなく、国際政治にも依存するという重要な事実だ。

私の滞在中、カフェテリアでひんぱんに話題にのぼっていたのは、最新のワクワクする実験結果ではなく、CERNが新たに提案した、いわゆる次世代円形衝突型加速器（FCC：Future Circular Collider）の建設について、新聞の社説が論調を二転三転させていることだった。FCCは途方もなく大きな加速器で、その運用のためには、全周27キロメートルもの規模を誇るLHCが、FCCで走るのに十分な速度に達するまで陽子の初期加速をおこなうだけの装置になってしまうほどだ。FCCは100テラ電子ボルト（TeV）のエネルギーに到達可能だが、これはLHCで現在可能な数値よりも約ひと桁高い。

私の滞在中にフレヤ・ブレクマンが教えてくれたのだが、これらの実験は、装置を組み上げるだけで数十年もかかるし、また、現在進行中の実験で得られたデータの解析にも、同じくらい長い時間がかかるので、次の実験をどの方向に進めるかという決断は「いま」下されるべきである。LHCを使っていま得られつつあるデータと、近々おこなわれる改良後のLHCから得られるはずのデータとを完全に解析するには、10年か、ひょっとすると15年かかるかもしれないのだ。「だから、『いま』決断すべきなのです」とブレクマンはいう。

「何をやろう？　電子-陽電子衝突型加速器にする？　線形加速器にすべきかな？　それとも円形加速器？　それぞれどんな賛成論と反対論がある？　それとも、このあとすぐ、より高エネルギーの陽子-陽子衝突型加速器をつくる？」

「新しい物理学」への展望

未来の衝突型加速器、とりわけ、野心的なFCCについての賛成論と反対論は、相当過熱する可能性がある。コスト（最低でも約100億ユーロ）のことはとりあえず脇に置いておくにしても、もっと大きな加速器があれば新しい粒子を発見できるだろうという約束——というよりむしろ、その確約のなさ——をめぐって、議論がつづいている。

もしかすると、私たちが探し求めている「新しい物理学」は、極端に高いエネルギーでなければ出現せず、FCCのような巨大な装置でさえ、そこにいつかは到達するだろうと望むことすらできないのかもしれない。あるいは、エネルギーを上げていくことだけに注目していると、進むべき道を完全に誤ってしまうおそれがあるかもしれない。

そして、その一方で、新しい物理学についての手がかりの一部は、私たちがいまだ探索していない領域の中に、そしておそらく、私たちがすでに得ているデータの中にも、隠れているかもしれないという兆候が少し見えてきている。

私がCERNで話を聞いた研究者たちは、エネルギーをいっそう高めることがわれわれの前進にとって不可欠だ、たとえ標準模型の理解を深めるだけのためだったとしても、と、頑《かたく》なだった。その方向に進めば、結局は「真空崩壊の脅威」がふたたび頭をもたげてくる。それがダモクレスの剣（訳注：栄華を極める王も頭上に剣が吊るされているのと同様に、つねに危険に脅かされていることを意味する古代ギリシアの説話による言葉。近年では、市民が気づかぬうちに、日常的に危険にさらされていることの比喩としても使われる）として私たちの頭上に吊るされつづけるのだとしたら、真空崩壊が起こるかもしれないほどの高エネルギー下において、加速器内で何が起こっているのかを、はっきりと理解したいものだ。

ＬＨＣでコンパクト・ミューオン・ソレノイド（ＣＭＳ：Compact Muon Solenoid）実験を担当するアンドレ・ダヴィッドは、私がＣＭＳの検出器を見学したときに案内してくれたのだが、まさに「高エネルギー下において、加速器内で何が起こっているのか」という疑問に答えることが、ＦＣＣやそれと同種の実験をおこなう動機だと指摘した。

「『１００テラ電子ボルトの衝突型加速器をつくるべきだよ』と人々がいっている理由の一つが、そうすれば、こいつをとらえて理解するチャンスが実際に出てくるからですよ」

ダヴィッドが教えてくれたように、パズルはもうテーブルの上にある。「ヒッグス場の性質と、その（そして私たちの）運命」というのがそれだ。すでに収集し、解析中のデータから、ヒッグス場の性質がより詳細に突き止められるかもしれないが、新しい加速器が使えるようになれば、真空崩壊で私たちを脅かす不安定性とは、ほんとうのところどういうことなのかという疑問の答えが、ついに見つかるかもしれない。

第6章で論じたように、ヒッグスポテンシャルは、ヒッグス場がいかに進化するか、そして、それは私たち全員を消滅へと向かわせるのかという、私たちにとって重要な問題を判定する数学的な構造だ。それはほんとうの意味で、素粒子物理学の聖盃である。だが、現在の理論では、それがどのように見えるかについては、ほとんどわかっていない。

現在の理解に基づいていえば、その形状は、標準模型の複数の異なる（しかし、総じて計算が難しい）側面から及ぶ、競合する影響に応じて敏感に変化する。そして、より高エネルギーを記述する理論が存在するなら、この図式は完全に変わってしまう。

CERNの理論物理学者（で、超対称性推進の中心人物）、ジョン・エリスをはじめ、私が話を聞いた研究者の幾人かは、ヒッグス場が見かけ上、不安定なのは、存在への真の脅威というよりも、むしろ理論について私たちが理解していないことが何かあるというしるしではないかと考えている。

「走る結合定数」というキーワード

真空崩壊を研究する理論物理学者、ホセ・ラモン・エスピノーサは、「真の真空の泡」が出現するのを手をこまねいて待っているのではなく（この方法はとりわけ好ましくないとエスピノーサはいう。なぜなら、それは「私たちに何も教えませんから。なにしろ、それが近づいていると気づくことすらできないんですよ」)、ヒッグスポテンシャルと、そのポテンシャルのナイフの先端のような危うい安定性の上に私たちが存在していることが何を意味しているのかを、よりよく理解する方法を見つけたいと考えている。「ポテンシャルがこのようなかたちになっている理由はありません」と彼はいう。

「私たちは、このきわめて特異な位置に存在しています。ですから、私にとってこれは、ちょっと興味をそそられるのです。もしかすると、このことに何か読み取るべき点があるのかもしれませんよね」

ヒッグスポテンシャルを理解するカギは、つまるところ、「走る結合定数」とよばれるものにある。粒子や場の相互作用の相対的な強度を表す「結合定数」が、エネルギースケールに応じて変化することを「走る」と表現するが、ここでは、より高いエネルギーにおける衝突で、結合定数がいかに変化するかが重要になってくるのである。

「他に何も発見できなかったとしても、これがLHCの最大のメッセージの一つかもしれません」とエスピノーサはいう。「もちろん、LHCが新しい物理学を発見したなら、それは『結合定数の走り』に絡んでくる可能性が非常に高いでしょう。だとすると、何が起こっても不思議はありません。ポテンシャルは安定かもしれないし、もっと不安定かもしれません。私たちにはわからないのです」

宇宙の運命を決める小さな（しかし重要な！）点についてのみならず、ヒッグス場をよりよく理解することは、質量がいかに機能するかや、自然界の基本的な力が、実際に測定されているるような強さで現れているのはなぜかを示してくれるかもしれない。さらに、これらの力を統一する理論への道を示し、量子重力を理解するのを助けてくれるかもしれない。

標準宇宙論模型や、素粒子物理学の標準模型をいかに改良するかについて、観測や実験からなんらかの指針が得られれば、非常にありがたいのだが。というのも、物事の純粋に理論的な側面では、とんでもなく奇妙な事態になっているからである。

ディラックの後を継ぐ者

つい先ごろ、ノーベル賞受賞者で量子力学の創始者の一人であるポール・ディラックが写った、古い白黒写真を見つけた。写真の中の彼は、プリンストン高等研究所の庭に立っているのだが、肩から斧を下げている。

1930年代から70年代にかけて、幾度となくその地を訪れたディラックは、研究所の裏にある森を歩き回りながら、新しい小径《こみち》をいくつも切り拓いたことで知られていた。研究所に滞在する理論家たちが散歩し、話をし、実在の性質について考えることができるようにと願ったのだ。私がそのぬかるんだ小径を歩いたときに案内してくれたのが、ニマ・アルカニ＝ハメドだ。じつにそれにふさわしい人物だ。なにしろ彼は、私たちの現時点での量子力学に対する理解と、時空の概念そのものに、斧を振り下ろすがごとき大胆な改革をしようと決意に燃える理論家なのだから。

アルカニ＝ハメドは、粒子どうしの相互作用を、まったく新しい枠組みを使って計算する方法を構築しているところだ。その枠組みは、空間と時間がまったく含まれない、抽象的な数学からスタートする。彼の取り組みはまだ初期段階で、これまでのところ、実験結果よりも、ある種の理想化された系のほうによくあてはまる。だが、これがうまくいったとすると、それほどショッキングなことは他にないだろう。

「いま私たちが見ているものは、小さな小さな、おもちゃのおもちゃのようなものにすぎません。実際に成し遂げられたことに対して、その小ささを強調する修飾語を好きなだけつけられますよ。そういう表現に、まったく同感です」と彼はいう。

「でも、これはあくまでも私個人の考えですが、私たちが現実の世界の中で見ているものとそれほど違わない、実際に具体的な物理系の例が一つか二つ、できてきているんです。それらにおいては、時空も量子力学も使わずに、それらを記述する方法を実際に突き止めることができるのです」

私は、「空間も時間も実在ではない宇宙に存在するとはどういうことなのか、理解しようと頑張っているところなんですが」と、彼に言い訳する。笑いながら、彼は応じる。

「あなたも仲間になりなさい！」

時空は実在しない？

変わり者の理論物理学者が大げさに騒いでいるだけだと、あなたが片付けてしまわないうちに申し上げたいのだが、このような話をしているのはアルカニ＝ハメドだけではない。

「あなたも絶対、たくさんの人から聞いたことがあるはずでしょう」と、クリフォード・ジョンソンに、いかにもなんでもない話であるかのようにいわれたのは、その数ヵ月後だ。

「ですが、私が長年、弦理論で主張してきたことの一つが、だんだんよく理解されるようになってきたようです。時空は本質的ではない、という主張が」

ああ、そうだ。あの細部の問題。そうそう。

この問題に対するジョンソンのアプローチは少し異なる。量子重力理論には、微視的尺度《ミクロ》と巨視的尺度《マクロ》の物理学のあいだに、時空がいかに機能するかに関する私たちの通常の理解では意味をなさないような、予期せぬ結びつきが存在するという興味深いヒントがいくつかあるのだ。単純化した説明を試みてみよう。

ある半径＝Rをもった、一つの仮想的な空間の中で、あなたが実験をしているところを思い描こう。その実験の結果は、それと同じ実験をはるかに小さな、半径＝R分の1である空間の中でおこなった結果とまったく同じに見える、というのがその結びつきである。弦理論では、これを「T－双対《そうつい》」とよぶ。

それはあまりに奇妙な一致で、何か深遠なことを私たちに教えているに違いないと思えるのだ。「この問題について誰かに訊ねたら」とジョンソンはいう。「『ある意味、それは全部実在ではないよ』という答えが返ってきそうです。巨視的尺度と微視的尺度の基盤を壊すのはそもそも、じつは時空というものすべての基盤を壊すことなのです」。

理論家の幾人かは、私を安心させようとしてくれた。カルテック（カリフォルニア工科大学）の宇宙論研究者であるショーン・キャロルはこのところ、量子力学の基盤に関心を抱いているが、彼は、私たちはみな、あまりに性急に「時空は厳密には実在ではない」として片付けてしまおうとしていると考える。「それは実在ですが、根本的ではない」と、彼は私に説明する。「このテーブルが、実在ではあるが、根本的ではないのと同じように。それは、より高レベルの創発記述です。それは実在ではないという意味ではありません」

要するに、私たちは、このことをあまり気にかけすぎてはならないのだ。なぜなら、それは「時空がそこに存在しなくなる」ということではなく、それが何でできているかをほんとうに理解することができたなら、ある深いレベルにおいて、「時空が何かまったく別のもののように見える」というだけのことだからだ。

だが、じつのところ、そういう議論をしても、私は安心できなかった（ショーン・キャロルは、もう一つ教えてくれた。彼の量子力学の解釈が正しければ、私たちの無数のコピーが並行宇宙に存在しており、それらの宇宙はいまこの瞬間に、真空崩壊に襲われているのだ、と。だとすると、彼は、真空崩壊を知って感じる存在の危機から解放されたいときに、頼れる人ではなかったということのようだ）。

物理学者として、自分の研究テーマについては、私はつねにあるレベルの冷静さを保つように努力しているが、時空は、それが何か私たちが話題にできて、座ることができるものだという意味においてのみ実在であって、宇宙が実際にそれでできているという意味では実在ではないと思うと、それはいまにも足元で崩壊するかもしれないという感覚に、やはり襲われてしまうのだ。

量子力学をいかにして宇宙論に適用するか——古くて新しい問題

このことが、「宇宙がいかにして、いつ終焉するか」になんらかの関係があるのかどうかは、まだわからない。時空がどれほど実在であるか、あるいは実在でないかにかかわらず、私たちはみな、そこに存在しており、時空に起こることは必ず私たちに影響を及ぼす。

しかし、「創発する時空」について、あるいは、量子力学の新しい定式化について考えることが、なんらかのいっそう深い根本的な理論へと私たちを導くなら、私たちの見通しは劇的に変わるかもしれない。もしかすると、ジョンソンが示唆するように、巨視的尺度と微視的尺度の結びつきは「宇宙の新しい運命」を意味するのかもしれない。あるいは、量子力学を修正できたなら、ダークエネルギーをついに説明できるようになるかもしれない。

たとえ「宇宙定数によって、未来は熱的死にいたる」という説に落ち着くのだとしても、アルカニ＝ハメドによれば、「じゃあ、ボルツマン脳やポアンカレの回帰定理の観点からすると、量子ゆらぎはどんなふるまいをするの？」という話ができるためには、さらに理論の側で大きなシフトが必要だという。「私の考えでは、これらすべてが、量子力学の枠組みの中で説明でき、理解できる可能性はきわめて低いですね。これについて話ができるようになるには、量子力学の拡張が必要なのだと思います」と彼は語る。

私たちの宇宙の性質に対する説明がどの程度存在するのか、あるいはしないのかも、やはり未解決の問題だ。この10年ほどのあいだ、物理学者たちは「ランドスケープ」という概念に取り組んでいる。私たち自身の宇宙とはまったく異なる条件をもつ可能性のある、さまざまに異なる空間からなる理論上の多宇宙の概念だ。そのようなランドスケープがほんとうに存在するなら、私たちがいるこの宇宙の性質は、単に環境的なものにすぎず、私たちの知的能力が限られているためにいまだ発見されていない、なんらかの深い原理によって決まったものではないということかもしれない。

このような多宇宙は、ある特定の種類のインフレーションから生まれる可能性がある。すなわち、もともと存在している永遠の空間というようなものから、新しい多数の泡宇宙が、永久に次々と膨らんで生まれてくるようなインフレーションである。

「私たちは世界の唯一解だという考え方は、私には正しいとは思えません」と、アルカニ＝ハメドはいう。「しかし、その一方で、ランドスケープと永久インフレーションと、そういうものすべてを理に適ったものにしようと努力しているとき、その問題が生まれたこと自体がそもそも間違いだったと考えることは、大変な泥沼状態ですよね」。

「多数の宇宙のランドスケープ」という可能なアイデアを持ち込んだとしても、基本的な問題はなおも残る。「量子力学をいかにして宇宙論に適用するかという問題は、ほとんどゼロ日めからあったものです。新しい問題ではありません。50年前は、とても難しかった。いまも、とても難しい」。

「私は強く確信しているのですが、私たちがおこなうべきなのは、これまでの私たちの歩みを遡っていくことですよ」と、宇宙論の理論家、ニール・トゥロックは断言する。宇宙インフレーションの代替になりうるさまざまな理論の検討を続ける彼は、カナダのペリメーター理論物理学研究所の所長を長年務めた人物でもある。

「時間を50年巻き戻して過去に戻り、『おい、みんな、われわれは砂上に楼閣を築いているんだよ』ということですよ」

思考し、問いつづける生物

宇宙生物学の分野に、「ドレイク方程式」という有名な式がある。それは、天の川銀河の中に、私たちが交信できる可能性がある文明がいくつ存在するかを計算する方程式だとされている。1年間に誕生する恒星の数、恒星のうち惑星系をもっているものの割合、惑星系のうち生命が発生しうるものの割合、発生した生命体が知性をもつにいたる確率、などの数値をただ代入するだけで、地球外文明から星間ボイスメールが何通届くかが答えとして出てくるという式だ。もちろん、代入すべきこれらの数字の多くは、少なくとも現在のデータでは、特定することはまったく不可能で、したがって式の最終結果に特段の意味はない。

ドレイク方程式の意義は、地球外生命について私たちがもっている思い込みを考え直し、この大きな問題をめぐって、私たちは何を知っているのか、そして何を知らないのかを明らかにすることだ。

ヒラーニヤ・パイリスと話していたとき、ふと、私たちの宇宙の最終的な破壊について考えることも、これと似たようなものだという考えが頭に浮かんだ。私は彼女に、私たちがおこなっている計算は、最終的な数には意味がなく、計算そのものに意味があるような、そんな計算かもしれませんねといってみた。

「確かに数に意味はないですね」と、彼女は同意してくれる。「でも、検討中の選択肢をひと通りじっくり考えるという『演習』は、役に立つんじゃないかと思います」。そして、この思考実験ともよべる演習の中身は、最終的に良いものをもたらしうる。「もしかすると、70億年も待たなくても、いろいろな仮説どうしを比較する、なんらかの巧みな方法につながるかもしれませんよ」。

ブレークスルーが訪れるまで、どれだけ長く待てばいいのだろう？　私たちにはわからない（それに、知る方法もない）。

私たちはいま、「地図の縁の外」を探検しているのだ。クリフォード・ジョンソンは、物理学のよりよい、より深い理解へと人類は向かっているのだと、非常に楽観的だ。しかしその彼も、手放しで楽観してはいられないことを認める。

「200年ぐらいのあいだ、データをあれこれ集めて、ようやくその信号が見えて、そこで戻ってみると、『おお、それは始めからずっと、われわれの目の前にあったんだ』と気づく、なんてことになるかもしれませんよ。それはちょっと嫌なシナリオですね。しかし、私たちが答えようとしているような大きな問題の場合、私はそれでいいと思います。人間の人生の長さ程度の時間尺度で解決しなきゃならないなんてこと、ないでしょう?」

当面のあいだ、私たちは、森の中を通る新しい小径を拓いて、そこに隠れている何かが見つかるか、試してみる仕事を続けよう。いつか、遠い未来という未知の荒野の奥深くで、太陽は膨張し、地球は滅び、宇宙そのものも最期を遂げるだろう。それまでは、私たちには宇宙全体を探検することができる。創造力を限界まで発揮し、宇宙という私たちの住み処を知るための新しい方法を見出しながら。ものすごいことを学び、つくり出すことが、私たちにはできる。そして、それを互いに共有することも。

人類が思考する生物であるかぎり、私たちは問うことをやめないだろう。

「次は何が出てくるかな?」

第9章 エピローグ

「でも、ここでわれわれが何をやろうが、それがのちのちまで残る保証がいっさいないなら、最善の行為も、死後忘れられない可能性などほとんどなければ、諦めてしまわない理由なんてないのでは？」
「十分すぎる理由がある」と、ラッドはいった。「われわれはここにいるし、われわれは生きている。夏の最後の素晴らしい一日の、美しい夜じゃないか」

（アレステア・レナルズ『プッシング・アイス』）

マーティン・リースは、大聖堂を建てているわけではない（訳注：リースは、重大な問題には多世代アプローチが必要だという「大聖堂思考」を提唱していることで有名）。

よく晴れた6月のある日の朝、私たちはケンブリッジ大学の天文学研究所にあるリースのオフィスにいる。彼は、私たちが知っているところの人類は、やがて忘れ去られるだろうという話を私にしている。

「中世の時代、大聖堂の建築に携わった人々は、彼らの人生よりも長く存続する大聖堂を建てることを誇りに思っていました。なぜなら、彼らの孫たちもその大聖堂を称賛し、彼らと同じような人生を歩むだろうと考えたからです。それとは対照的に、私たちにはそんなものはありません」

人類の未来について、そして、人類が偶然、自分たちを破滅に追いやってしまうおそれのあるさまざまな可能性について本を何冊も書いているリースは、遠い未来に関する推測に精通している。彼によれば、進化は、文化的なものも技術的なものも、あまりに加速しているので、次の数百年から1000年のあいだ、どんな知性が優勢になるとしても、それがどのようなものか予測することは不可能だという。

しかし、その知性が私たちのことなど気にしないだろうことは間違いない。「いま、100年のあいだ忘れられないレガシーを残そうとするのは、われわれの祖先がそう考えたときよりも、はるかに無茶な望みになっていると思います」と、彼は語る。

「それで嫌な気分になりますか?」私は彼に訊ねる。
「たいへん嫌な気分になりますね。しかし、世界がわれわれの気に入るようなかたちにできていなければならない理由などないですから」

宇宙論的な意味で「存在が消える」

宇宙の最期についてじっくりと考え、最終的には、それが人類にとって何を意味するのかを甘受しないわけにはいかないだろう。リースの考えは悲観的すぎるという立場を取るにしても、どんなタイムラインにせよ、ある有限の時点で、私たちの種としてのレガシーが……、停止してしまうポイントが必ず訪れる。

自分自身の個人としての死を受け入れるために、レガシーに基づいてどんな合理化をしようが(子どもや優れた業績を残すことができる、あるいは、世界をなんらかの意味でよりよくした、など)、そんなものはどれも、「万物の究極の破壊」を生き延びることはできない。

どこかの時点で、宇宙論的な意味で、「私たちが存在したことがある」ということなど、意味がなくなっているだろう。宇宙は、冷たくて暗い空虚な空間へと薄れていく可能性がどちらかといえば高く、私たちがおこなったすべてのことは、やがて完全に忘れ去られるだろう。それを、私たちはどのように受け止めるのか?

ヒラーニヤ・パイリスは、その感情を「悲しい」とひと言で表現する。「気が滅入ります」と彼女はいう。「他に何をいえばいいのか、見当もつきません。講演をしていて、宇宙の運命はおそらくこうです、という話をするんですが、聴いていた人たちが泣くこともあります」。

それは、いままでとは違う観点に立とうという動機になる。「宇宙が、多くのことが起こる非常に興味深い時代をもたらしたことに、私はとても心引かれます」とパイリスはいう。「ですが、はるかに長いあいだ、完全な暗闇と冷たさに直面することになるようです。恐ろしいことです。そのことから考えると、私はほんとうに、このことをわれわれが初めて理解しつつある、この数年のあいだに宇宙論の分野にいられたのは、とても運がいいと思います」。

「永遠のもの」に触れる

「一瞬、悲しく思いますね」と、アンドリュー・ポンツェンも同意する。「でも、そのあとすぐに私は、たったいまこの地球の上で私たちが抱えている問題が気になりはじめて、『おいおい』って、思います。宇宙の熱的死なんかより、もっと深刻なトラブルにはまってるんだよ、われわれは、とね。ですから、私の場合、それは、われわれが一つの文明として、もっと短い時間尺度の中で直面する問題について考えるよう促してくれているように思います。私が何かを憂慮しなければならないとしたら、それはそういう問題であって、熱的死ではありません」。

「私は、宇宙の死に対する感情的な結びつきなどほんとうにもっていない、というだけだと思います」と彼は続ける。「しかし、地球の死には結びつきを感じます。自分が50年ほどのうちに死ぬだろうという事実に対してはなんとも思いませんが、地球が50年のうちに死ぬのは嫌ですね」。

この考え方には、私も強く共感する。私たちが日常、実際に心配すべきことを考えるのに、熱的死や真空崩壊、ビッグリップ、あるいは他の宇宙終焉シナリオは、リストのいちばん上にはこない（私たちが完全に無力で、これらをどうすることもできないという事実を脇に置いたとしても）。生物として、私たちは当然、自分自身の命について、そして、空間と時間の中で自分に近い者たちの命について、最も心配するのであり、想像を超えた遠い未来の宇宙の運命など、たいていは放っておこうと決め込んでしまう。

しかし、私はそれでも、個人的には「人類は永遠につづく」と「そうはいかない」とのあいだには、なんらかの感情的な意味で大きな違いがあるという気がする。ニマ・アルカニ＝ハメドも同じように感じるという。

「絶対的に、最も深いレベルで……それについて自分は考えていると、人々がはっきり認めるか否かにかかわらず（そして、認めない人は、そのぶん哀れな存在になるけれど）、生きることに目的があると考えるなら、私たちの『ちっぽけで死すべき存在』を超越した何かに結びついていないような目的を見つけることなど、少なくとも私には、どうすればそんなことができるのか、わかりません」と彼は私に語る。

「多くの人々が、科学や芸術や何かをやるのは、なんらかのレベルで、何かを超越できるという感覚が得られるからだと思います——これもやはり、意識的なのか、無意識的なのかという違いはありますが。何か永遠のものに触れると感じる。この、永遠という言葉はとても大切です。とてもとても、大切です」

永遠に続く進化

フリーマン・ダイソンは、知性ある生命体を永遠に保存する方法を見つけたいと望んでいた。1979年の論文では、ある種の知性ある機械を無限の未来に伝えていく方法を提案している。処理速度をつねに下げ続け、断続的に休眠させるというからくりを使うのだという。

残念ながら、彼はすべての計算を、宇宙の膨張は加速しないという仮定の下でおこなったが、いまでは、宇宙膨張は加速するらしいとわかっている。そして、加速が続くなら、ダイソンの計画はうまくいかない。「残念です」と彼は認める。

「つまり、自然が提供するものを受け入れるほかないということです。私たちの生涯は有限だという事実と同じです。それほど悲しいことではありません。じつに多くの点で、それは宇宙をいっそう面白くしますから。宇宙はつねに、何か違うものへと進化しています。しかし、すべてのことに対して、有限の人生しかないということは……たぶん、それが私たちの運命なのでしょう。ですが、進化がいつまでも続いてくれるほうが、私は絶対にいいですね」

そして、進化は永遠に続くことは、理に適っているかもしれないのだ。ロジャー・ペンローズは、よりよい道があると考える。彼はこの10年ほど、「共形サイクリック宇宙論」の構築に取り組んできた。宇宙はビッグバンから熱的死までのサイクルを、永遠に何度も繰り返すという仮説で、次のサイクルに移る際に、何か――前のサイクルのなんらかの痕跡――が生き残るという、魅力的な可能性を含んでいる。

次のサイクルに伝わるものに、意識をもった存在に関する意味のある情報が含まれるかどうかは、現時点では意味のない臆測にすぎないと彼はいうが、その可能性が暗に意味することは重大だろう。ペンローズはいう。

「自分はこう思うと断言しているのではないですが、ある意味それは、それほど気が滅入ったりしないことだとは思いますね。自分の死後、なんらかのレガシーが存在しうるというのは」

あるいは、多宇宙のランドスケープの可能性が、私たちの慰めになるかもしれない。インペリアル・カレッジ・ロンドンの宇宙論研究者で、宇宙のインフレーションから銀河の進化まで、じつに広範囲に及ぶ研究をおこなっているジョナサン・プリッチャードは、どこか遠方にある、私たちとは結びつきのない領域に、私たちが廃熱にすぎない存在になったずっとあとにも、何かが存在しているかもしれないという考えに希望を見出す。

「どこか遠くの場所に、多宇宙の一環である別の宇宙があって、そこではつねにいろいろなことが起こっている。感情面でいうと、私はこの考え方が好きです」

でも、私たちはやっぱり死にますよね、と私が訊ねる。

彼はひるまず応える。「これって私たちだけの話じゃないでしょう」。

「無常な旅」を生きる

私たち自身が永遠の多宇宙パーティーに参加できないとしても、私たちに迫りくる死は、物理学にとってはいいことかもしれないのだ。

ニール・トゥロックはこの先、時間が終わるという可能性を、私たちの宇宙の地平面の存在と結びつけると、宇宙に堅固な境界ができ、その境界は、すべてを理解するという課題にとっては、ありがたい制約となると指摘する。境界で囲まれた、加速膨張する宇宙の中を伝わる光波は、無限の未来まで存続したとしても、ある有限の回数の振動しかできない。

「私たちは事実上、一つの箱の中に存在していることになりますよね？　それは有限です。そして、それが正しければ、それを理解することはできるので、その状況は歓迎すべきものでしょう。有限なのですから、宇宙を理解するという課題は、はるかに容易になるでしょう」と彼は説明する。「過去の側に有限で、地平面のせいで空間的に有限で、すべてのものは有限の回数しか振動しないので、未来の側にも有限です。うわぁ、やった！　つまり、それなら理解可能だ、ということです。私は生まれつき楽観主義者なのですが、世界は知り尽くしたいだけ知ることができるのだと、思います」。

　宇宙がなんらかのかたちで終わるのなら、そのことを受け入れたほうがいいと、しぶしぶながら私は認めよう。ペドロ・フェレイラはこの点に関し、私のはるか先を行く。「それは素晴らしいことですよ」と彼はいう。「非常にシンプルで、非常にクリーンだ。太陽やら何やらの死について、人々がどうしてそんなに憂鬱になるのか、私には昔から全然わかりませんでした」と、フェレイラは続ける。「そのすっきり晴れ晴れとしたところが好きですね」。

「では、私たちは最終的に、宇宙になんのレガシーも残さないとしても、あなたはまったく平気なのですか？」と、私は彼に訊ねる。「ええ、全然気になりませんね」とフェレイラは応える。「私は、私たちが瞬間的な存在であることがとても気に入っているんです……、それは昔から、つねに私には魅力的でした。これらのものの無常性ですよ。それは行為だ。プロセスだ。旅だ。あなたがどこにたどり着こうが、誰が気にかけますか？　そうでしょう？」。

　認めよう。私はまだ気にかけている。終末に、最後のページに、この存在の偉大な実験の最後に、執着しないように努力している。それは旅なのだから。私は自分に言い聞かせる。それは旅なのだ。

「冷たく、美しい」終焉

何が起ころうとも、それが私たちの過ちのせいではないという事実には、いくばくかの慰めがあるのだろう。ルネー・フロジェックは、これを絶対的なプラスだと考える。

「自分の研究を、私が100パーセント完璧にやって、しかも私が素晴らしい科学者だったとしても、その研究が宇宙の運命について何も変えないという事実が、私は大好きです」と、彼女はいう。「私たちがやろうとしていることは、それを理解するということです。そして、たとえそれを理解したとしても、それを変えることはまったくできません。それは、恐ろしいことというより、解放です」。

フロジェックにとって、熱的死は気が滅入るようなことではないし、退屈なことでもない。彼女はそれを、「冷たく、美しい」とよぶ。「宇宙が自らを整理して落ち着く、というようなことですね」。フロジェックはいう。

「あなたの本から人々が知ってほしいと私が思うのは、人間の精神は、光——そして／または重力波でもいいんですが、ここでは光の話にしておきましょう——の観測を使って、それに比較的単純な数学を適用することで、宇宙の描像について素晴らしい推測ができるということです。そして、たとえ私たちが、それを変えるようなことは何もできないとしても、その知識……その知識も、すべての人間が死に絶えたなら消えてしまうとしても、いまこの瞬間にその知識があるということが素晴らしい。だからこそ私は、この仕事をしているのです」

フロジェックが何をいおうとしているのか、私にはわかるような気がする。宇宙の秘密を、他の人と分かち合えないとしても、あるいは後世に残すことができないとしても、やはり私は「宇宙の秘密」を解き明かそうとするだろうか？　もちろん、そうする。このことは重要だと思う。

「やがて失われることだとしても、それをおこなうことにはなんらかの目的があります。なぜならそれは、いまのあなたを変えるのだから。そうでしょう？」と、彼女も同意見だ。

「私は嬉しいんです。ダークエネルギーを見ることができ、しかもそれに引き裂かれてしまわない時代に、宇宙の中に存在できていることが。でも、だとすると、いちばん大切なのは、理解して、楽しんで、その次は……『さようなら、いままで魚をありがとう』（訳注：ダグラス・アダムスのSF小説シリーズ『銀河ヒッチハイク・ガイド』4作めのタイトル。地球滅亡の間際《まぎわ》にすべてのイルカが失踪する際に、人類に残していく言葉。人類は地球上で自分たちが最も賢い生物だと思っていたが、じつは三番めでしかなく、イルカは二番めに賢い生物として、人類に地球滅亡の警告を発しつづけていた）。素敵でしょ」

素敵だ。

謝辞

自分が本を書くことになるなどと、思ったことは一度もなかった。名前を挙げつくせないほど多くの人々のご支援がなければ、書き上げることはできなかっただろう。ここに、そのほんの一部の方々をご紹介したいと思う。

しかし、この数年間、数え切れない友人や同僚から、お返しなどとうていできないほど多大な協力と助言をいただいている。あなたがその一人なら、お名前がここに載っていようがいまいが、これまでにしてくださったすべてのことへの、私の感謝を受け止めていただきたい。また、本書はある意味で、あなたのものでもあるということを知っておいていただきたいと思う（本書がお気に召しますように！）。

本書を書きはじめたときは、紙に何か言葉を書いていけば、最後には誰かに読んでもらえるだろう、というぐらいの、漠然とした希望しかなかった。だが、ありがたいことに、素晴らしく忍耐強く、高いプロ意識に燃える、心強い著作権代理人モリー・グリックと、スクリブナー社の熱心な本づくりのプロ集団のみなさんが、終始手際よく導いてくださった。とりわけ、文章を大いに磨き上げ、かたちを整えるために、助言と編集をしてくださったダニエル・レーデル、そして、そもそも私にこれを書く能力があるというところから信じてくださったナン・グレアムに心から御礼申し上げる。

そして、この数ヵ月間、本書を世に出すために根気強くご尽力いただいた、スクリブナー社のサラ・ゴールドバーグ、ロサリン・マホーター、アビゲイル・ノバーク、ゾーイ・コール、そして、ペンギンUKのカシアナ・イオニータ、エティ・イーストウッド、ダミカ・ライトに感謝いたします。素晴らしいイラストを描いてくださったニック・ジェームズ、そして、構成面での支援をいただいたローレル・ティルトンとアナ・ガベラに御礼申し上げる。

この取り組みを通しての最大の喜びの一つは、これまで私の宇宙観に影響を及ぼしてきた、大勢の素晴らしい物理学者や宇宙論研究者に連絡を取り、科学の話をする口実ができたことだ。私が、自由に、じつにたくさんの質問をするのを許してくださった、アンディ・アルブレヒト、ニマ・アルカニ＝ハメド、フレヤ・ブレクマン、ショーン・キャロル、アンドレ・フリーマン・ダイソン、リチャード・イーステル、ホセ・ラモン・エスピノーサ、ペドロ・フェレイラ、スティーヴン・グラットン、ルネー・フロジェック、アンドリュー・ジャフェ、クリフォード・V・ジョンソン、ヒラーニヤ・パイリス、ステル・フィニー、ロジャー・ペンローズ、アンドリュー・ポンツェン、ジョナサン・プリッチャード、メレディス・ロールズ、マーティン・リース、ブレイク・シャーウィン、ポール・スタインハート、アンドレア・サム、ニール・トゥロックに、心から感謝いたします。

この方々の幾人かと、さらに、アダム・ベッカー、ラザム・ボイル、セバスチャン・カラソー、ブランド・フォートナー、ウェイカン・リン、ロバート・マクニース、トビー・オパクフ、ラケル・リベリオには、章単位で目を通す作業を進んで引き受けてくださり、非常に有用なフィードバックをくださったことに、御礼申し上げます。本書に残っている誤りはすべて（間違いなく多数残っていると思う）、私自身が、ここに挙げたみなさんの大いなる集合知を確実に文章に反映できなかったことに原因がある。

物理学者としての私の専門的な質問を浴びせられたのは物理学者たちだったが、私はこの2年間、自分が知っているほとんどすべての人に、質問、草稿のチェック、そして助言のお願いをしたほか、心配ごとや本にまつわるありとあらゆることについて、さまざまな強迫観念的なこだわりを、しつこく話してまわって過ごしてきた。私にそれを許してくれた、友人たちと家族の忍耐強さに深く感謝するとともに、執筆という行為と出版界というものに関する大局的な見方を拝借させていただいた、すべての著者に心からの謝意を表したい。

これまで私を励まし、支持してくれて、家族で集まったときには毎回、ぜひ知ってもらいたい科学やお薦めする本について、好きなだけしゃべらせてくれた、私の家族（とりわけ、母と、きょうだいのジェニファー）にありがとうといわせていただきたい。

執筆のコツを教えてくれ、タイトルの提案までしてくださったメアリ・ロビネット・コワル。

広く市民と関わるという、この新しい世界に挑む私を支援くださったドロン・ウェーバー。そして、本書の執筆に関して、非常に有益なご助言をくださった、ダニエル・エイブラハム、ディーン・バーネット、モニカ・バーン、ブライアン・コックス、ヘレン・チェルスキー、コーリー・ドクトロー、ブライアン・フィッツパトリック、タイ・フランク、リサ・グロスマン、ロビン・インス、エミリー・ラクダワラ、ジーヤ・メラリ、ローズマリー・モスコ、ランドール・マンロー、ジェニファー・ウーレット、サラ・パーカック、フィル・プレイト、ジョン・スコルジー、テリー・ヴァーツ、アン・ウィートン、ウィル・ウィートンのみなさん。たえず励まし、アイデアの交換をしてくださったシャーロット・ムーア、ブライアン・マロー、そしてLAナード・ブリゲード（オタク団）。さらに、インスピレーションと必殺サウンドトラックを提供してくださったアンドリュー・ホージア・バーンに御礼申し上げる。

私はまだ終身在職権をもつ教授ではないので、ノースカロライナ州立大学のご支援がなければ、そもそもあえてこのプロジェクトを始めたりはしなかっただろう。この大学の画期的なリーダーシップ・イン・パブリック・サイエンス・クラスター・プログラムのおかげで、科学者としてのキャリアを、市民とつながることのできるゆとりのあるかたちで切り開いていくことができた。物理学科と理学部には、素晴らしいご助力をいただき、著者、研究者、指導者《メンター》、そして教官としての役割のバランスをうまく取る方法を見つけるうえで、素晴らしいご協力をいただいた。

本書のための調査では、同じ物理学に取り組む仲間たちに厳しい質問をし、この物理学という取り組みのすべてはいったい何なのかをとらえる新しい視点を得るために、多くの研究機関を訪問する機会を得た。とりわけ、CERN、プリンストン高等研究所、ペリメーター理論物理学研究所、アスペン物理学センター、インペリアル・カレッジ・ロンドン、ユニバーシティ・カレッジ・ロンドン、カブリ宇宙論研究所・ケンブリッジ大学、そしてオックスフォード大学のビークロフト素粒子宇宙物理学および宇宙論研究所を訪問した際に、お会いした方々に深謝申し上げる。

そして最後に、本書の草稿の大部分が執筆された、ヒルズボロー・ストリートのジュバラ・コーヒーのスタッフのみなさんに心からの御礼を。みなさんのグリーンティーとオートミールに、いつも元気をいただいた。

本書の執筆とそのための調査に対し寛大なるご支援をいただいた、アルフレッド・P・スローン財団の「科学に対する市民の理解」プログラムに、心より感謝申し上げる。

ケイティ・マック

訳者解説

2020年、新型コロナウイルスが世界を襲った。巣ごもりせざるを得なくなった。外出ができなくなってしまったのは辛い。あるとき、ふと夜空を見上げると、明るい大きな赤い星が見えた。インターネットで調べてみると、火星が地球に大接近中だとわかった。ほかの星も美しく、畏怖《いふ》の念さえ覚えた。いつどこに、どの星が見えるかが、天文学によって正確に予測されていることにも、いまさらながら感動した。人類が直面する予測のつかない事態をよそに、宇宙が規則正しく動いていることに安らぎを感じた。

だが、その宇宙とて、いつまでも「いまの姿」を保っているわけではなかった。その話をするために、ツイッターの世界では「アストロケイティ（@AstroKatie）」として知られるユニークな理論宇宙物理学者、ケイティ・マックが、宇宙の終焉についての本を準備していたのだった。

マックは現在、ノースカロライナ州立大学の物理学科で助教を務めており、地域社会と科学者のつながりを育む活動にも取り組んでいる。市民とのコミュニケーション活動は、早くもポスドク時代にマックがツイッターで始めたことだ。閉鎖的になりがちな研究者集団の中にあって、外部の人たちが、科学の何を面白いと感じ、どこを難しいと感じるかを知りたいと、つねに思い続けてきた人なのだ。ツイッターは、それにうってつけの媒体だ。発信すると、すぐに反応が返ってきて、素早く対応できる。おかげでマックの文章スキルは向上したという。

本書にも、その成果が大いに反映されている。マックは、今日の最高の科学コミュニケーターの一人といって間違いない。マックは、ジェンダーや人種による差別に対する批判もツイッターで発信している。特に、いまだに少数派である、理系分野の女性や、欧米科学界における非白人への差別には手厳しい。

そのマックは、子どもが自ずと科学に興味をもつようになる家庭環境で育った。母親はＳＦファン。祖父はカリフォルニア工科大学で学び、アポロ11号のミッションで、安全な着水の実現に一役買った。そんななかでマックは、子ども時代にラジオを解体し、レゴ製のソーラーカーをつくったというのだからすごい。

やがて高校、大学と、物理学を学ぶなかで、実際にさまざまな研究に触れて自身のテーマを絞っていった。高校時代には、日本のスーパーカミオカンデも訪れ、研修を受けている。

さて、マックによれば、現在の物理学では、現時点で最善の観測データと矛盾しない宇宙終焉シナリオは数種類に絞られるという。本書では、ビッグクランチ（収縮してつぶれる）、熱的死（膨張してすべての活動の停止にいたる）、ビッグリップ（急激に膨張してズタズタになる）、真空崩壊（真の真空の泡に突然包まれて完全消滅する）、ビッグバウンス（収縮と膨張を周期的に繰り返す）の5種類が紹介される。順に、「終末シナリオ　その1」から「その5」までだ。

終末シナリオ1から3は、宇宙の膨張を加速させている謎のエネルギー、すなわち、ダークエネルギーの違いに対応している。ダークエネルギーの性質にはさまざまな予測があり、それらを名前やパラメータで区別する。特に、ダークエネルギーの圧力をエネルギー密度で割った値を「w」とよぶ。このwが、宇宙膨張を記述する一般相対性理論の方程式の挙動を左右する。

wが$-\frac{1}{3}$より大きい場合、膨張のペースは減速していく。符号が反転するほど大きくなると、急激な収縮を起こし、シナリオ1の「ビッグクランチ」になる。

wが-1と$-\frac{1}{3}$のあいだなら、ゆるやかな加速膨張がつづき、最後に「熱的死」にいたるシナリオ2に相当する（現在の観測データからは、wは10パーセントほどの誤差で-1なので、シナリオ2が有力視されている）。

そしてwが-1よりも小さい場合には、シナリオ3の「ビッグリップ」にいたる。このタイプのダークエネルギーは、「ファントムエネルギー」とよばれている。

ダークエネルギーの性質から「宇宙の未来」が予測できるのも、一般相対性理論のおかげであり、アインシュタインの偉大さが改めて痛感される。

シナリオ4の「真空崩壊」は、ダークエネルギーによる終焉とはまったく違う。現在の真空は、安定な「真の真空」ではなく、不安定な「偽の真空」でしかない可能性が、2012年のヒッグス粒子の発見で高まってきたのだ。

ヒッグス場のポテンシャルは、「ソンブレロ型」ともよばれる独特の形をしている。発見されたヒッグス粒子の質量の解析から、このポテンシャルの形は対称的ではなく、いびつであり、現在の真空は、その曲線の中の真に安定な極小のくぼみにはないおそれが出てきた。マックが「真空崩壊の現実味が上がってきたぞ」と感じているのはそのためである。いつでも「真の真空」への移行が突然起こって、物理法則が急変し、いま存在しているものはすべて崩壊してしまうかもしれないという。

シナリオ5は、宇宙がやがて収縮して、ビッグバン的な特異点にいたると、跳ね返ってふたたび膨張するという「ビッグバウンス」だ。この収縮とバウンスは何度も繰り返す可能性があり、「サイクリック宇宙論」とよばれるものの一つだ。

マックが解説しているのは、エキピロティック宇宙モデルとよばれるタイプである。特異点の厳密な記述には、既存の物理法則は使えず、一般相対性理論と量子論を結びつけた量子重力理論が必要だが、未完成だ。その最有力候補である超弦理論の一種、「ブレーンワールド」宇宙モデルでは、四次元時空のほかに高次元が存在し、この宇宙は高次元空間に浮かぶ「ブレーン」という膜のようなものだとする。

このようなブレーン宇宙どうしの衝突としてビッグバンを説明するのがエキピロティック宇宙モデルだ。衝突のエネルギーから物質が生まれ、その際にビッグバンの状態になったという。この宇宙論の最新版では、前の宇宙の情報が存続することもありうるというから興味深い。

マックが論じていないものの一つに、「多宇宙説」がある。量子論の多世界説は、量子効果で無数の世界が生まれるという説だが、宇宙論では、インフレーションは永遠に続くとする永久インフレーションの観点から、無限に膨張を続ける宇宙の中に、泡宇宙が無数に生まれており、この宇宙もその一つだとする説がある。

この立場では、個々の泡宇宙は終焉を迎えるが、永久インフレーションを続けるマザー宇宙は不滅だということになりそうだ。量子論の多世界と宇宙論の多宇宙が同じなら、この宇宙が滅びたあとに、そっくりな歴史が繰り返される永劫回帰的シナリオも、別の泡宇宙でそっくりな歴史が繰り返されるかたちで実現するかもしれない。量子論の多世界説では、よく似ているが細部が異なる並行世界が多数存在するからだ。この宇宙が滅んでも、別の泡宇宙でよく似た世界が存続しているかもしれないと思うと面白い。

今後の観測でデータが蓄積され、理論もさらに向上するだろう。「宇宙の未来」に関する予測も書き換えられるだろう。

宇宙の未来を科学で予測するとき、私たちは科学を使って物語をつくり上げているのだと思う。自らの限界を超越して、「永遠」というものに手を届かせたいと願う人間の取り組みの一つだ。

かつて人類は神話をもっていた。いま、神話をもたない人が多いが、たとえばスケールの大きなSF物語にはまるのは、そこに感応できるものがあって、価値観や指針を与えてくれるからではないだろうか。

マックが描く宇宙の物語も、人間よりもスケールの大きな何かがここにあるよ、と示してくれている。そんなマックの宇宙終焉ストーリーを、日本の読者のみなさんにもぜひ楽しんでいただきたい。

最後に、本書をご紹介くださり、翻訳に際して大変お世話になりました、倉田卓史氏をはじめ、講談社ブルーバックスの皆様に心より感謝申し上げます。

吉田　三知世

2021年8月

ケイティ・マック(Katie Mack)

ノースカロライナ州立大学物理学科助教。宇宙の始まりから終焉まで、幅広いテーマを探究する理論宇宙物理学者。銀河の形成やブラックホール、コズミックストリングといった専門分野の研究に従事するかたわら、一般市民に向けた科学啓発活動に熱心に取り組む科学コミュニケーターとしても知られる。2009年にプリンストン大学で博士号を取得後、ケンブリッジ大学天文学研究所、メルボルン大学等を経て現職。「サイエンティフィック・アメリカン」「スレート」「スカイ&テレスコープ」「タイム」「コスモス」等でコラムニストとしても活躍するほか、ツイッター(@AstroKatie)でも情報を発信している。

吉田三知世(よしだ・みちよ)

英日・日英翻訳者。京都大学理学部卒業後、技術系企業での勤務を経て翻訳家に。訳書に、フランク・ウィルチェック『物質のすべては光』、グレアム・ファーメロ『量子の海、ディラックの深淵』、ランドール・マンロー『ホワット・イフ?』(いずれも早川書房)、レオン・レーダーマン他『詩人のための量子力学』(白揚社)、ザビーネ・ホッセンフェルダー『数学に魅せられて、科学を見失う』(みすず書房)など多数。訳書のジョージ・ダイソン『チューリングの大聖堂』(早川書房)が第49回日本翻訳出版文化賞を受賞。

宇宙《うちゅう》の終《お》わりに何《なに》が起《お》こるのか

2021年 9月9日　第1刷発行
2021年12月15日　第2刷発行

著　者　ケイティ・マック
訳　者　吉田三知世《よしだみちよ》

発行者　鈴木章一
発行所　株式会社講談社
〒112-8001　東京都文京区音羽2-12-21
電話　出版　03-5395-3524
販売　03-5395-4415
業務　03-5395-3615

KODANSHA

印刷所　株式会社新藤慶昌堂
製本所　大口製本印刷株式会社

ISBN978-4-06-517479-1

N.D.C.443.9 366p 19cm